# 天津平原水利工程地质环境概论

袁宏利　董　民　贾国臣　洪海涛　著

黄河水利出版社

## 内容提要

本书对天津平原区水利工程地质环境条件、特点和一些特殊问题进行了概述，意在对平原区具体水利工程地质勘察工作的开展及其具体问题的研究有所指导和提供思路上的帮助。本书共分5章，内容包括天津地区区域地质环境概况、天津平原区软土工程地质、平原区水利工程地质环境、天津平原水利枢纽工程地质实录以及平原区水利工程几个特殊地质问题的研究。

本书可供工程地质勘察技术人员、水利工程技术人员等阅读参考。

**图书在版编目(CIP)数据**

天津平原水利工程地质环境概论/袁宏利等著. —郑州：黄河水利出版社，2008.4

ISBN 978-7-80734-395-0

Ⅰ.天… Ⅱ.袁… Ⅲ.平原-水利工程-地质环境概论-天津市 Ⅳ.P642

中国版本图书馆CIP数据核字(2008)第018061号

组稿编辑：王路平　电话：0371-66022212　E-mail：hhslwlp@126.com

出 版 社：黄河水利出版社

地址：河南省郑州市金水路11号　邮政编码：450003

发行单位：黄河水利出版社

发行部电话：0371-66026940、66020550、66028024、66022620(传真)

E-mail：hhslcbs@126.com

承印单位：黄河水利委员会印刷厂

开本：787 mm×1 092 mm　1/16

印张：13

字数：300千字　印数：1—1 000

版次：2008年4月第1版　印次：2008年4月第1次印刷

定价：36.00元

# 序

恩格斯说:“社会方面一旦发生了技术上的需要,则这种需要就会比十数所大学更能把科学推向前进。”工程地质学之所以能够成为一门独立的科学,并沿着正确的方向迅速发展,正是大规模经济建设的需要给予了巨大的推动力量。工程地质学是研究与工程建设有关的地质问题的科学。它的研究对象是地质环境与工程建筑二者相互制约、相互作用的关系,以及由此而产生的地质问题,包括对工程建筑有影响的工程地质问题和对地质环境有影响的环境地质问题。它的任务是为工程建设的规划、设计、施工提供地质依据,以从地质上保证工程建设的安全可靠、经济合理、使用方便和运行顺利。为此,必须为工程建筑选择地质性质较好的场地,对于存在的地质问题还应在深入分析的基础上提出处理措施直至地基加固工程的设计和施工。同时,还要研究工程建设引起的环境地质问题,可能引起的地质灾害对工程建筑本身及周围环境的影响,以及采取工程措施消除灾害。由此看来,工程地质研究的领域很广,研究内容十分复杂,涉及的学科较多,大大超出了地质学的范畴,使工程地质成为一门以地质学为基础的综合性科学。

工程地质学的理论体系,概括起来就是以工程地质条件的研究为基础,以工程地质问题的分析为核心,以工程地质评价为目的,以工程地质勘察为手段。工程建筑与其所在的地质环境之间存在着相互制约、相互作用的关系,这就是工程地质学研究的对象。不论工程地质问题,还是环境地质问题,都是由工程建筑和地质环境二者相互制约和相互作用的矛盾关系引发出来的。在这种矛盾关系中工程地质条件是基本的,它制约着工程建筑,尤其是其中的薄弱环节,对工程建筑的规模和类型起着控制作用。因为建筑物的规模愈大,则其施加于地质体的应力愈强,建筑物不同,其施加应力的方向和形式也就不同,地质体在不同应力作用下所引起的变形大小和表现方式也随之不同。变形过大,超过地质体的容许能力,变形发展为破坏,建筑物也随之发生事故,这就是工程地质问题。由建筑物破坏而造成的灾害,以及建筑物作用于地质环境而直接造成的灾害,就成为环境问题。

工程地质问题和环境地质问题是可以预测的,只要查清工程地质条件,又有工程建筑的类型和规模,尤其是建筑物作用力的大小和性质,就可以建立二者相互作用的物理模型,进而建立计算模型,作出问题的定性分析和定量分析,对建筑场地给予工程地质评价,指出问题的严重性,找出哪些地质因素对工程不利,不能满足工程建筑的要求。应当采取何种措施予以补救,是减小建筑物的规模以适应地质条件,还是采取工程处理措施,改善地基条件以满足建筑物的要求,这要从技术条件上和经济合理性上进行比较才能确定。由上述可知,工程地质学研究的目标在于协调工程建筑与工程地质条件之间的矛盾关系,这样既保证工程建筑造福人类,又避免它对环境造成不良影响。

岩土工程是20世纪60年代末至70年代初,将土力学及基础工程、工程地质学、岩体力学三者逐渐结合为一体并应用于土木工程实际而形成的新学科。回顾我国近50年来岩土工程的发展,它是紧紧围绕我国土木工程建设中出现的岩土工程问题而发展的,其发展也必将融入其他学科并取得新的成果,岩土工程涉及土木工程建设中岩体与土体的利用、整治或改造,其基本问题是岩体或土体的稳定、变形和渗流问题。

岩体在其形成和存在的整个地质历史过程中,经受了各种复杂的地质作用,因而有着复杂的物质组成、结构和地应力环境。而不同地区的不同类型的岩体,由于经历的地质作用过程不同,其工程性质往往具有很大的差别。岩石出露地表后,经过风化作用而形成土,它们或留存在原地,或经过风、水及冰川的剥蚀和搬运作用在异地沉积形成土层。在各地质时期各地区的风化环境、搬运和沉积环境的动力学条件均存在差异性,因此土体不仅工程性质复杂,而且其性质的区域性和个性很强。

岩石和土的强度特性、变形特性和渗透特性都是通过试验测定的。在室内试验中,原状试样的代表性、取样过程中不可避免的扰动以及初始应力的释放,试验边界条件与地基中实际情况不同等客观原因所带来的误差,使室内试验结果与地基中岩土实际性状发生差异。在原位试验中,现场测点的代表性、埋设测试元件时对岩土体的扰动,以及测试方法的可靠性等所带来的误差也难以估计。

岩土材料及其试验的上述特性决定了岩土工程学科的特殊性。岩土工程是一门应用科学,在岩土工程分析时不仅需要运用综合理论知识、室内外测试成果,还需要应用工程师的经验,才能获得满意的结果。

一个学科的发展还受科技水平及相关学科发展的影响。二次世界大战后,特别是在20世纪60年代以来,世界科技发展很快。电子技术和计算机技术的发展,计算分析能力和测试能力的提高,使岩土工程计算机分析能力和室内外测试技术得到提高和进步。科学技术进步还促使岩土工程新材料和新技术的产生。如近年来,土工合成材料的迅速发展被称为岩土工程的一次革命。现代科学发展的一个特点是学科间相互渗透,产生学科交叉并不断出现新的学科,这种态势也影响着岩土工程的发展。在展望岩土工程发展时,不能不重视岩土工程学科的特殊性以及岩土工程问题研究的特点。

地质环境与环境地质,有完全不同的含义和性质。地质环境是地壳表层与大气圈、水圈、生物圈,在长期地质历史中进行着能量迁移和物质交换,并在长期演化过程中逐步建立的相对平衡的开放系统。地质环境是有空间概念的,而环境地质则无空间概念,它以地质环境为研究对象,是研究人类技术经济活动与地质环境相互作用、相互影响的学科。环境地质一词,是随着一系列严重的环境问题,如环境污染、地质灾害等对生产、生活的影响愈来愈突出而提出的。地质环境是一个动态平衡系统,地质环境与人类工程技术经济活动也是一个复杂系统。认清系统与子系统间既互相关联又相互制约的关系,对人类正确处理人口、资源与环境和谐发展至关重要。

天津平原软土地基上的水利工程,有其区域性地质环境特点和复杂性,值得岩土工程工作者去系统深入研究。本书就平原区水利工程地质环境、特点和一些特殊问题进行概述,意在对水利工程地质勘察工作的开展及其具体问题的研究有所启发并起到抛砖引玉的作用。

**杨计中　边建峰**

2007 年 12 月

# 前　言

天津平原地质环境有其区域性特点和复杂性，而软土地基上的水利工程也会遇到不同于其他岩土工程条件的工程地质问题。往往，看似简单的问题，实际上可能是值得我们去系统深入研究的。本书对平原区水利工程地质环境、特点和一些特殊问题进行概述，就是想起到抛砖引玉的作用。

本书共分5章，内容包括天津地区区域地质环境概况、天津平原区软土工程地质、平原区水利工程地质环境、天津平原水利枢纽工程地质实录以及平原区水利工程几个特殊地质环境问题的研究等。其中，就天津平原区地质环境、软土类型及其工程地质特性、软土地基勘察及地质工程、水利工程场地地质问题、动力条件下的变形及渗流稳定问题等进行了论述，列举了几个平原区水利枢纽工程的勘察实录，并就天津平原区地质灾害等几个特殊问题进行了初步研究和探讨。

编写过程中，得到中水北方勘测设计研究有限责任公司勘察院原总工程师杨计申教授的指导和帮助，在此对他表示深深的敬意！编写过程中，还得到勘察院各级领导和同事们的大力支持和帮助，在此一并表示衷心的感谢！

本书具有一定的工程实用性，可供水利工程技术人员参考。由于本书定位于“概论”，加之我们业务水平有限，其中不妥或错误之处在所难免，敬请读者批评指正。

作　者

2007年12月

# 目　录

序　　杨计申　边建峰
前　言
第一章　天津地区区域地质环境概况 ……（1）
第一节　自然地理概况 ……（1）
第二节　地貌类型概述 ……（3）
第三节　地　层 ……（10）
第四节　构造与地震 ……（16）
第五节　渤海与冀鲁平原地质发展简史 ……（31）
第六节　水文地质概况 ……（35）
第二章　天津平原区软土工程地质 ……（38）
第一节　软土成因类型 ……（38）
第二节　软土工程特性 ……（39）
第三节　软弱土工程特性 ……（42）
第四节　软土区工业与民用建筑工程地质勘察 ……（44）
第五节　软土工程地质评价 ……（46）
第六节　地基土体加固工程及方法 ……（47）
第七节　软土和软弱土地基加固方法及其适用性 ……（61）
第三章　平原区水利工程地质环境 ……（81）
第一节　场地工程地质 ……（81）
第二节　天津滨海地区工程地质环境 ……（89）
第四章　天津平原水利枢纽工程地质实录 ……（105）
第一节　永定新河防潮闸工程地质 ……（105）
第二节　独流减河进洪闸工程地质 ……（137）
第三节　永定河屈家店枢纽工程地质 ……（146）
第五章　平原区水利工程几个特殊地质问题的研究 ……（158）
第一节　天津平原地区的地质环境与地质灾害 ……（158）
第二节　平原区水库渗漏与浸没问题 ……（162）
第三节　长距离调水工程中的平原区地下水浸没问题 ……（176）
第四节　海河平原堤防工程地质勘察 ……（188）
第五节　平原区水库围堤滑坡地质勘察 ……（192）
第六节　细粒土液限测试标准不同对工程评价的影响 ……（195）
参考文献 ……（199）

# 第一章　天津地区区域地质环境概况

## 第一节　自然地理概况

天津地处华北平原东北部，东临渤海，北枕燕山，位于北纬38°33′～40°15′、东经116°42′～118°03′之间，西北与首都北京毗邻，东、西、南、北分别与河北省的唐山、廊坊、沧州、承德地区接壤，海岸线长约133 km，面积11 305 km$^2$。天津这个名称最早出现于明朝永乐初年，意为天子经过的渡口。明朝永乐二年（公元1404年），作为军事要地，天津开始筑城设卫，称天津卫。

天津市地跨海河两岸，境内有海河、独流减河、永定新河、潮白新河和蓟运河等穿流入海。市中心距海岸50 km，离首都北京120 km，是海上通往北京的咽喉要道，自古就是京师门户，畿辅重镇。天津又是连接三北——华北、东北、西北地区的交通枢纽，从天津北上到东北的沈阳，西北的包头，南下到徐州、郑州等地，其直线距离均不超过800 km。天津还是北方十几个省市通往海上的交通要道，拥有北方最大的人工港——天津港，有30多条海上航线通往300多个国际港口，是从太平洋彼岸到欧亚内陆的主要通道和欧亚大陆桥的主要出海口之一。其地理区位具显著优势，战略地位十分重要。

天津市辖13个区5个县，人口约1 000万人，已形成以汽车及机械装备、电子、化工和冶金四大支柱产业为主，商贸、金融保险、交通运输、科技教育等第三产业日益发达，是对外开放最具活力的城市。国务院明确指示天津是环渤海的经济中心，要努力建成现代化的港口城市和我国北方重要的经济中心。

天津市位于北半球暖温带，中纬度欧亚大陆东岸，夏受海洋之惠，冬获内陆补偿，四季分明，介于大陆性与海洋性气候的过渡带上。冬季受蒙古冷高气压控制盛行西北风；夏季受西太平洋热带高气压左右而多偏南风。气候类型属于暖温半湿润季风气候。特点是春季干旱多风，冷暖多变；夏季温高湿重，雨热共济；秋季天高云淡，风和日丽；冬季寒冷干燥，雨雪稀少。气象特征如下：

(1)气温。天津市年平均气温的地理分布幅度为11.1～12.3 ℃。气温由南部及海岸向北部内陆逐渐降低，温差为2 ℃左右，全市各地气温年变化大体一致。年平均气温11～12 ℃，7月平均气温25.9 ℃，1月平均气温－5 ℃，极端最高温度40.3 ℃，极端最低气温－21 ℃。

(2)降水量。降水量在时空分布上变化较大。一是年内各季分配不均；二是年际变化较大，丰水年和枯水年降水量相差达3～4倍，且多集中暴雨。年平均降水量652.5 mm，一日最大暴雨量304.4 mm，最大积雪深度29 mm。春秋两季降水量分别占全年的10%和13%；夏季6月中旬至9月中旬为雨季（汛期），平均雨日34 d左右，汛期降水量占全年总降水量的73%以上；冬雨雪量只占全年总降水量的1%～3%。

(3)冰冻。最大冻结深度为67 cm,冻结期平均为130 d,霜冻期可达187 d。无霜期自沿海地区向内陆逐渐缩短。

(4)风。天津大部分地区西南风频率最高,风向有明显的季节性变化。冬季盛行西北风,夏季盛行东南风,春、秋两季盛行西南风。年平均风速为2～5 m/s,最大风速22 m/s。全市各地瞬时风速大于等于17 m/s的大风,年平均日数为31～53 d。

(5)湿度。天津的空气相对湿度以夏季最大,7～8月份平均值可达80%左右。春季最小,2～4月份最低为60%。

(6)日照。全市年平均日照时数为2 614～3 090 h,年日照百分率为59%～70%。5～6月份日照时数最多,12月份日照时数最少。全市太阳总辐射量为5 024～5 652 $MJ/m^2$。

天津市位于海河流域各河系的下游,历史上素有“九河下梢”之称。由于上游大中型水库等拦蓄工程的建设,使得入天津各河流水量逐年减少,加上入海河口受潮汐影响,破坏了河口段水沙平衡,河口三角洲不能形成,使河道、河口严重淤积,大大降低了行洪泄洪能力。由于过量开采地下水,造成地面沉降,形成新的环境地质问题。

1412～1963年的552年间,有关天津市的洪水致灾记载共69次,平均洪水致灾8年一次。其中有5次水淹北京,有8次水淹天津(1653年、1654年、1668年、1801年、1871年、1890年、1917年、1939年),每次大水都给人民生命财产造成巨大损失。进入20世纪以来,1917年、1939年、1963年是天津市洪灾较大年份。20世纪50、60年代,天津内河通航里程为600 km。进入70年代后,海河上游各河系来水锐减,再加上市区碍航建筑物不断增加,使得通航里程逐渐缩短,1997年全市内河通航里程为90 km。

作为天津腹地的河北平原,属中温带、暖温带大陆性季风气候。主要特征是四季分明,冬季寒冷干燥,夏季炎热多雨,春季干旱、多风沙,秋季晴朗寒暖适中。年平均气温大部分地区为0～13 ℃。1月平均气温-21～-3 ℃,且寒冷季节较长,7月平均气温18～27 ℃,极端最高温43.3 ℃。四季长短不均,冬季平原区5个月,夏季大部地区2～3个月。因冬冷夏热,气温年差较大。无霜期100～200 d,10 ℃以上活动积温2 000～4 400 ℃。年降水量300～800 mm,燕山南麓和太行山东麓是降水较多地区,达700～800 mm。河北平原少雨区年降水量不足500 mm,降水季节分配不均,夏季占65%～75%,且多暴雨,尤其在受夏季风的山麓地带,暴雨常形成洪涝灾害。春季温度上升快而多风,地面蒸发旺盛,空气及土壤干燥,春旱突出。降水不仅集中,且强度大,日最大降水量在太行山、燕山区,可达300～400 mm。降水年际变化甚大,年相对变率达20%～30%,京、津等地甚至在30%以上,旱涝灾害极易发生。

由于受太行山、燕山和温带大陆性气候的影响,降水年内年际变化很大,冬春季干旱少雨。全年降水的70%～80%集中在夏季,而且往往集中于一次或几次暴雨,河床坡陡流急,洪水来量和宣泄矛盾很大,常发生毁灭性灾害,洪涝灾害时空分布具有季节性、连续性、地区性和阶段性等特点;同时还造成水资源常年严重匮乏,经常遭受干旱的袭击,但每遇洪水还必须大量弃水,成为全国罕见的既经常受洪水严重威胁,又同时闹水荒的地区。洪、涝、旱、碱四大灾害十分突出,水资源严重匮乏,在很大程度上制约着国民经济的发展。新中国成立后,兴修了大量防洪、灌溉、除涝、治碱工程设施,抗御自然灾害的能力显著增强，一般水旱灾害逐步得到控制，灾情明显减轻，盐碱地大部分得到改良。

河北平原是我国水资源缺乏的地区。人均水资源占有量380 $m^3$，为全国人均占有量的1/6 亩❶，均水资源占有量为240 $m^3$，为全国亩均的1/7，其中人均和亩均地表水资源量只有全国平均的1/10 和1/8.5。农业灌溉主要以渠灌和井灌为主。进入20 世纪70 年代后，随着地表水的日益匮乏，防渗技术和喷灌、滴灌等先进的节水灌溉技术得到推行。

有上述自然地理及气候特征不难看出，洪、涝、旱、碱灾害是天津平原地区突出的环境问题。

## 第二节　地貌类型概述

### 一、平原区地貌类型

地貌及第四纪地质，是水利工程地质环境研究的重要内容之一。我们知道，任何一种外动力地质作用，在塑造地壳表部地貌形态的同时，亦形成（或生成）不同成因类型的松散堆积物。天津地区第四系松散堆积物厚达近千米，具有复杂的成因类型。而地貌学和第四纪地质学则是从不同角度研究同一对象，或称研究同一地质作用的两个方面，其研究成果，在多数情况下有着相互验证和相互补充的作用。因此，对于天津地区巨厚松散堆积物工程地质特性的研究，首先应是对其分布地段的各级地貌类型的研究，并以此推测其成土环境和成因类型；依据成土环境、搬运动力和物源类型，进一步分析土体的物质组成、结构特征及其后期改造和物理—化学变化的可能形式，以宏观判别土体的工程地质特性，即通常所说的工程岩土地质条件和岩土工程地质问题，预测可能的工程环境地质问题。所以，研究土体工程地质特性，首先应研究地貌类型和第四纪地质，这亦是水利工程有针对性地进行地质勘察技术策划的重要依据。

根据海河流域南系、北系和滦河流域多年来的地质勘察资料，以及南水北调中线天津干渠综合物探资料的分析，海河流域平原区各级地貌类型如图1-1 所示，滦河冲洪积平原地貌变迁示意图如图1-2 ~ 图1-4。

海河流域平原区地貌为Ⅰ级地貌单元——平原地貌，即指第三纪以来以下降为主，接受河、湖、海堆积作用形成的地貌单元。根据地貌形态和相应的物质组成，平原地貌又可分为如下几个Ⅱ、Ⅲ级地貌单元，见表1-1。

#### （一）海积、冲洪积平原

海积、冲洪积平原是指以海积作用为主、由海积及冲积共同作用形成的堆积地貌。海积、冲洪积平原地表平坦，高出海平面不超过5 m，微向海倾斜，地形坡降1/5 000 ~ 1/20 000；主要由黏性土和粉细砂或淤泥质土组成，普遍含有孔虫、海相介形虫及海相或海陆混生软体生物贝壳；分布于东营—沾化—黄骅—天津—柏各庄以东地带。根据微地貌形态和物质组成，还可以分为五个Ⅲ级地貌类型：海滩、泻湖地、滨海洼地、滨海低平地

---

❶　1 亩 = 1/15 $hm^2$，下同。

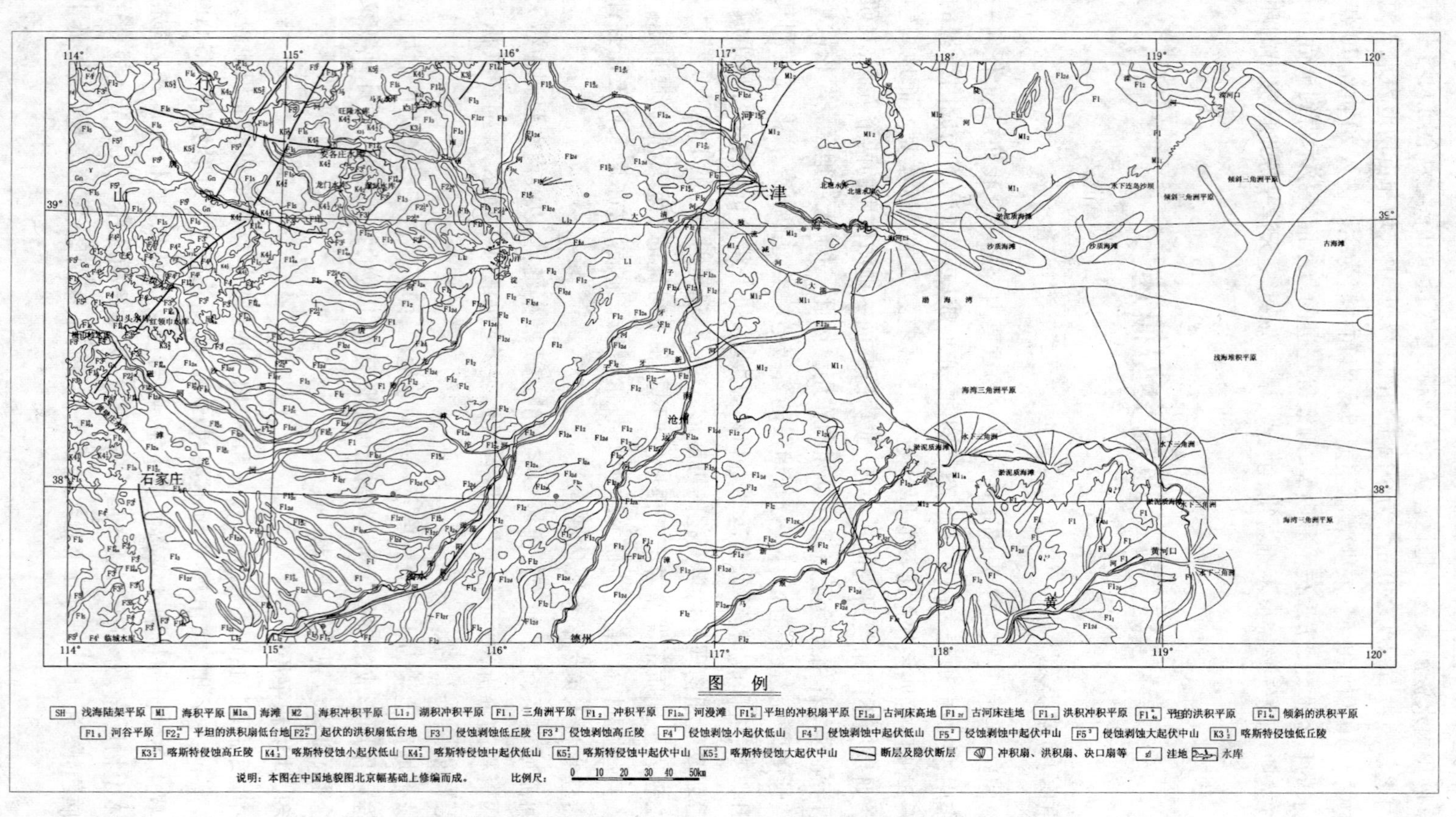


图1-1 海河流域平原区地貌

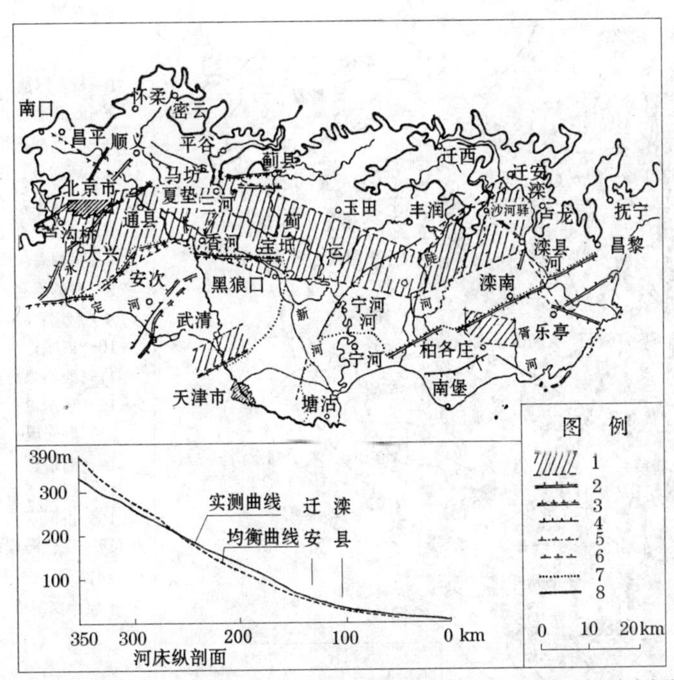


1—构造形变异常带；2—近期（新第三纪以后）曾有活动的断层；3—近期活动性有怀疑的断层；4—近期活动性未研究的断层；5—近期无活动的断层；6—推测断层，注：断层线旁侧短线表示断层倾向，无短线者表示倾向不明；7—相对隆起与坳陷区的边界；8—平原与山区的分界线

**图 1-2　京津塘地区河床纵比降构造形变异常带图**

（据中国科学院地理研究所：河北省滦县附近构造新活动性及地震危险区划分）

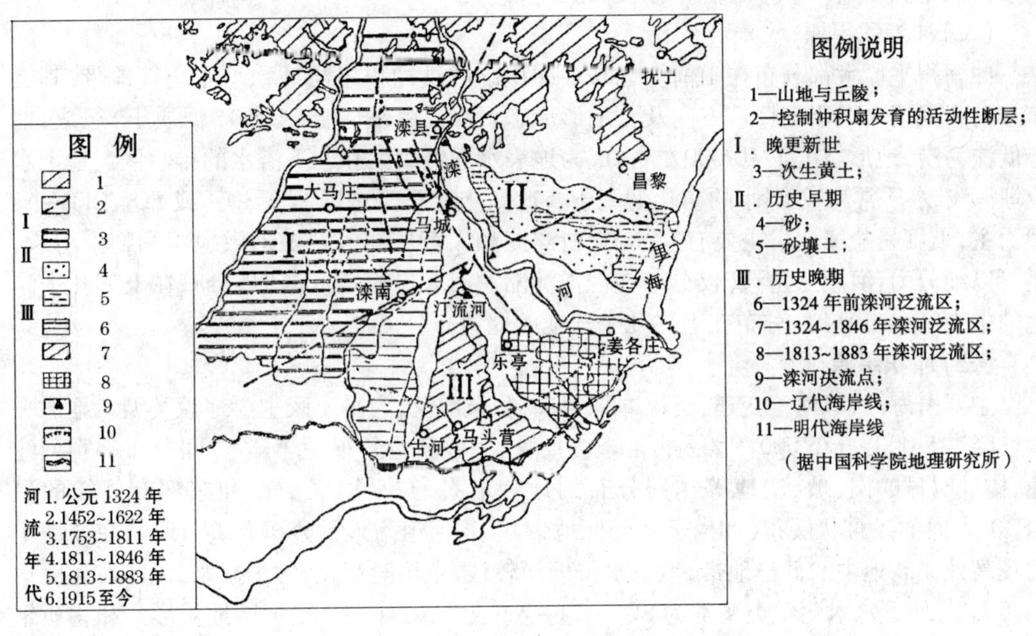


**图 1-3　滦河冲洪积扇形态示意**

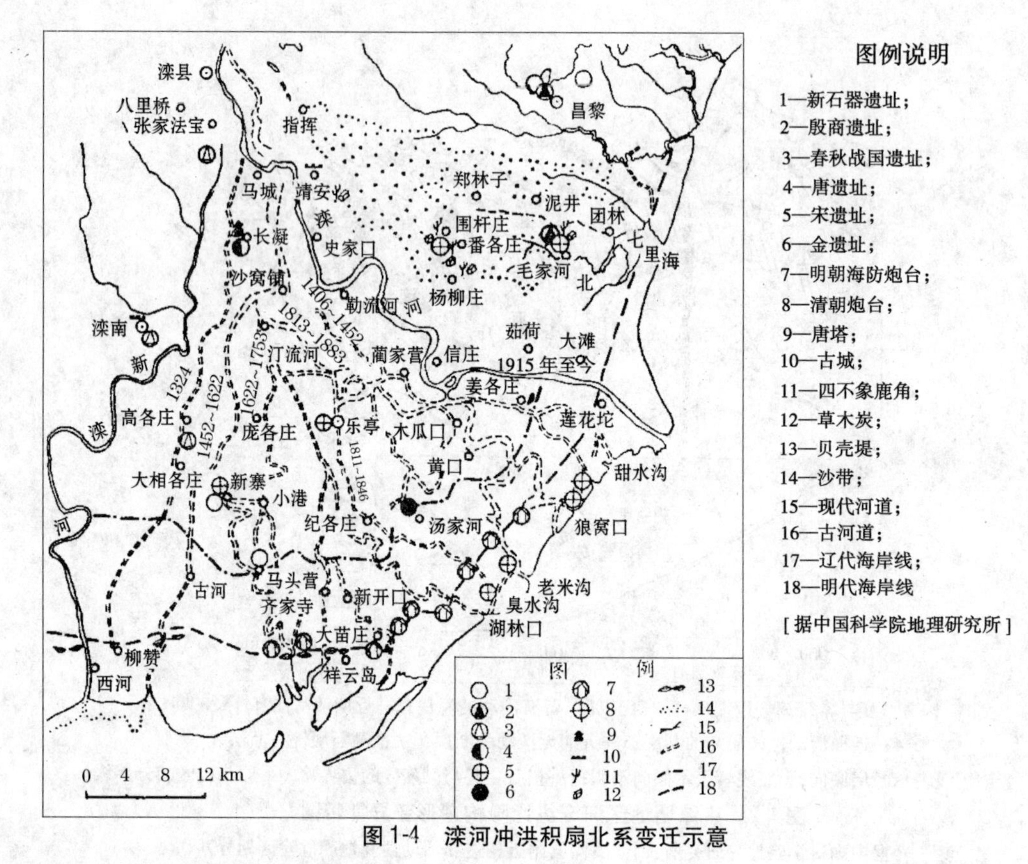


图1-4　滦河冲洪积扇北系变迁示意

和河口三角洲。

**(二)冲湖积平原**

冲湖积平原大都分布在山前坡地与洪冲积扇或洪冲积扇与冲积平原交接地带，其展布方向和规模决定于交接带方向及其地形形态。主要由黏性土(多为淤泥质土)组成，地势低洼易涝，地形坡度1/10 000左右，成为地表水的汇集区和地下潜水的排泄区。地下水位埋深浅，水质常为咸水；水的矿化度大于2 g/L，水化学类型以$Cl \cdot SO_4$(或$SO_4$、Cl) - Na型为主，土壤易盐渍化。主要有宁津泊、白洋淀和大黄庄洼等。根据微地貌和物质组成，还可以细分为：河湖三角洲(仅分布在白洋淀潴龙河入口处)、低洼地(分布在上述几个洼地的中央区)、低平地(分布在上述几个洼地的周边)。

**(三)冲积平原**

主要由海河、黄河等变迁、泛滥冲积而成，分布广泛，为平原区主要地貌类型。地形平均坡降1/5 000～1/6 000。区内古河道多而长，呈微高地分布，古河道之间分布一系列洼地，构成明显的岗、坡、洼地等相间分布的地貌形态，在平原区南东和东部有规律的呈NE30°方向的条带状展布(如南运河两侧地带)。古河道附近常分布有决口扇。在洼地中的较高处或高地中的低洼地带，地下水位埋深较浅，土壤盐渍化，常为咸水，水的矿化度达2～5 g/L，地下水水化学类型常为$SO_4 \cdot Cl$ - Na或Cl - Na型。根据微地貌形态和物质组成，还可细分为河漫滩、河间洼地和泛滥洼地、泛滥坡平地及冲积平地、决口扇、冲积扇的缓坡地、河流故道高地和微高地等Ⅲ级地貌单元。

表 1-1　平原区地貌单元类型

| 地貌单元类型 | | |
|---|---|---|
| Ⅰ级 | Ⅱ级 | Ⅲ级 |
| 平原 | 海积、冲洪积平原 | 海滩<br>泻湖地<br>滨海洼地<br>滨海低平地<br>河口三角州 |
| | 冲湖积平原 | 河湖三角州<br>低洼地<br>低平地 |
| | 冲积平原 | 河漫滩<br>河间洼地和泛滥洼地<br>泛滥坡平地及冲积平地<br>决口扇<br>冲积扇的缓坡地<br>河流故道高地和微高地 |
| | 冲洪积平原 | 扇上和扇前洼地<br>洪积扇或缓斜地 |
| | 洪坡积平原 | 洪坡积倾斜地<br>残坡积倾斜地 |

(1)河漫滩。沿河分布,从滦河到黄河,各河河漫滩均呈现上游较宽,下游变窄的形态。微向河床倾斜,较泛滥坡平地低 2 ~5 m 不等。堆积物主要为粉砂、砂壤土与壤土互层,平原区北部河流漫滩颗粒组成略粗,尤其河流上游段,可为中粗砂或含砾中、粗砂。

(2)河间洼地和泛滥洼地。平原区内河道间分布有洼地,沿河流发育方向呈长条形分布。如临西洼地、恩县洼地、衡水—献县洼、河间—任丘洼地等。一般较平原地面低 1 ~ 5m,常为粉质黏土、砂壤土等。地下水位埋深浅,水质呈微咸水,地下水矿化度 1 ~ 3 g/L,地表土壤多盐渍化,局部因地下水排泄不畅而呈沼泽化,有芦苇丛生。

(3)泛滥坡平地及冲积平地。是指泛滥形成的微高地、古河道高地和决口扇与泛滥洼地间的地带。平原区内分布最广,呈宽条带状沿北东向展布。地势低平,土的颗粒组成较细,多为粉质黏土。一般不含地下水。

(4)决口扇。主要发育于黄河北岸侧,且常见于凹岸外,如图 1-5 所示。与泛滥坡平地呈过渡关系,无明显坡折,仅有颗粒组成的差别。土的颗粒组成较粗,透水性相对较强。仅局部洼地处有盐渍化现象。

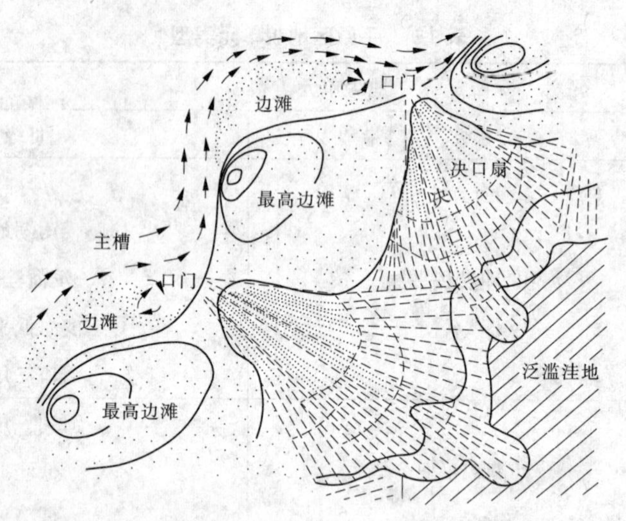

图 1-5　老决口舌和决口扇叠加地貌示意

(5)冲积扇的缓坡地。主要分布在黄河北岸的长垣、濮阳以西地带。呈扇形分布,地面高程 40 ~ 90 m,向北东方向倾斜,地形坡度 1/3 000 ~ 1/6 000(见图 1-6)。颗粒组成主要为砂土、粉土和砂壤土等。局部低洼处有盐渍化现象。

(6)河流故道高地和微高地。由河流故道形成的微高地,常常高出两侧地面 2 ~ 6 m。平原区内的东和南东部河流故道多沿北东 30°方向呈条带状展布。最宽最长的河流故道高地为馆陶—德州—庆云间故道高地。主要由粉砂、砂壤土组成。其上常发育沙岗、沙垄、沙丘等微地貌形态。地下水位埋深一般较深。如图 1-6 所示。

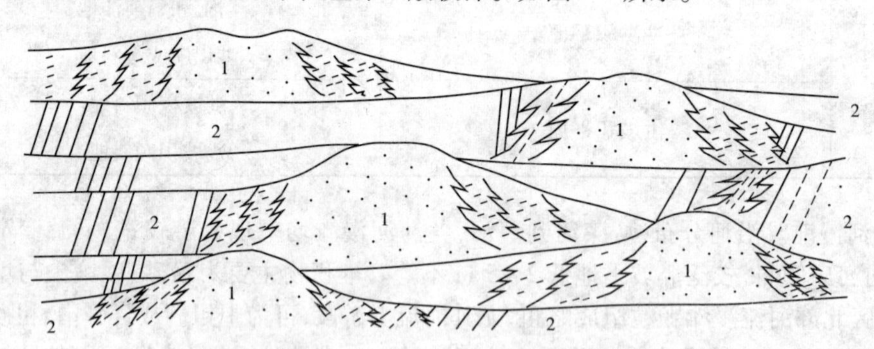

1—河流故道,地形地形成沙后或沙岗等;2—泛滥洼地

图 1-6　海河流域泛滥洼地示意

**(四)洪冲积平原**

洪冲积平原分布于山前平原与丘陵台地相接地带,或者与洪坡积平原相接。是季节性洪流和常年水流共同作用的结果,可谓之混合成因的洪冲积平原。地形坡度在出口处约为 1/300,逐渐变为 1/10 000 ~ 1/3 000。区内分布有面积最大的属漳河、滹沱河、永定河、滦河的洪积扇。根据微地貌特征和颗粒组成,又可细分为扇上和扇前洼地、洪积扇或缓斜地。

(1)扇上和扇前洼地。物质组成以细颗粒为主,含粉质黏土、砂壤土等。具有特定的水文地质条件，地下水水质较差，多为咸水或微咸水。

（2）洪积扇或缓斜地。分布于太行山、燕山山前河流出口处。由于山地间歇性上升，故洪积扇扇顶不断向平原迁移，相邻扇体及不同时期的扇体间呈偏转或相互叠置的关系。部分晚更新世洪冲积扇或缓斜地已遭受剥蚀。

#### （五）洪坡积平原

洪坡积平原分布在太行山、燕山山前低山丘陵前缘，由于山地急剧抬升，平原区剧烈下降，该带在地貌上分布很窄（相对而言），并且地形亦较平缓。由季节性水流和坡面水流堆积而成。根据微地貌形态和颗粒组成，可细分为洪坡积倾斜地和残坡积倾斜地两个Ⅲ级地貌单元。

综上所述，海河流域平原区地貌形态成因类型复杂多变，主要有海积平原、湖积平原、冲积平原以及洪积平原等。此外，还有部分由多种营力综合作用形成的海积冲积平原、湖积冲积平原、洪积冲积平原等。从区域地貌特点上看，海河流域平原区地貌具有以下特点：

（1）地貌结构呈阶梯状。山前为坡积平原、洪积平原、洪积冲积平原和冲积扇平原，而后逐渐过渡为冲积平原、湖积平原、海积冲积平原和海积平原等。

（2）平原区岗、坡、洼地地貌发育明显。广大的平原周围分布着山地丘陵，形成开阔的低洼地带并直接与渤海大陆架相连，总的地势是西高东低。在各河流控制下，岗、坡、洼地地貌形态发育明显，正负地形呈带状展布，构成平原区地貌的主体。

（3）水系变迁对平原内部地貌的形成和发育起主导作用。平原地貌建造的营力主要是河流流水和泥沙堆积的共同作用，海河水系的上游，多属松散的黄土堆积区，河流含沙量较大，对平原区地貌的塑造起了很大作用。

### 二、各地貌单元特征

#### （一）洪积冲积平原

洪积冲积平原由常年流水或季节性流水的河流堆积而成，主要分布于山前地带。地面坡降由1/300～1/500，逐渐减缓到1/500～1/1 000，与其他类型的平原交接处有明显坡折。洪积冲积平原主要地貌类型有洪积扇、微倾斜平地、岗地、槽形洼地等，它们在一定程度上表现了河流的变迁史。

#### （二）冲积扇平原

冲积扇平原是来自太行山、燕山等边缘山地的一些河流所堆积而成的平原，以永定河、拒马河、滹沱河、漳河等河流的冲积扇规模较大。扇形平原上的古河道高地、沙岗、古河漫滩、古河床洼地等微地貌特征，往往反映了河流变迁的过程，成为冲积扇平原上的特色地貌景观。

冲积扇平原从上游到下游坡降变化明显，靠近山前的顶端地带坡降大致为1/300～1/500，河流有一定下切能力，河漫滩低于地面2～3 m，河床变动较小；中部地带坡降1/1 000～1/5 000，是河流经常改道、决口、泛滥的地带，地面有大片沙地及古河道遗迹；冲积扇前缘地带，地势低平，坡降小于1/5 000，且有不同河系的径流交汇，雨季排水困难，造成严重的洪涝灾害。

**（三）冲积平原**

海河冲积平原是由流域内河流迁移和泛滥冲积而形成的，分布面积广，地势平坦，高程在4.5～5.0 m之间，平均坡度1/5 000～1/6 000，在基底构造和河流流向的控制下，平原区地势总体由西南向东北倾斜。

不同河流历次改道和沉积物分异形成本区地貌的基本轮廓，地表正负地形相间排列，不同的地貌类型如河漫滩、自然堤、河间洼地、平地等具有带状平行排列的规律。

**（四）冲积湖积平原**

冲积湖积平原由河流与湖泊共同作用堆积而成，多分布于冲积扇平原或山前冲积平原的外围，是现代湖泊（如冀中的白洋淀）或古代湖泊洼地（如冀南的宁晋泊、大陆泽、恩县洼、文安洼等）的所在地，其地貌类型主要有湖滩、滨湖低地、平地、低平地、洼地等。

白洋淀由大小92个淀泊组成，总面积约570 $km^2$，丰水期水深10～15 m，最大蓄水量达19亿 $m^3$。宁晋泊、大陆泽、恩县洼、文安洼等虽已干涸，但洪水季节还有一定面积的积水，1963年特大洪水，曾使宁晋泊和大陆泽这两个洼地连成一片泽国。

**（五）海积平原**

渤海海积平原是近代海成平原，高程仅1～3 m，地面坡降小于1/10 000。其地貌类型主要为滨海低地、泻湖洼地和海滩，以滨海低地面积最大。滨海低地地面平坦，水流缓慢。泻湖洼地主要有南大港和北大港洼地等。

**（六）海积冲积平原**

海积冲积平原为古代滨海地区，地势低平，高程不超过5 m，坡降小于1/5 000，洼地和平地是其主要的地貌类型，在众多的洼地中，以大黄铺洼、团泊洼的规模较大，是昔日的古泻湖。

由上述地貌单元的划分和各地貌单元特征不难看出，天津地区由于永定河泛滥以及黄河北上屡屡改道，形成了复杂的微地貌和成土环境。由于其物源主要为西部黄土高原再搬运黄土，不同地貌单元内物质组成尤其是颗粒组成差别不大，仅是因动、静水沉积环境不同，存在黏粒、胶粒成分含量的差异。

从微地貌形态分析，天津地区河、湖堆积环境基本为中性或略碱性环境，尚未发现膨胀土或分散型土发育。但近年来，像大黄庄洼等洼地，由于多年的干旱，水面大大缩小，其边缘地带是否会有分散性土形成，还是应该予以关注的。

## 第三节　地　层

海河流域平原区所处的华北地区，位于西太平洋边缘岛弧弧后地带，自喜马拉雅山运动（以下简称喜山运动）以来，主要处于NW—SE方向的拉张应力场中。燕山运动以来形成或复活的一些主干断裂，由挤压转换为引张，并发生一侧沉降，从而孕育了新生代的主要断陷盆地和裂谷盆地，逐步形成了著名的华北平原及其外侧的若干小型拗陷。从第三纪始新世到第四纪全新世，华北平原区总体表现为大幅度下降，形成多个相间排列的NNE向拗陷，并接受了巨厚的沉积物（见图1-7）。现将与海河平原区水利工程关系较为密切的第三系、第四系地层简述于后。

| 系 | 统 | 组 | 段 | 柱状剖面 | 厚度(m) | 岩性特征及分布 |
|---|---|---|---|---|---|---|
| 上第三系 | 上新统 | 明化镇组 | 明上段 | | 160~800 | 灰、浅灰绿、棕黄色泥岩与灰白、棕黄色粉砂岩、细砂岩互层，局部地区下部夹含砾砂岩。分布全区 |
| | | | 明下段 | | 155~933 | 棕红、紫红色泥岩与棕黄色粉、细砂岩互层（不等厚），时夹灰绿色泥岩，含砾砂岩。遍布全区，黄骅小区厚达1 063 m |
| | 中新统 | 馆陶组 | | | 0~956 | 紫红色泥岩与灰、灰白色砂岩、含砾砂岩互层。局部地区夹灰绿色泥岩，底部普遍有一层石英、碱石砾岩。遍布全区，仅局部缺失（边缘） |
| 下第三系 | 渐新统 | 东营组 | 一段 | | 0~700 | 紫红、灰绿色泥岩与灰、灰白色砂岩互层。主要分部于冀中、黄骅小区 |
| | | | 二段 | | 0~533 | 灰绿色泥岩夹浅灰色砂岩及介形虫灰岩，含螺泥岩。 主要分布于冀中、黄骅小区 |
| | | | 三段 | | 0~552 | 紫红、灰色泥岩与浅灰、灰绿色砂岩互层。黄骅小区南部夹介形虫泥岩。分布于冀中、黄骅小区 |
| | | 沙河街组 | 一段 | | 0~1 100 | 冀中小区：上部暗紫红色泥岩夹浅灰色砂岩;中部灰绿色泥岩；下部钙质页岩、生物灰岩、油页岩、灰岩，底为灰色砂岩<br>黄骅小区：由油页岩、钙质页岩、碎屑灰岩、泥质白云岩组成，顶部为灰色泥岩、砂岩。厚度7~1 000 m |
| | | | 二段 | | 0~800 | 暗紫红，灰绿色泥岩，砂岩、钙质砂岩夹石膏薄层。黄骅小区为灰绿色泥岩夹砂岩，砂砾岩。邯郸—衡水小区为紫红、棕红色泥岩与灰、浅灰色粗砂岩、砂岩互层 |
| | | | 沙三上段 | | 0~828 | 顶为灰，灰绿色泥岩，以下为灰、绿色、深灰色泥岩与灰白色粉砂岩、砂岩互层，夹黑灰色炭质泥岩、油页岩和薄层煤，局部地区夹紫色泥岩。主要分布于冀中、黄骅（厚670 m），邯郸—衡水小区 |
| | | | 沙三中段 | | 0~417 | 灰、深灰色泥岩夹灰白、灰色粉、细砂岩，黄骅小区下部夹油页岩，含钙砂岩。主要分布于冀中、黄骅（厚670 m），邯郸—衡水小区 |
| | | | 沙三下段 | | 0~1 190 | 上部: 灰、深灰色泥岩，钙质页岩与灰白、浅灰色砂岩、含油砂岩互层，局部地区砂岩中含砾;下部: 灰、深灰色泥岩，钙质页岩，油页岩与灰、灰白色砂岩互层，局部地区砂岩中含石膏团粒。分布于冀中、黄骅(厚400m),邯郸—衡水小区 |
| | 始新统 | | 沙四上段 | | 0~967 | 上部：灰、深灰色，褐灰色泥岩夹砂岩薄层或砂岩条带;下部：灰、深灰色含钙泥岩，局部含砂;底部：夹钙质页岩，泥灰岩，泥质白云岩。分布于冀中小区北部 |
| | | | 沙四中段 | | 0~782 | 绿灰、深灰、灰色泥岩与灰白色粉、细砂岩不等互层，夹玄武岩。在黄骅、邯郸—衡水小区为深灰色泥岩夹石膏层或为互层，时夹泥质白云岩。厚500余m。遍布冀中、黄骅小区 |
| | | | 沙四下段 | | 0~1 079 | 上部：灰黑色泥岩夹灰色粉砂岩，局部夹玄武岩;中部：深灰、灰色泥岩夹暗紫红色泥岩及粉砂岩；下部：紫红色泥岩与浅灰色砂岩不等厚互层，夹碳质泥岩薄层。底为砂岩、含砾砂岩分布于冀中、黄骅、邯郸—衡水小区 |
| | | 孔店组 | 一段 | | 88~692 | 上部：棕红色泥岩与砂岩互层，夹石膏泥岩，顶部为青灰色泥岩夹含石膏泥岩;下部:棕褐色泥岩夹含砾砂岩、砂岩 |
| | | | 二段 | | 116~437 | 深灰、黑色泥岩夹油页岩、钙质页岩；砂岩，局部地区夹灰岩、含膏泥岩、玄武岩 |
| | | | 三段 | | 205~487 | 紫褐、紫红色泥岩夹砂岩、砂砾岩，底为砾岩，局部夹玄武岩 |
| 白垩系 | | | | | | 泥岩夹砂岩 |

图1-7　平原区第三系综合柱状图(引自区域地质志)

## 一、海河流域平原区第三系概述

燕山运动以后，华北地块上升，因而华北地区普遍缺失古新世沉积。始新世初，华北平原大幅度下降，形成多个相间排列的 NNE 向拗陷，并在华北地台东部形成北起沈阳、向南经太行山以东的华北平原，直至郑州、开封一带的渤海裂谷系，成为新生代的沉积中心。本期堆积称孔庙组和沙河街组四段，分布在冀中、黄骅、武清和临清台陷范围内，由于断裂活动强烈，下降幅度大，沉积建造复杂。始新世期间由下至上总体表现为玄武岩—红色陆屑建造—暗色含油页岩陆屑建造—含膏盐红色陆屑建造—玄武岩—杂色陆屑建造，沉积厚度一般数百米至千余米，最厚可达 2 500 m 左右。始新世末喜山运动第Ⅰ幕，在平原区表现明显，造成沙河街组四段与上覆沙河街组三段的假整合或局部不整合。

渐新世地壳活动加剧，进入喜山运动的全盛期。早期沙河街组一段至三段，经历了下降—上升—下降的地壳运动，从下至上沉积了含油页岩复陆屑建造—含膏盐红色陆屑建造—含油页岩复陆屑建造；晚期东营组则沉积了红色陆屑建造—暗色复陆屑建造—红色陆屑建造。整个渐新世，平原区沉积厚度 1 400 ~ 2 600 m。渐新世末的喜山运动第Ⅱ幕，使全区普遍上升，并造成与上覆晚第三系的不整合。

整个晚第三纪，NNE 向断裂的横向拉张应力松弛，华北平原的差异活动减弱，以均衡的下降作用为主要特征，山区仍在继承性上升。从中新世开始，现今的华北平原区持续平稳地下降，晚第三纪堆积了厚达 600 ~ 2 000 m 的馆陶组、明化镇组，主体为红色磨拉石建造和红色陆屑建造，东部沿海地区有玄武岩夹层（见图 1-8）。

## 二、海河流域平原区第四系

华北地区第四纪继承了晚第三纪的地史发展特点，除个别山间盆地外，山区继续上升，平原区仍在均衡下降，内部差异运动进一步减弱，进入喜山运动的衰退期。第四纪的沉积作用受气候变化的控制，从早更新世早期到全新世，山区可明显地划分出四次冰期、三次间冰期和一次冰后期，并且在平原区的沉积物和孢粉组合特征上有相应的反映。

海河流域平原区第四系沉积物，由西南向北东方向，随沉积环境的不同，可大致分为三个小区，即鲁西北小区、冀中南小区和天津南部小区。在不同区段堆积物组成与厚度均存在一定的差异，其第四系分组参见表 1-2，第四系初期沉积环境和第四系底板埋藏深度见图 1-9。

### （一）鲁西北小区

（1）下更新统（$Q_1$）。本区下更新统（$Q_1$）沉积类型主要有冲积、湖沼积、海积及玄武岩等。岩性为棕黄、褐黄色壤土夹黏土质砂、粉细砂，砂层厚 1 ~ 10 m。普遍含有钙质结核或铁锰质结核及钙质淀积物。厚度 60 ~ 160 m。

（2）中更新统（$Q_2$）。中更新统（$Q_2$）在本区的沉积类型主要有冲积、湖积、海积及玄武岩、沉积凝灰岩等。岩性主要为灰黄、棕黄色黏土质砂、壤土夹细砂。厚度 60 ~ 100 m。

（3）上更新统（$Q_3$）。

上更新统（$Q_3$）的沉积类型主要也是冲积、湖积和海积。岩性为灰黄、土黄色黏土质砂、壤土及砂层，砂层厚 1 ~ 15 m。本统厚度 20 ~ 90 m。

（4）全新统（$Q_4$）。鲁西北平原全新统（$Q_4$）沉积类型以冲积为主，余为冲洪积、湖沼

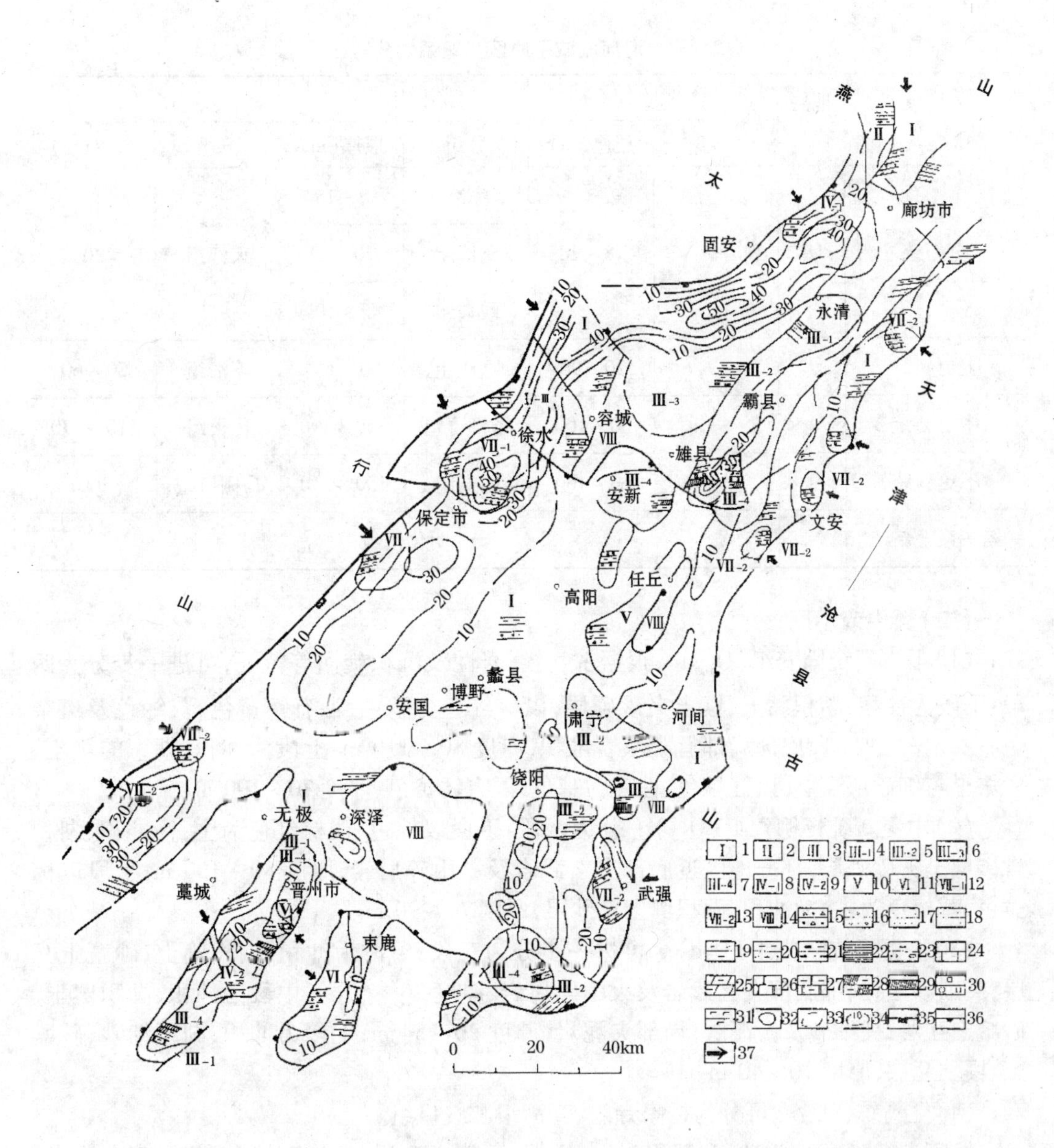

1—河流相;2—沼泽相;3—湖相;4—滨湖;5—滨浅湖相;6—深湖相;7—盐湖相;8—水下冲积扇;9—水下河道三角洲;10—塌积锥;11—坡积相;12—洪积扇;13—冲积锥;14—残山;15—砾岩;16—砂砾岩;17—砂岩;18—粉砂岩;19—砂质泥岩及粉砂质泥岩;20—泥岩;21—炭质泥岩;22—页岩;23—油页岩;24—灰岩;25—泥灰岩;26—白云岩;27—泥质白云岩;28—膏泥岩;29—石膏;30—盐;31—玄武岩;32—岩相界限;33—岩性分界限;34—等厚线(单位:百米);35—断层线;36—超覆线;37—物源方向

**图1-8 平原区孔店组—沙河街组四段沉积环境略图**

(据石油工业部地球物理勘探局研究院,1982)

积、海积等。上部为灰黄、土黄色黏土质砂、粉砂;中部为灰黑色淤泥或淤泥质壤土或黏土质砂、淤泥层等;下部为土黄色粉细砂。本统底部以一稳定的砂砾层或第一海相层为底界,总厚度18~28 m。

表 1-2 海河流域平原区第四系划分对比

| 层序 | 地层代号 | 鲁西北小区 | | 冀中南小区 | | 天津南部小区 | |
|---|---|---|---|---|---|---|---|
| | | 分组 | 层厚(m) | 分组 | 层厚(m) | 分组 | 层厚(m) |
| 全新统 | $Q_4$ | — | 18~28 | 杨家寺组 | 5~15 | 天津组 | 20 |
| | | | | 高湾组 | 10~40 | | |
| | | | | 岐口组 | 2~10 | | |
| 上更新统 | $Q_3$ | — | 20~90 | 欧庄组 | 60~154 | 塘沽组 | 50~60 |
| 中更新统 | $Q_2$ | — | 60~100 | 杨柳青组 | 150~190 | 佟楼组 | 110~130 |
| 下更新统 | $Q_1$ | — | 60~160 | 固安组 | 150~210 | 马棚口组 | 200 |
| 第三系上新统 | $N_2$ | 明化镇组 | | | | | |

**(二)冀中南小区**

(1)下更新统固安组($Q_1g$)。根据古气候、岩性及沉积旋回等特征,可进一步分为两段:下段为冲积、湖积黏土、壤土夹砂砾层,以棕红色为基色,混有锈黄色、灰绿色及斑杂色,在黄骅拗陷本段底部局部有凝灰岩堆积,厚度 80~110 m;上段为冲积、湖积的壤土、砂壤土与细砂层互层,以红棕色、棕色为基色,混有锈黄色,厚度 70~100 m。

(2)中更新统杨柳青组($Q_2y$)。分为两段:下段以棕色、浅棕红色为主,为冲积、湖积含砂壤土夹砂砾层,部分地区近底部夹玄武岩及火山碎屑岩,厚度 80~100 m;上段以棕黄色、黄棕色为主,为冲积、湖积壤土夹砂层,厚度 70~90 m。

(3)上更新统欧庄组($Q_3o$)。可进一步分为三段:下段为冲积、湖积壤土、砂壤土互层,夹细砂层,局部底部夹玄武岩及火山碎屑岩,厚度 30~60 m;中段为冲积、湖积壤土、砂壤土互层,夹细砂及淤泥层,局部夹泥炭,厚度 20~54 m;上段为冲积、湖积细砂、砂壤土、壤土互层,厚度 10~40 m。

(4)全新统($Q_4$)。可分为杨家寺组、高湾组和岐口组。

杨家寺组($Q_4y$):为冲积、湖积壤土、淤泥、砂壤土互层,夹细砂层,上部局部夹泥炭,底部局部有火山碎屑岩,厚度 5~15 m。

高湾组($Q_4g$):为冲积、湖沼积泥质砂壤土与中细砂互层,夹泥炭,厚度 10~40 m。

岐口组($Q_4q$):为冲积、湖沼积壤土、砂壤土夹砂层,沿海一带为海相层,厚度 2~10 m。

**(三)天津南部小区**

(1)下更新统马棚口组($Q_1$)。可进一步分为两段:下段为冲积、湖积、海积黏土、壤土及粉细砂层,以深灰色、黄灰色、灰色、褐黄色为主,厚度 108.90 m;上段为冲积、湖积、海积壤土、黏土夹粉细砂层,以褐灰色、褐黄色、灰黄色为主,杂以深灰色、棕红色,厚度 95.79 m。

(2)中更新统佟楼组($Q_2$)。分为两段:下段为冲积、湖积、海积黏土、粉砂夹有泥砾

1—山区;2—第四系厚度等深线(m)

**图 1-9 平原区第四系底板等深线图**

(据河北省地质局水文研究室,1979)

层,以灰色、灰黄色、棕褐色为主,杂以绿灰色、棕红色,厚度 68.0 m;上段为冲积、海积粉砂、细砂、泥质粉砂夹黏土层,以灰黄色、黄灰色、灰色为主,杂以绿灰色、黄棕色,厚度 19.50 m。

(3)上更新统塘沽组($Q_3$)。分为三段:下段为海积粉细砂夹壤土,厚度 7.15 m;中段为海积、冲积壤土、砂壤土及黏土,以灰黄色、灰色为主,掺以淡绿色,厚度 20.63 m;上段则为海积、冲积黏土、砂壤土夹细砂,灰色、土黄色及褐黄色,厚度 23.52 m。

(4)全新统天津组($Q_4$)。分为三段:下段为冲积灰黄色、浅灰色壤土,厚度 2.6 m;中段为海积深灰色、灰色、黄灰色壤土、淤泥质壤土、黏土夹细砂及泥炭层,厚度 10.4 m;上段为冲积黄褐色壤土、砂壤土,厚度 5.6 m。

# 第四节　构造与地震

## 一、概述

地震是一种突发性的自然灾害,其对人类的危害主要表现在两个方面,一是地震导致人员伤亡,二是地震导致人类赖以生存的环境的破坏,同时在抗御这一突发性自然灾害方面给人们以教训。我国是一个发展中国家,社会经济发展和人们的社会活动都面临着地震的威胁。为了最大限度地减轻地震灾害造成的损失,人们在生存和发展的征途中,围绕着选择和建立能抗御地震灾害的安全环境,逐步地形成和建立起"工程地震"这一工程应用专业。

对于地震活动性研究,大致有以下几个方面的内容。

### (一)收集地震活动性研究的基本资料

首先收集地震历史记载资料。地震作为现代地壳运动的一种形式或表征,其发生特别是大地震的发生,必然在地表留有形变的痕迹,如断错、地貌形态、破裂、液化、滑坡等,亦即调查、研究古地震事件。

收集历史记载资料。地震作为一种自然灾害,在人类文明历史中大多都有记载,我国有关地震历史的记载相对最完整、历史最长。

收集仪器记载资料。我国相对完整的仪器记载资料为1940年以后所记载的。

收集地震编目资料。我国地震编目整理时间较早,在宋初《太平御览》中共收集周至隋代地震5条。但主要编目还是在解放以后,其内容主要包括地震发生的时间、地点、经纬度坐标、震级、震中烈度、震源深度等。

### (二)研究地震活动空间不均一性特点

地震活动的不均一性表现在以下几个方面:首先反映在地震平面分布的不均一性,亦即地震地理分布上的不均一性。二是地震频度上的不均一性,亦即某面积上每年发生大于等于某震级地震的个数是不一样的。三是地震活动度的不均一性。地震活动度亦即某点附近单位面积上发生的地震,按震级—频度关系得到震级为 $X$ 的地震次数。可用地震频度—震级图来表示。

四是地震活动深度分布的不均一性,亦即地震震源深度是不同的。如华北地区地震震源深度一般为5~30 km,其中怀来—西安5~20 km,邢台—河间地震带为10~30 km,营口—郯城地震带为30~40 km等。

### (三)地震活动时序问题

地震活动时序特征,主要由以下几个方面来表征:

(1)强震的活动期。地震活动随时间呈现不均匀的分布,具有相对平静和显著活跃相互交替转化的发展过程。在一段时间内地震活动表现为频度较低、震级小,地震活动呈现相对平静的状态,此时可称为地震活动的平静期。继而另一段时间内,地震活动呈现频度高、震级大的特点。地震活动呈现显著活跃状态,可称之为地震活跃期。同一地震区内,地震活动由相对平静转化为显著活跃,是能量积累和释放的一个全过程,因此可称之为一个地震活动期。这亦是预测和评价地震危险性的重要分析资料。

(2)地震活动的应变能积累和释放过程。一个地震活动期内的地震活动有一个孕育和发展过程,这个过程包括:应变能发展阶段、孕育阶段、大地震前的"前震"活动阶段、大地震活动阶段和大地震后的"余震"活动阶段四个阶段。应变能积累阶段——以积累为主,释放很少;应变前兆释放阶段——地震带由相对平静转入显著活动的过渡阶段,还有断断续续的积累,但已开始释放部分应变能,且呈现加速释放的趋势;应变大释放阶段——应变积累达到最大值,在短时间内大量释放,是地震危险性较大时期;剩余应变释放阶段——属于地震活动期的尾声,是由显著活动阶段转入相对平静阶段的过渡期,持续时间短,地震危险性较小。

(3)地震活动期最大熵谱分析问题。"熵"的物理意义是平均信息量的量度。因为复杂的周期运动,都是由多个不同频率的简单周期运动叠加而成的,谱分析就是利用数学方法,把这些不同频率的周期运动分离,找出其主要周期。也就是按信息论中最大熵原理使数据合理地向外延拓。因此,相对所要求的周期来说,最大熵谱分析方法不受取样长度控制,即使数据采样长度较短,也能较好地获得需要的参数。

**(四)地震活动性趋势分析**

地震活动性趋势分析是指考虑到地震活动在时间上的不均一性,对某地震带或地震统计带,根据地震活动在时间序列的分布,估计未来趋势性地震活动特点和地震活动水平。因此,地震活动性趋势分析实质上是对地震活动时序特点的预测。所以,它既是地震危险性评价工作之一,也是地震危险性评价中某些地震活动性的参数,如上限震数、$b$ 值、某震级以上地震发震率等。

地震活动性趋势分析采用的主要方法有:地震活动期、震级—频度关系。极值理论、马尔科夫模型、线性预测等统计方法。

上述地震活动性趋势分析方法,是较常采用的评价、预测方法,但应特别注意统计所需基础资料的准确、正确性,因为这对分析地震活动趋势和预报地震危险性的影响极大。

**(五)地震活动的重复、迁移和填空问题**

强震重复是一个十分复杂的问题,强震往往发生在一个活动构造带内,称为地震带内强震重复。强震在同一构造带内重复,强震的原地重复,这是强震的重复现象。

强震活动性迁移。在一个地震带内,强震发生由一处转移到另一处的现象,称之为地震迁移。总的来看,强震活动性迁移是存在的,在一定历史时期内,强震活动性的迁移尤其应当注意。主要迁移形式有单向迁移、往返迁移和双向迁移。

强震的填空性,是指大震发生前的一定时期内,在周围地区发生一系列震级相对较小的地震,后期强震区则形成相对平静区——空区。强震填空性研究和迁移现象研究一样,都试图寻找发生强震的"新区",为估计未来强震发生地点提供参考依据。

**(六)震源机制和构造应力场的研究**

(略)

以上就是地震活动和地震危险性评估所要求的基础资料,在此基础上,就可以进行地震区带划分和潜在震源区划分研究、地震危险性估算和评估,但对具体工程场地而言,尚应进行场地地震反应分析和地震灾害及其工程评价,以使具体工程设计采取适宜的结构措施。

## 二、区域地震地质

### (一)区域构造及新构造运动

根据大地构造分区,天津平原区位于华北断块区内。华北断块是中国大陆最古老的陆块,其地质历史概略地划分为三个大的阶段:①断块形成阶段(37亿~6亿年),即前寒武纪;该时期是华北地壳早期演化时期,在不同地区形成了不同的结晶基底,并开始了类似盖层的最早沉积时期。②断块平稳发展阶段(6亿~2亿年),即古生代;该时期表现为大面积的沉积,构造运动相对平稳。③断块活化阶段(2亿年~现代),即中、新生代至现代;该阶段构造运动逐步奠定了华北地区现代构造运动的基本格架。

中生代时期,华北断块区表现为西部拗陷(鄂尔多斯拗陷)和东部隆起,海河流域平原区位于东部隆起带内。在东部隆起带内,主要表现为NNE走向相间排列的复背斜和复向斜构造,由西向东依次为冀西复向斜、沧津(沧县—天津)复向斜、陵秦(陵县—秦皇岛)复向斜和渤东(渤海东部)复向斜,并形成一些规模宏大的左行平移断裂系,即太行山山前断裂、沧东断裂、聊城—兰考断裂和郯庐断裂。作为冀中断块西界的太行山山前断裂,基本位于冀西复向斜的西翼。中侏罗世末的燕山运动中期,冀西复向斜解体,在冀中断块区沿太行山山前断裂产生保定—石家庄、北京等拗陷,沉积了厚达两三千米的侏罗—白垩系。

侏罗—白垩纪的构造变动,在冀中断块区形成了一系列剪切断裂系,奠定了新生代盆地发展的基础,控制了断块内次级构造的格局。

早第三纪古新世,区内构造活动相对平静,因遭受强烈的剥蚀夷平作用,形成了准平原的地貌形态。始新世初,印度板块与欧亚板块碰撞及太平洋板块由NNW向转为NWW向运动,中国东部构造变形开始了新的阶段。该时期主要表现为断陷盆地的发育。早第三纪断陷作用主要发生在华北断陷盆地内,断陷区基本沿中生代褶皱或隆起的轴部发生,呈NNE向展布,反映了右旋剪切拉张作用下的构造特征,表明了区域构造应力场发生的重大变化,如图1-10所示。

晚第三纪基本继承了早第三纪的构造格局,晚第三纪沉积物主要分布于早第三纪的断陷区内。由于华北断陷盆地的整体下沉,在早第三纪的断隆区或凸起内,也堆积了较薄的晚第三纪沉积。早第三纪与晚第三纪等厚线形态基本一致,反映了该区晚第三纪应力场基本继承了早第三纪应力场的特征。在山西断陷带,断陷盆地从上新世开始发育,并从南西向北东逐渐扩展。

第四纪时期,本区构造形态有一定变化。在阳原、蔚县盆地,泥河湾组与下伏三趾马红土呈角度不整合,类似的情况在山西断陷盆地带其他地区也可看到;南部的三门峡盆地、伊洛盆地、济源盆地开始回返上升;与此相应,在华北断陷盆地内,西缘的太行山山前断裂活动性减弱,第四纪沉积中心向东偏移,同时,在华北断陷北部发育了一条NW向拗陷带,即沙河、顺义至渤海湾拗陷带,它是在第三纪构造格架基础上,叠加发育的一条NW向拗陷带。如图1-11所示。

现今构造活动基本受控于第四纪构造系。

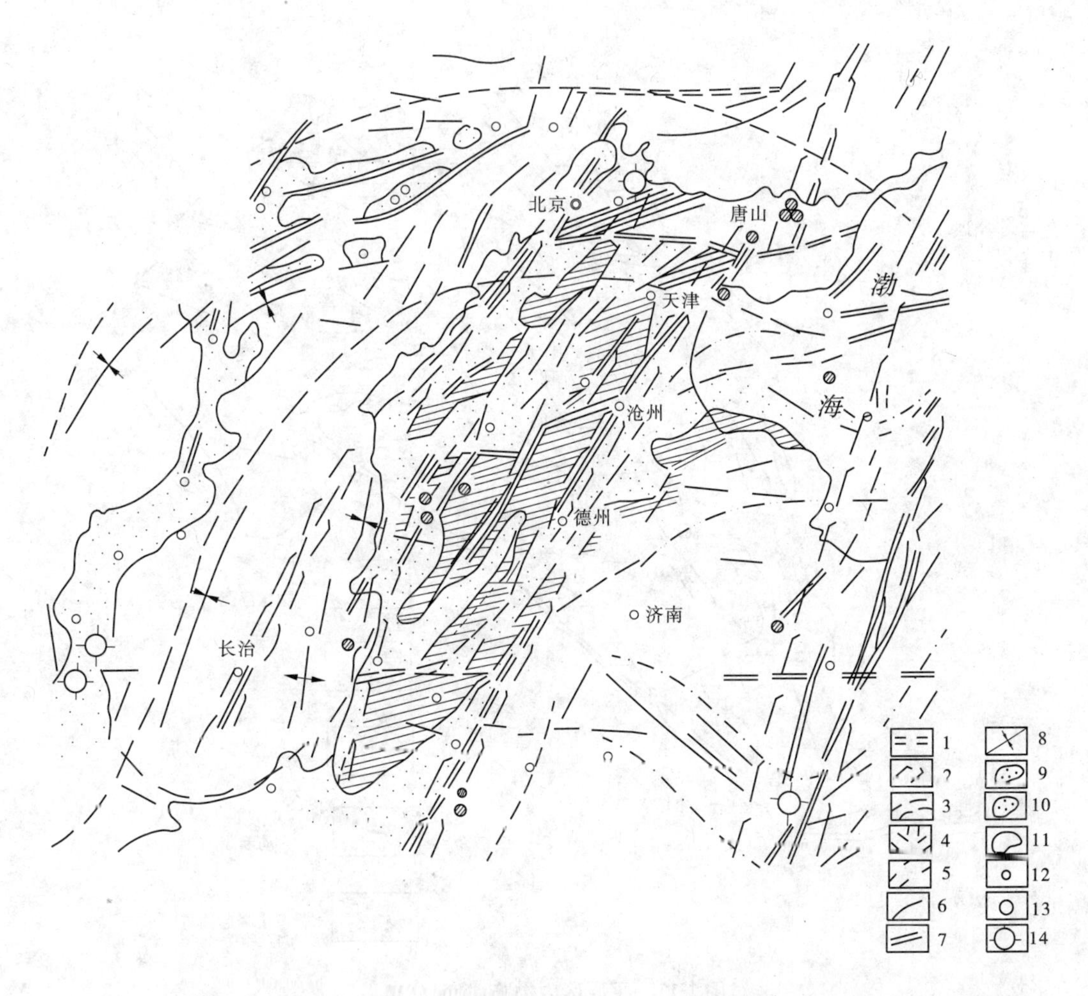


1—纬向构造带;2—新华夏系构造带;3—祁吕系构造;4—山字形构造;5—渤海旋卷构造;6—断裂;7—主要活动断裂;8—褶皱;9—槽地;10—拗陷;11—隆起;12—6～7 级地震震中;13—7～8 级地震震中;14—8 级以上地震震中

**图 1-10　华北地区构造体系分布**

**(二)新构造分区及活动性特点**

受区域构造基底介质特征及动力来源的影响,新构造运动的类型、运动幅度和方式等都具有分区性,这必然影响地震破裂活动的特点。

华北断块区的新构造运动分区以区域地质构造分区为基础,结合新构造运动的具体特征,将本区新构造运动单元划分为阴山—燕山隆起区、山西隆起区、河北平原沉降区和豫皖差异运动断块等新构造区,参见图 1-12。

阴山—燕山隆起区,新构造差异活动较弱,以区域隆起为主;山西隆起区内部发育 NNE 向的断陷盆地,断裂活动集中在断陷盆地边缘及内部,第四纪断裂活动强烈;河北平原沉降区主体为渤海湾断陷,由多个次级断陷盆地组成,在整体沉降的背景上具有差异沉降运动,内部构造复杂,总体受控于 NNE 和 NWW 两个方向的构造;豫皖差异运动断块为华北断块区的南部边缘带,主要发育在中生代盆地背景之上,第四纪以来内部差异活动较弱。

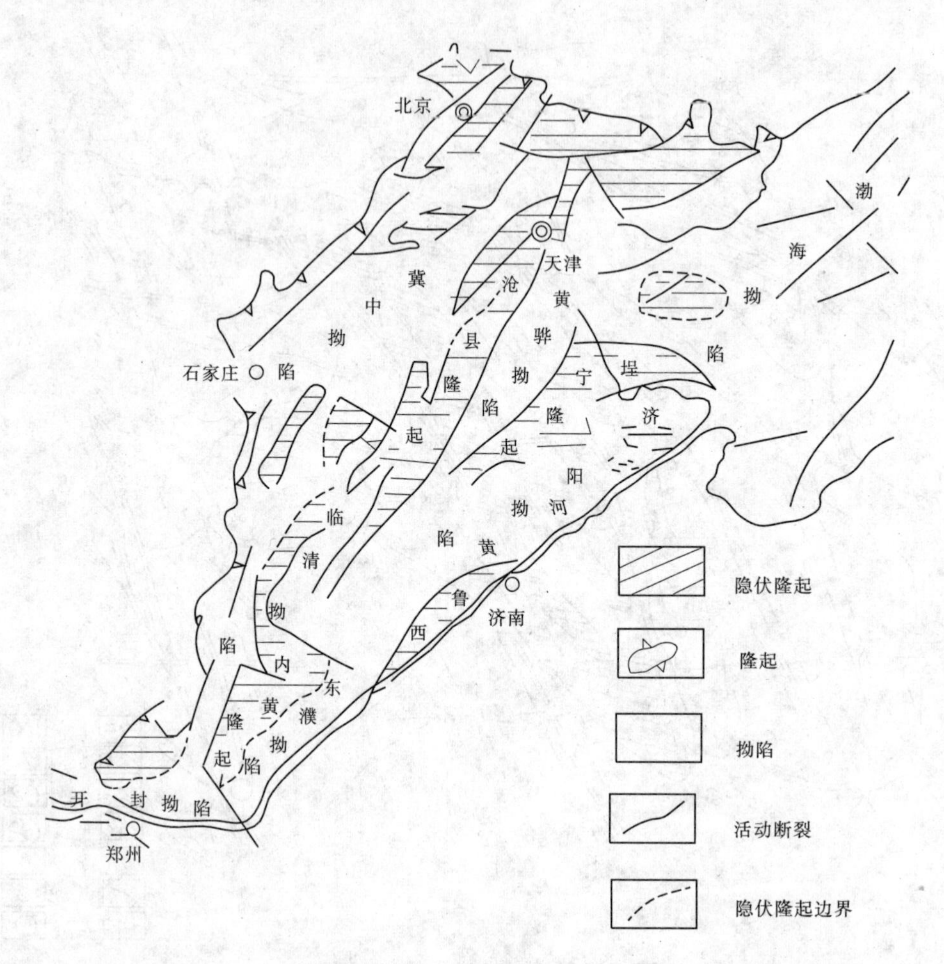


**图 1-11　平原区内拗陷、隆起分布**

每一新构造区又可进一步细分为更次一级的新构造单元，具体划分结果见表 1-3、图 1-12。

### （三）区域活动断裂与强震

1. 北东向断裂

北东向断裂是华北断块内的主要构造形迹。本区域大致等间距地分布着三条规模最大的 NE 向构造带，即山西断陷带、太行山东缘断裂带和沧东—聊考断裂带。

（1）山西断陷带。山西断陷盆地带位于山西隆起的中部，是一条右旋剪切拉张带。该带由一系列大小不等的 NE、NEE 走向的地堑或半地堑盆地右行斜列组成，总体走向为 NNE 向。盆地的形成严格受断裂控制，上新世以来的沉积发育也与断裂活动有关，沉积物最厚的地段往往靠近活动断裂一侧。山西断陷带内的主要断裂有延庆盆地北缘断裂、怀来—涿鹿盆地北缘断裂、蔚县盆地南缘断裂、恒山北麓断裂、桑干河断裂、口泉断裂、五台山北麓断裂、系舟山山前断裂、太白维山山前断裂、交城断裂、霍山山前断裂、罗云山山前断裂、中条山北缘断裂等。这些断裂第四纪以至晚更新世以来都具有明显的活动性，沿断裂带有中强地震发生，是华北断块内活动性最强的断裂。

表 1-3　区域新构造运动分区

<table>
<tr><th colspan="3">新构造分区</th><th>新构造运动特征</th></tr>
<tr><td colspan="3">阴山—燕山隆起区</td><td>间歇性整体抬升，内部差异活动不明显，内部地震活动微弱。</td></tr>
<tr><td rowspan="2">山西隆起区</td><td>汾渭断陷带</td><td>延怀盆地<br>大同盆地<br>忻定盆地<br>太原盆地<br>临汾盆地<br>运城盆地</td><td>次级盆地右行斜列排列，总体走向 NNE，平面上呈“S”形。盆地的形成受断裂控制，上新世开始裂陷，由南往北发展，第四纪继承性活动。盆地边界断裂第四纪活动强烈，地震活动强度大、频度高</td></tr>
<tr><td colspan="2">吕梁山隆起<br>太行山隆起</td><td>以间歇性上升为主，内部差异活动较弱，发育个别山间盆地。地震活动水平较低，以中小地震活动为主</td></tr>
<tr><td rowspan="2">华北平原沉降区</td><td>渤海湾断陷</td><td>北京拗陷<br>冀中拗陷<br>沧县凸起<br>黄骅拗陷<br>埕宁凸起<br>济阳拗陷<br>临清拗陷<br>汤阴地堑<br>内黄隆起<br>东明拗陷</td><td>华北断陷盆地由多个次级盆地组合而成，这些盆地大致于始新世在中生代构造隆起背景上发生裂陷作用形成，中新世时整体沉降，形成统一的盆地，但盆地内部的差异活动仍以次级盆地或断块的活动为基础。华北断陷盆地断裂活动以 NNE 向右旋走滑拉张为主，断陷内地震活动强烈，强震活动与 NE 向的断陷盆地及其边缘断裂有关，但同时又受控于 NW 向构造带</td></tr>
<tr><td colspan="2">鲁西隆起</td><td>以隆起为主，西部边缘发育 NE 向沉降带，地震活动较弱，西部有中等地震</td></tr>
<tr><td rowspan="2">豫皖差异运动断块</td><td colspan="2">伊洛回返上升区</td><td>山间盆地发育，这些盆地早第三纪强烈沉降，上新世以来活动逐渐减弱，地震活动总体水平较弱</td></tr>
<tr><td colspan="2">开封周口沉降区</td><td>主要是开封拗陷，该拗陷发育于中生代，新生代继续沉降，地震活动微弱</td></tr>
</table>

（2）太行山东缘断裂带。太行山东缘断裂带由紫荆关断裂、井陉—长治断裂及太行山山前断裂带共同构成。

紫荆关断裂和井陉—长治断裂发育于太行山隆起内部，主要活动时期为中生代，新生代尤其是上新世以来活动明显减弱，但第四纪以来仍有微弱活动，沿断裂带有中、小地震分布。

太行山山前断裂带是分割太行山隆起与华北断陷的边界断裂带，其地貌特征明显。断裂带的浅部由一系列长几十至上百千米的 NE 向断裂组成，这些断裂斜列展布，控制次级拗陷或隆起的分布。根据断陷内地层发育特征分析，断裂活动时代及幅度有所差异。

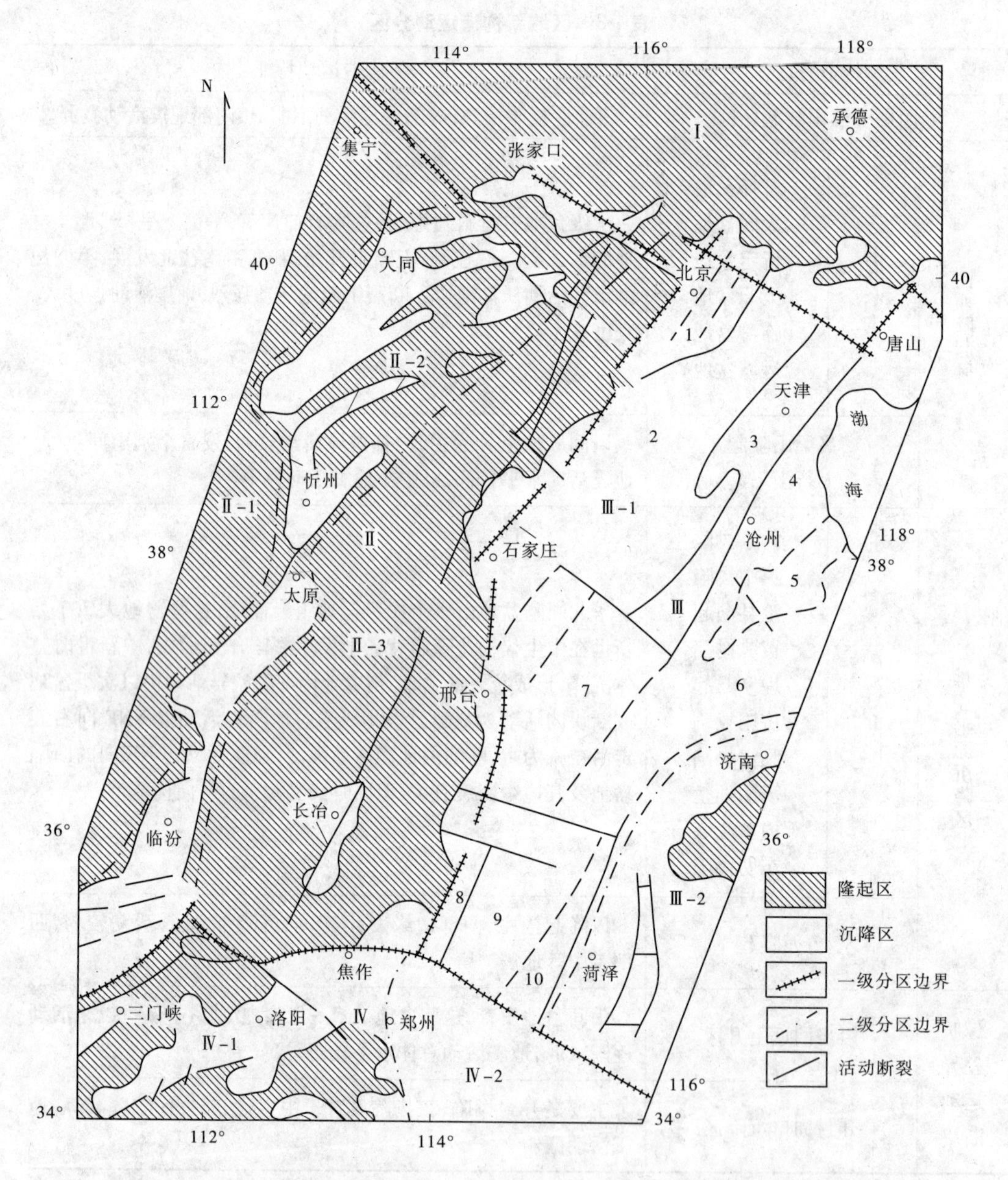


Ⅰ—阴山—燕山隆起区；Ⅱ—山西隆起区；Ⅲ—华北平原沉降区；Ⅳ—豫皖差异运动断块；Ⅱ-1—吕梁山隆起；Ⅱ-2—汾渭断陷带；Ⅱ-3—太行山隆起；Ⅲ-1—渤海湾断陷；Ⅲ-2—鲁西隆起；Ⅳ-1—伊洛回返上升区；Ⅳ-2—开封周口沉降区；1—北京拗陷；2—冀中拗陷；3—沧县凸起；4—黄骅拗陷；5—埕宁凸起；6—济阳拗陷；7—临清拗陷；8—汤阴地堑；9—内黄隆起；10—东明拗陷

**图1-12　区域主要断裂与新构造单元划分**

其中，黄庄—高丽营断裂及其所控制的北京断裂主要活动时代为新第三纪及第四纪，个别段落晚更新世—全新世仍有活动。徐水西断裂和望都—新乐断裂及所控制的徐水断陷、保定—石家庄断陷主要活动时代为始新世，新第三纪以来，断裂活动较弱，沉积中心偏离断裂东移。徐水西断裂和望都—新乐断裂倾角较缓，第四纪以来活动微弱。

宁晋断裂、新河断裂、邯郸断裂、汤西断裂、汤东断裂等为太行山山前断裂的南段，主要控制束鹿断陷、邯郸断陷和汤阴断陷，早第三纪有一定活动，主要活动时代为新第三纪和第四纪。太行山山前断裂的南段断裂第四纪以来都有明显活动，个别段落晚更新世以来仍有活动。

沿太行山东缘 NE 向断裂带曾发生过 1730 年北京 6.5 级地震、1658 年涞水 6 级地震、1966 年邢台 7.2 级地震、1314 年涉县 6 级地震以及一系列中小地震。

(3)沧东—聊考断裂带。沧东断裂与聊考断裂之间有一高塘凸起，它们是在同一应力作用下形成的右旋剪切破碎带中的两个羽列段，可称之为沧东—聊考断裂带。

该断裂带早第三纪活动明显，晚第三纪以来断裂活动明显减弱，但第四纪仍有活动，沿断裂带有中强地震发生。

除上述三条大规模的 NE 向断裂带外，还存在其他一些 NE 向活动断裂，主要分布在华北平原断陷区内，其中最新活动断裂位于断陷北部，一般晚更新世—全新世有活动。这些断裂对地震活动具有明显的控制作用，为主要的发震构造，包括顺义—前门断裂、通县—南苑断裂、夏垫断裂、唐山断裂、大城断裂、曹县断裂等。

2. 北西向断裂

华北断块区域内，除占主导地位的区域 NE 向断裂外，NW 向断裂也很发育。主要有张家口—渤海断裂带、无极—衡水断裂、磁县—大名断裂、焦作—新乡—商丘断裂带等。

(1)张家口—渤海断裂带。该断裂带为分割山西隆起、华北断陷与北部的阴山—燕山隆起的分界断裂。它并不是单一的断层，而是由狼山—新保安断裂、南口—孙河断裂、蓟运河断裂等一系列 NW 向断层组成，具有左旋水平活动特征，沿该断裂带有强震活动。

(2)无极—衡水断裂。无极—衡水断裂总体走向 NW—NWW，新生代活动强烈，构成冀中拗陷主体部分与邢(台)衡(水)隆起的分界断裂，第四纪晚期无明显活动。

(3)磁县—大名断裂。磁县—大名断裂(F45)走向 NW—NWW，倾向 NE，中段构成内黄隆起和临清拗陷的分界断裂，向东南方向过朝城后断断续续与马陵断裂相接，向西断续延伸至涉县盆地。在布格重力异常图、航磁图上均有清楚的显示。1830 年磁县 7.5 级地震发生在断裂的西段。

(4)焦作—新乡—商丘断裂带。该断裂西起济源、焦作一带，向东经新乡、封丘，过黄河到商丘继续向东南延伸，是一条区域性大断裂，在布格重力异常图和卫片上有显示，为一组平行断裂(F53、F54)，第四纪以来仍有明显活动，影响现代水系的发育。1857 年修武 6 级地震及 1937 年 9 月 30 日封丘 5.5 级地震发生在该断裂带上。

(5)太行山东缘北西向断裂。除前述较大规模的 NW 向区域性断裂外，在太行山东缘断裂带上，亦有一些 NW 或 NWW 向断裂存在，主要包括永定河断裂、拒马河断裂、涞水断裂、安阳南断裂等，这些断裂第四纪活动普遍较弱，晚更新世以来基本无活动，只有个别与区域性 NW 向断裂相关的断裂如南口—孙河断裂、磁县—大名断裂等晚更新世以来有活动。

此外，在东部还存在其他一些 NW 向断裂，如无棣—益都断裂、菏泽断裂等。其中，沿菏泽断裂曾在 1937 年发生 7 级地震。

3. 活动断裂分布与强震

地震活动与第四纪断裂关系密切,强震一般发生在晚更新世以来有活动的断裂上。华北断块区晚更新世以来的活动断裂基本位于山西断陷盆地带和河北断陷盆地内。在山西断陷带内,断陷盆地边缘的主干断裂为晚更新世或全新世有活动的断裂,断裂主要为NE—NNE向展布,其性质为正断层或正走滑断层。在河北断陷带内,晚更新世以来活动的断裂主要分布在北部,包括华北断陷盆地北部边缘的NNE向断裂及张家口—蓬莱断裂带内的NWW向断裂。在华北平原内部NW向隆起带上的NE向断陷边缘,也有晚更新世以来有活动的断裂分布,如里坦断陷边缘的大城断裂等。在华北断陷盆地南部也存在个别活动断裂。

晚更新世以来的活动断裂分布见表1-4。

**表1-4 第四纪晚期活动断裂与地震**

| 断裂名称 | 长度(km) | 走向 | 活动性质 | 活动时代 | 相关地震活动 |
|---|---|---|---|---|---|
| 延庆盆地北缘断裂 | 60 | NE | 正 | $Q_4$ | 1337年6.5级、1720年6.25级 |
| 怀来—涿鹿盆地北缘断裂 | | NE | 正 | $Q_3$ | |
| 蔚县盆地南缘断裂 | 50 | NE70° | 正 | $Q_4$ | 1581年和1618年6级 |
| 恒山北麓断裂 | 128 | NEE | 正 | $Q_4$ | |
| 桑干河断裂 | 140 | NEE | 正 | $Q_4$ | 1989年大同6.1级 |
| 口泉断裂 | 185 | NEE | 正 | $Q_4$ | 1022年和1035年6.5级 |
| 五台山北麓断裂 | 80 | NE60° | 正 | $Q_4$ | 512年代县7.5级 |
| 系舟山山前断裂 | 130 | NEE | 右旋正断 | $Q_4$ | 1038年定襄7.25级 |
| 太白维山山前断裂 | 40 | NE75° | 正 | $Q_4$ | 1626年灵丘7级 |
| 交城断裂 | 125 | NE | 右旋正断 | $Q_4$ | 6级 |
| 霍山山前断裂 | >100 | NNE | 右旋正断 | $Q_4$ | 1303年洪洞8级 |
| 罗云山山前断裂 | 120 | NNE | 右旋正断 | $Q_4$ | 5级 |
| 中条山北缘断裂 | | | | | |
| 南口山前断裂 | | NE | 正 | $Q \sim Q_4$ | |
| 清河断裂 | 40 | NEE | 正 | $Q_4$ | 1730年北京7级 |
| 黄庄—高丽营断裂 | 140 | NE40° | 右旋正断 | $Q_3$ | |
| 涞水西断裂 | | NE | 正 | $Q \sim Q_3$ | 1658年涞水6级 |
| 新河断裂 | 70 | NE | 右旋正断 | $Q_4$ | 1966年邢台7.2级 |
| 汤东断裂 | >100 | NNE | 正 | Q | 5~6级 |
| 顺义—前门断裂 | 110 | NNE | 正 | $Q \sim Q_3$ | |

续表 1-4

| 断裂名称 | 长度(km) | 走向 | 活动性质 | 活动时代 | 相关地震活动 |
|---|---|---|---|---|---|
| 通县—南苑断裂 | 110 | NNE | 正 | $Q_3$ | |
| 夏垫断裂 | 100 | NNE | 右旋正断 | $Q_4$ | 1679 年三河 8 级 |
| 唐山断裂 | 50 | NE | 右旋正断 | $Q_4$ | 1976 年唐山 7.8 级 |
| 大城断裂 | 130 | NNE | 右旋正断 | $Q \sim Q_3$ | 1967 年大城 6.3 级 |
| 狼山新—保安断裂 | | NW | | $Q_2$ | |
| 南口—孙河断裂 | 60 | NW310° | 正 | $Q_3 \sim Q_4$ | |
| 蓟运河断裂 | | NW | | Q | 1976 年唐山 6.9 级 |
| 磁县—大名断裂 | >100 | NWW | 左旋正断 | $Q_4$ | 1830 年磁县 7.5 级 |
| 菏泽断裂 | | NW | 左旋正断 | | 1937 年菏泽 7.0 级 |

由表 1-4 可知,山西断陷带为华北断块区域内活动性最强的区域断裂带,并为主要的强震活动带。公元前 780 年至今,发生 7.0 ~ 7.9 级地震 6 次,还有 1303 年洪洞、1556 年华县发生 8 级地震,8 级地震位于山西地震带的南部。强震发生一般与断陷盆地边缘活动断裂有关,详见图 1-13。

在华北断陷盆地内,NE 向构造为主要的发震构造。本区 NE 向构造主要为太行山山前断裂带和沧东—聊考断裂带。如沿太行山东缘 NE 向断裂带曾发生过 1730 年北京 6.5 级地震、1658 年涞水 6 级地震、1966 年邢台 7.2 级地震、1314 年涉县 6 级地震等,沿沧东—聊考断裂带曾发生一系列中小地震。NW 向断裂带上的强震活动亦与这两条断裂带相关,如 1830 年磁县 7.5 级地震、1937 年菏泽 7.0 级地震等。

NW 向构造对地震活动具有明显的控制作用。其中地震活动性最强的 NW 向构造带为华北断陷北部的张家口—渤海断裂带,该断裂带控制了华北平原两次最强烈的地震,即 1679 年的三河—平谷 8 级地震和 1976 年的唐山 7.8 级地震。

焦作—商丘断裂带及以南区域内的断裂活动都较弱,无强震发生,只有中小地震活动。

## 三、平原区地震活动性

### (一)地震活动的时空分布特征

1. 地震期、幕划分

地震活动在发生时间上具有明显的不均匀性,表现为地震活动的分期和分幕现象。

华北地区地震历史记载在我国最为悠久且资料最为丰富。分析公元 900 年以来华北地区 6 级以上地震的 $M_s \sim t$ 图(见图 1-14)可以看出,本地区强震活动呈平静与活动交替的特点,大致有四个活动期,地震活动存在 300 年左右的周期。

在 300 年左右的活动期中,还存在 20 ~ 30 年的地震幕。表 1-5 列出了华北地区第四活动期的地震幕。各幕的地震频度、能量释放并不均一,总体上说,是一个从少到多、从弱

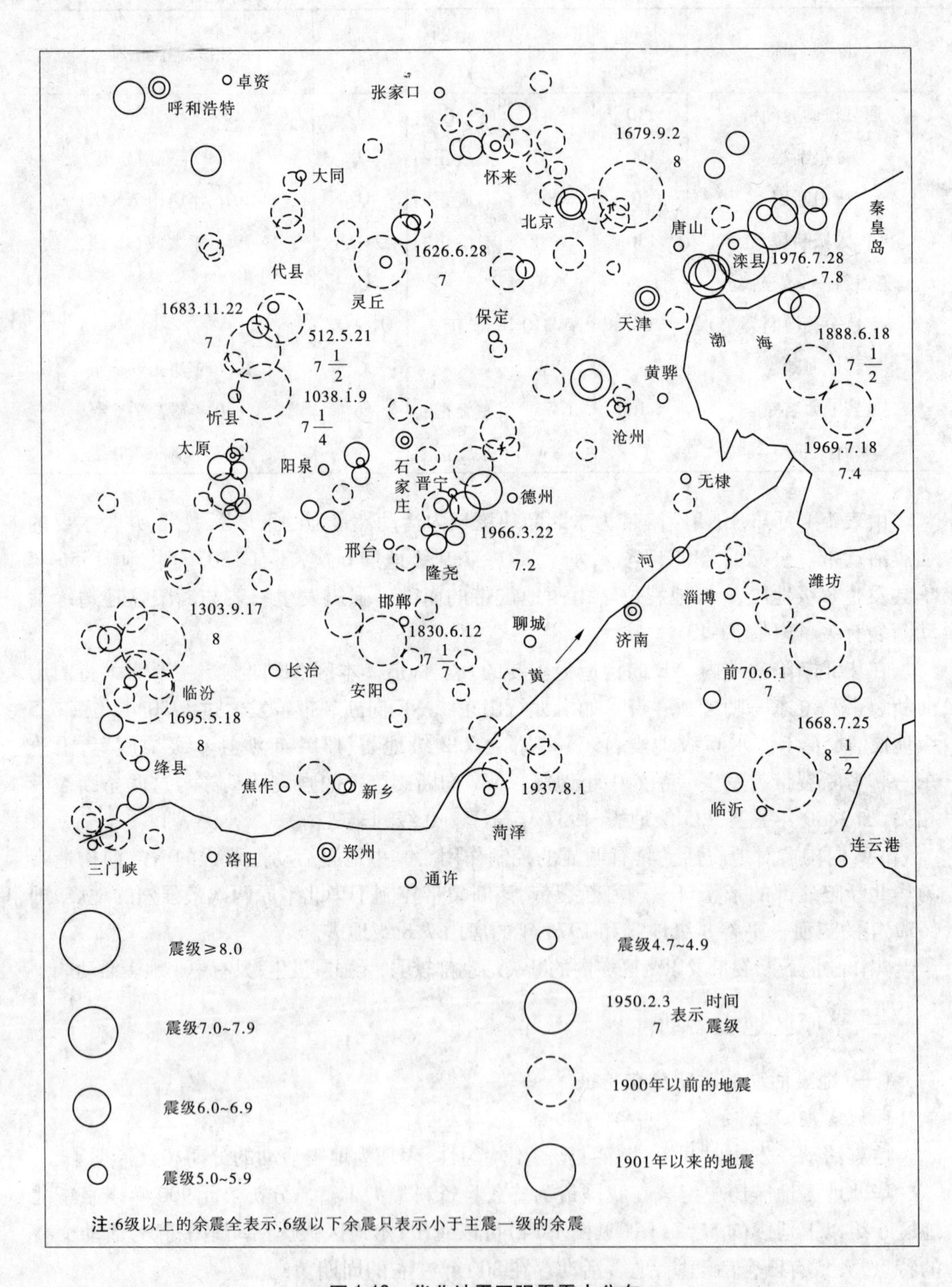


**图1-13　华北地震区强震震中分布**

到强的发展过程，初始的几幕，活动水平较低，以后逐渐增强。在每个活动期内，地震在时间上的分布前疏后密。在华北地区第四活动期内，第七幕频度高、强度大，为活动期的高潮幕。根据与第三活动期的分幕类比外推，本活动期在经历了第七幕高潮后还可能出现持续数十年的两个结尾幕，地震活动将起伏衰减。

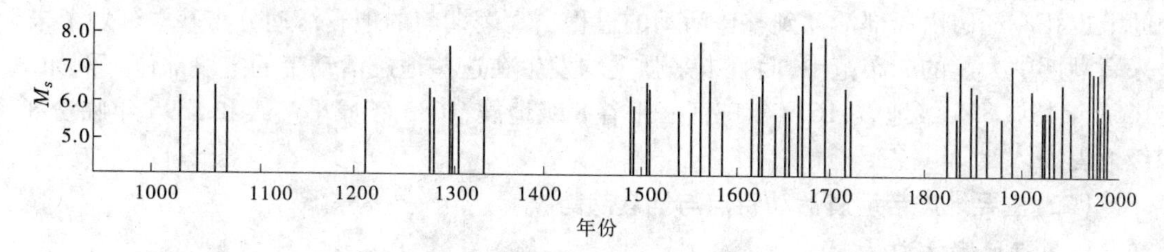


图 1-14　华北地区 $M_s \sim t$ 图

表 1-5　华北地区第四活动期地震幕划分

| 幕 | 活动时段 | 平静时段 | 全幕时间（年） | 地震频度（$M \geqslant 5$） | 应变释放（$\times 10^8$ 焦耳$^{1/2}$） |
|---|---|---|---|---|---|
| 1 | 1815 ~ 1820 | 1821 ~ 1828 | 14 | 3 | 0.36 |
| 2 | 1829 ~ 1835 | 1836 ~ 1854 | 26 | 5 | 1.20 |
| 3 | 1855 ~ 1862 | 1863 ~ 1879 | 25 | 5 | 0.08 |
| 4 | 1880 ~ 1898 | 1899 ~ 1908 | 29 | 9 | 1.07 |
| 5 | 1909 ~ 1923 | 1924 ~ 1928 | 20 | 9 | 0.32 |
| 6 | 1929 ~ 1952 | 1953 ~ 1965 | 37 | 11 | 0.83 |
| 7 | 1966 ~ 1978 | 1979 ~ | | 14 | 4.63 |

2. 地震带划分

根据地震活动在空间分布上的不均匀性，华北地区包括河北平原地震带、山西地震带和许昌—淮南地震带。

海河流域平原区位于河北地震带，其主体构造是华北断陷盆地内部的一系列 NNE 向活动性断裂带，西部包括太行山东缘断裂带，东部包括沧东断裂带和聊城—兰考断裂带，北部延伸至燕山南缘，南部包括新乡—商丘断裂带。山西地震带主要包括山西断陷盆地带。许昌—淮南地震带位于华北断块南部，相当于豫皖差异运动断块的范围。河北平原地震带和山西地震带都是华北地区强烈活动的 NNE 向地震带，许昌—淮南地震带呈 NWW 向，属中强地震活动带。

3. 主体地震活动场所

地壳是由断裂带分割而成的若干等级的块体组成的，不同地震活动期反映了不同块体的活动，块体边界为主体活动场所，即可能发生地震的地带。华北第三活动期地震（$M \geqslant 5$）主要活动范围轮廓清楚，其西界为山西地震带，东至郯庐地震带，南面为东西向的平陆—郯城地震带，北端自怀来至渤海湾，呈 NW 向分布。上述四条边界内、外地震均很少，显然，这些边界地带就是该活动期的主体活动地带。第四活动期的主体活动范围已向东迁移约300 km,西界为河北拗陷带,东为黄海地震带,北以朝阳—海城—丹东为界,南部可能以磁县—诸城或菏泽—溧阳为界;另外,在这些边界所围的区域内有一条NW向的丰南—渤海地震带。

研究结果表明,一个活动期内地震不仅随时间经历由少到多、由弱到强的过程,从空间上也相应经历由局部活动到整体活动的过程。高潮期前的地震活动分布基本刻划了未来高潮期中大震的分布范围,而且未来强震均发生在这些地震活动带的空段部位。例如,1668年郯城8.5级地震;1679年三河—平谷8级地震;1683年原平7级和1695年临汾8级地震。

**(二)主要地震带地震活动特点与地震趋势**

1.历史地震活动性

(1)河北平原地震带。该带地震频度和强度均较高,据历史地震资料记载,曾发生过8级地震1次,7~7.9级地震5次,6~6.9级地震13次。它是华北本次地震活动期的主体活动地带,近代地震活动显示出密集成带分布。

从图1-15可以看出,河北平原地震带自1400年以来经历了两个地震活动期,即1400~1730年和1731年开始到目前还未结束的两个活跃期。根据对华北地震区的地震活动分析,其在经历了1966年~1976年地震能量大释放后,未来百年将处于能量的剩余释放阶段。

(2)山西地震带。该带是华北地震区的主要地震活动带,自公元前780年起有地震记载,公元700年以来共记载6级以上地震20次,其中8级地震3次,即1303年赵城,1556年华县和1695年临汾地震。但自1780年本次华北地震活动期开始以来,该带6级以上地震只发生了1次(1815年平陆6.75级地震),地震活动水平很低。

从图1-15可以看出,该带自公元700年以来经历了五个地震活动期。对比各期地震强度和频度可以看出,地震活动经历了一个由弱—逐渐增强—能量大释放—剩余释放的过程。早期历史地震资料虽不完整,但似乎仍可粗略地看到一个千年以上的地震活动规律。按能量释放规律的四个阶段划分,第一阶段为1200年以前,包括第一、第二地震期,表现为地震少、强度低,没有8级地震发生;第二阶段为第三地震期,频度、强度有较明显增加;第三阶段是第四地震期,为地震能量大释放阶段,发生了2次8级地震;第四阶段包括第五地震期,频度、强度明显下降,处于大释放后的调整阶段。

(3)许昌—淮南地震带。该带是华北地震区南部的一条主要地震带。本带地震活动强度、频度低,历史上未发生过7级以上强震,仅发生过3次6级地震,即1481年涡阳6级地震、1820年许昌6级地震和1831年凤台6.25级地震。从图1-15可以看出,1400年以来大致可分为三个地震活跃期,即1481~1525年、1640~1675年及1814~1831年。从1832年至今仅发生1次5级以上地震(1918年河南通许5.25级),地震活动水平很低。考虑到地震相对平静已持续了约160年,以上两次的平静时段都长,估计未来百年该带可能进入地震相对活跃的时段,将会发生5~6级地震。

2.数理统计预测

(1)震级—频度关系。震级—频度关系,也叫震级发生率或重复率公式,首先由Gutenberg和Richter(1944年)提出,其一般关系为

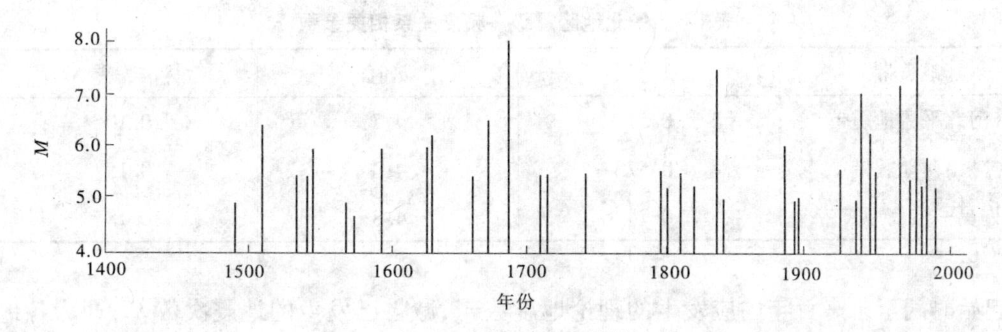


(a)河北平原地震带

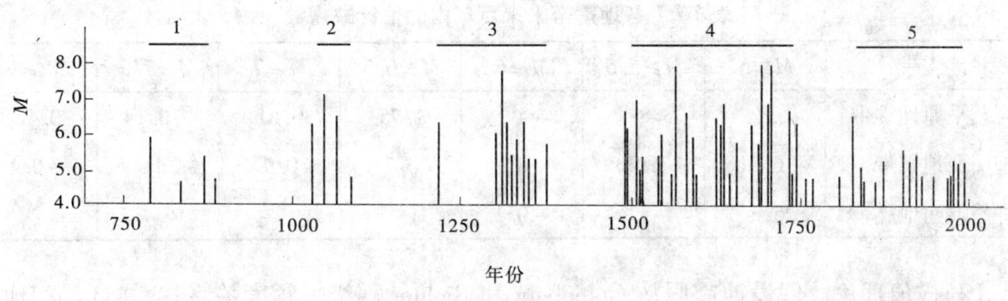


(b)山西地震带

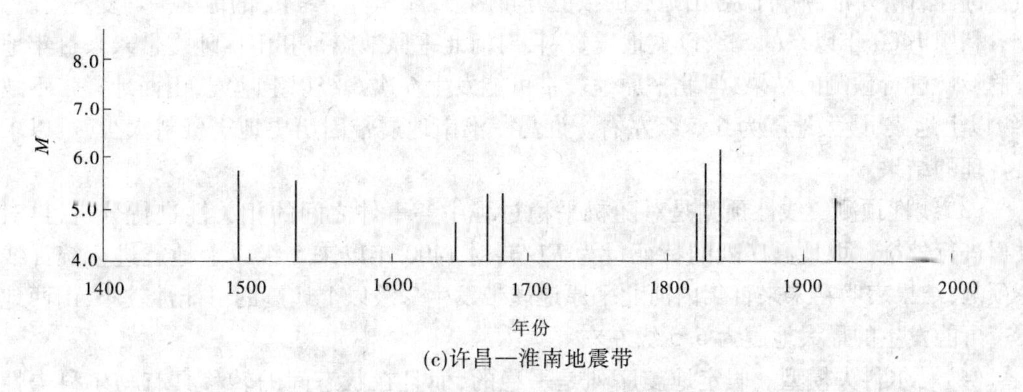


(c)许昌—淮南地震带

**图 1-15　华北地震区各地震带 $M\sim t$ 图**

$$\lg N = a - bM \quad (1\text{-}1)$$

式中　$a$、$b$——待定参数，

$N$——$M \geqslant M_0$ 的地震累积频度；

$M$——震级。

由于统计结果与时空尺度有关，在区域一定的情况下，根据历史地震记载和地震活动分期，选取适当的时间长度。表 1-6 是河北平原地震带、山西地震带和许昌—淮南地震带的震级—频度关系相关参数。

利用地震重复率曲线可计算各震级档次的年平均发生率 $P$，从而推算各带从统计资

表 1-6　华北地区震级—频度关系相关参数

| 地震带 | $b$ 值 | $a$ 值 | 标准偏差 $S$ |
| --- | --- | --- | --- |
| 河北平原地震带 | 0.57 | 4.7 | 0.10 |
| 山西地震带 | 0.57 | 4.7 | 0.15 |
| 许昌—淮南地震带 | 0.74 | 4.8 | 0.18 |

料起始时间至未来百年内应发生的理论地震数 $n_1$，减去已发生的地震次数 $n_2$，即为各地震带未来百年内的缺震数，预测结果如表 1-7。

表 1-7　各地震带未来百年内的估计缺震数

| 地震带 | $M \geqslant 5$ | $M \geqslant 5.5$ | $M \geqslant 6$ | $M \geqslant 6.5$ | $M \geqslant 7$ | $M \geqslant 7.5$ | $M \geqslant 8$ |
| --- | --- | --- | --- | --- | --- | --- | --- |
| 河北平原地震带 | 14 | 8 | 4 | 1.75 | 0.61 | -0.14 | 0.46 |
| 山西地震带 | 6.5 | 6.4 | 8 | 0.7 | 0.9 | 1 | -0.4 |
| 许昌淮南地震带 | 5.2 |  | -0.1 |  |  |  |  |

(2)极值理论。假设地震服从 Gutenberg 和 Richter 震级—频度关系式，并且累积地震频度符合泊松分布，则可以导出地震的极值分布函数，计算出 $M \geqslant M_0$ 的地震平均复发周期。

利用 1400 年以来的 5 级以上地震资料，对河北平原地震带和山西地震带未来百年地震危险性进行预测的结果，河北平原地震带可能发生 6 次 6 级以上地震，山西地震带不缺 7 级以上地震，最大地震为 6.5 级左右。许昌—淮南地震带因历史地震资料太少，难以求出合理的结果。

(3)线性预测。线性预测是对随机平稳过程中各事件之间的相关性进行分析，再对过程进行外推。取地震序列的特征量为 $E1/3$，对 1400 年以来 5 级以上地震进行统计线性预测，结果表明在未来百年内河北平原地震带发生 7 级以上地震的可能性较小，山西地震带可能发生的最大地震为 6.5 级左右。

(4)马尔科夫模型。假定地震序列是平稳的，而且在状态间的转移具有马尔科夫性(也即若地震事件在 $t$ 时的状态确定，则以后运动的状态与 $t$ 以前的状态无关，而仅与 $t$ 时的状态有关)，则可以导出今后 $t$ 时间内至少发生 1 次 $M \geqslant M_0$ 地震的概率 $P_t$ 为

$$P_t(M \geqslant M_0) = 1 - e^{-q_0 P_0 \cdot t} \tag{1-2}$$

式中　$q_0$、$P_0$——待定系数，可由历史地震资料求出。

根据 1400 年以来 5 级以上地震资料计算得到未来百年发生 $M \geqslant M_0$ 地震的概率如下：

河北平原地震带：

$$P_{100}(M \geqslant 6.0) = 0.89$$
$$P_{100}(M \geqslant 6.5) = 0.66$$
$$P_{100}(M \geqslant 7.0) = 0.46$$
$$P_{100}(M \geqslant 7.5) = 0.18$$

山西地震带：

$$P_{100}(M \geqslant 6.0) = 0.88$$
$$P_{100}(M \geqslant 6.5) = 0.82$$
$$P_{100}(M \geqslant 7.0) = 0.60$$

综上所述，经过对华北地区各地震带地震活动特点的分析和统计预测，未来百年内，河北平原地震带可能发生的最大地震为6.5级左右，山西地震带有发生6级地震乃至7级地震（1次）的可能，许昌—淮南地震带将会发生5~6级地震。

**（三）现代构造应力场特征**

根据李钦祖等的研究结果，华北地区区域应力场的特点主要为：华北地壳处于一个一致性良好的统一应力场中，主压应力轴的方位大多是NEE—SWW，主张应力轴的方位大多是NNW—SSE，并且都接近于水平；对华北地区发震断层运动方式的统计结果表明，走滑运动占72%，正断层型运动占19%，逆断层型运动占9%。震源机制解两个节面的控制性的走向是NNE和NWW。

经收集、分析和统计华北平原区1937~1992年间的60次4级以上地震的震源机制解，其结果概述如下：

（1）华北平原区主压力轴、主张应力轴的方位大多分别为NEE—SWW和NNW—SSE。

（2）压应力轴和张应力轴的仰角$\alpha \leqslant 40°$的，分别占地震总数的76.6%和83.3%。压应力轴和张应力轴的仰角$\alpha > 40°$的情况主要出现在小震级的事件中。由此可见，本区域现代构造应力场基本上是水平应力场。

（3）按27个5级以上地震震源机制解，给出两组互相垂直节面的平均走向是NE（31°±15°）和NW（58°±16°）。这表明，本区域内存在两组大致相互垂直的断裂，一组为NE—SW向，另一组为SEE—NWW向。

（4）若本区域内地壳是在NEE—SWW和NNW—SSE向的水平主应力作用下，则区内NE—SW向断裂将主要表现为右旋走滑型运动，而NNW—SSE向断裂主要表现为左旋走滑型运动。

（5）经统计，本区域内发震断层的运动方式以走滑型为主，占60%，正断层和逆断层型运动分别占25%和15%。

## 第五节　渤海与冀鲁平原地质发展简史

### 一、渤海与冀鲁平原的形成和演化

渤海及冀鲁平原是在第三纪基底构造的基础上形成和演化的。冀鲁平原与西、北侧山区多以区域性断裂为界。平原区基底构造以NE和NNE向构造形迹为主，新生代以来有着明显的继承性活动，且活动方式以断块升降运动为主。NW和NWW向断裂规模较小，而NW向断裂往往切断NE向断裂，是本区最新构造体系，断裂交会带成为地震活动的热点。

渤海及冀鲁平原，在第三纪时期呈整体下降。在湿热气候条件下，形成以冲积、冲湖积、湖积为主的巨厚细粒堆积物，在古洼、岭基础上演化成第三纪末期的准平原地貌。第四纪早更新世，转变为以干冷为主的冷暖交替、周期性变化的气候，平原周边山体继续上升，遭受剥蚀，平原区下降接受沉积（堆积），使平原解体，向着现今的下辽河平原、渤海和冀鲁平原的地貌景观演化。山区河流携带大量碎屑物质注入平原区，于山麓形成扇形堆积和与其毗邻的冲积、冲湖积平原。在冀鲁平原东部低洼处形成河湖、湖沼洼地及河湖三角洲堆积，部分地区有小规模的海侵，沧州、赵县、无棣等山前有火山堆积。

中更新世，气候以暖为主，构造活动仍以垂直升降运动为主，平原迅速扩大，堆积作用覆盖的面积大大超覆于早更新统，平原区中、东、南部的湖沼面积大大缩小乃至消失。此时的黄河冲破三门湖冲向平原区，成为塑造冀鲁平原的主要力量和物质来源。在这段时期内，曾发生泽面抬升，造成1~2次海侵，渤海已具雏形。海兴、无棣有火山堆积，其中无棣大山玄武岩的连续喷发，形成孤立的山丘，丘顶高出现今地面约70 m，其上未接受晚更新世的堆积。

晚更新世，气候变化剧烈，初、中、晚期气候变化为：温暖—寒冷—偏暖波动，此时渤海基本形成，并有两次较大的海侵现象。至晚期，气候再度变冷，泽面大幅度下降，海岸高程曾到-150 m，对我国东海大陆架影响极大，大部分被海面覆盖；使渤海，乃至辽东半岛、庙岛群岛等接受了黄土类土的堆积。晚更新世堆积范围比第四纪其他各期堆积范围都要大，冲积物覆盖了平原区的大部分，原来的洼地几乎全部消失。于赵县、海兴一带尚有火山堆积，海兴火山至今高出地面30余m，未接受全新世堆积。

全新世气候由冷变暖，洋面迅速扩大回升，形成现今的渤海。平原区的面积较以前缩小，发育着以河流冲积为主的冲洪积物的堆积，平原区中部发育了一些河湖及湖沼相堆积。由于洋面的扩大抬升，冀鲁平原与辽河平原形成两个不相连接的平原，各自形成自已的水系单独入海，并形成新的河口三角洲。

## 二、第四纪以来地质环境变迁

第一次大的海侵形成于晚更新世早期，距今15万~7万年，如图1-16所示。海侵范围为唐海—天津—献县—惠民—博兴—莱州湾一线。海侵期堆积物厚度达20~25 m，滨海地带该层堆积物埋深50~90 m。

第二次海侵，形成于晚更新世晚期，距今3.9万~2.3万年，海侵达到秦皇岛—玉田南—文安—献县—无棣—广饶—莱州湾一线，如图1-17所示，海侵期堆积物厚度约15m，在滨海地带该层埋深达25~45 m。

第三次海侵，形成于全新世时期，距今1.2万年，在全新世中期（距今8 000~3 000年）达到最大范围，海侵范围达到秦皇岛—乐亭—柏各庄—玉田南—文安—献县—海兴—博兴—寿光—莱州湾一线，如图1-18所示。

海侵堆积物在滨海地区埋深为0~18 m，最深达22 m。金县县城西门外海相贝壳堤$^{14}C$年龄为（6 510±210）年，黄骅苗庄贝壳堤$^{14}C$年龄为（4 500±500）年，均代表了当时的海岸线。距今6 000年前后，海面达到第四纪以来最高，海面比现今海面高出约4 m，为第四纪以来范围最大的一次，之后海面波动下降，海岸线不断向海的方向推进。

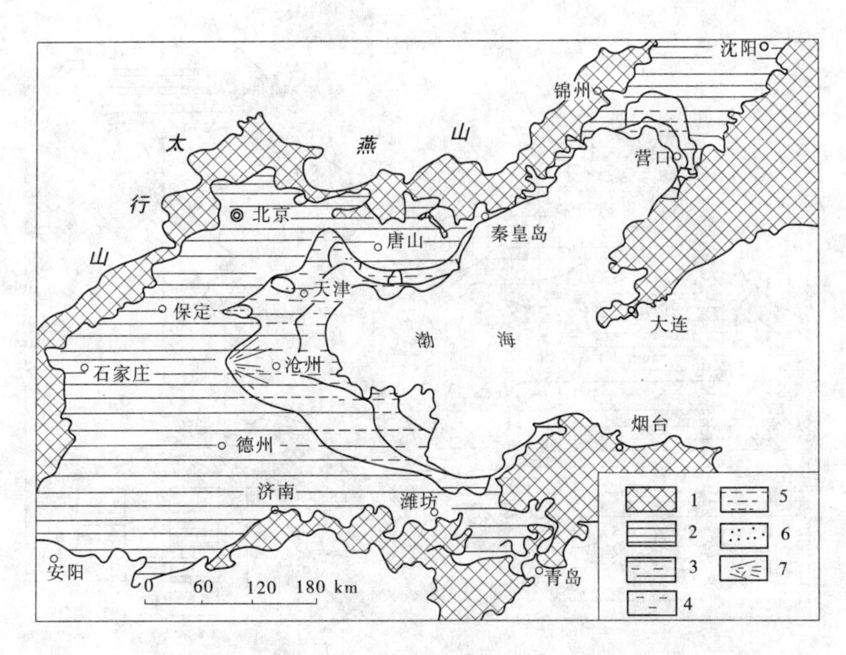


1—山区;2—冲积平原 ;3—滨海平原;4—泻源;5—滨海;6—浅海;7—三角洲

**图 1-16　环渤海地区第一次海侵古地理图**

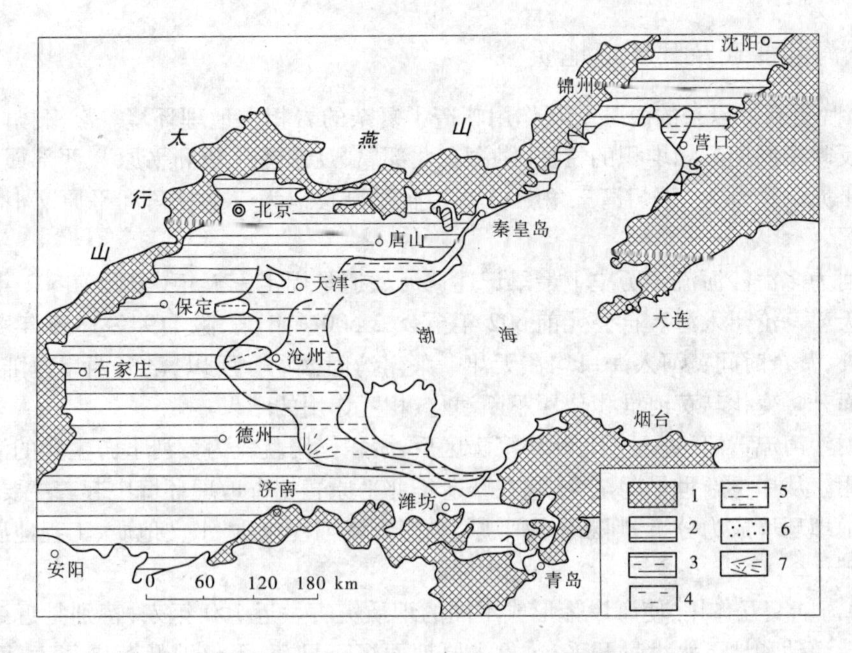


1—山区;2—冲积平原;3—滨海平原;4—泻源;5—滨海;6—浅海;7—三角洲

**图 1-17　环渤海地区第二次海侵古地理图**

海面与海岸线的变迁,使滨海平原堆积的物源和堆积形式不断变化,使第四纪地质环境更加复杂。

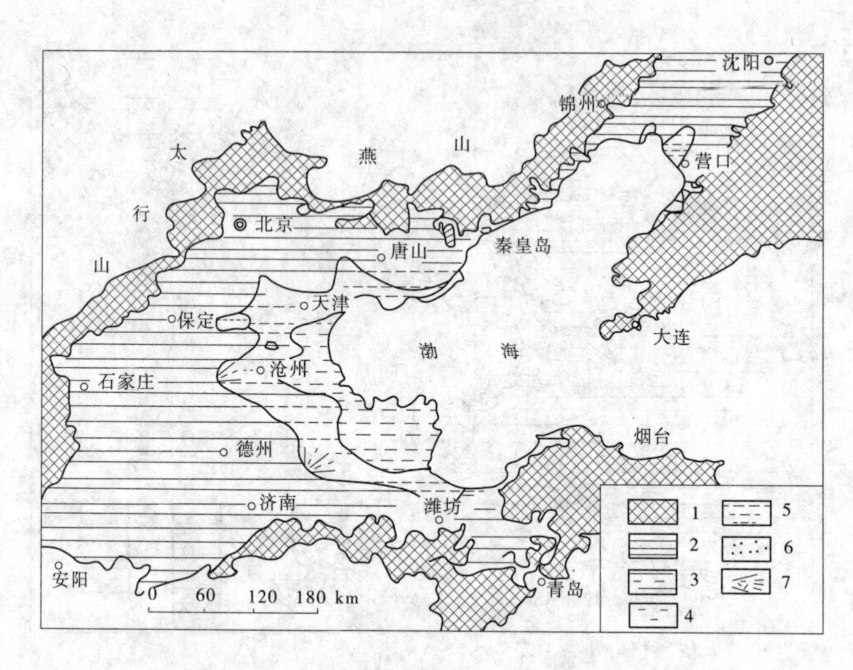


1—山区；2—冲积平原；3—滨海平原；4—泻源；5—滨海；6—浅海；7—三角洲

**图 1-18　环渤海地区第三次海侵古地理图**

## 三、海陆变迁及其环境地质

（1）晚更新世以来的海陆交互作用塑造了复杂的岩相古地理环境。渤海拗陷第四纪堆积物反映了同期异相堆积的特征，渤海东北部属“辽东湾三角洲平原”、西部属“渤海湾三角洲平原”、南部为“莱州湾三角洲平原”，而渤海腹地为三个三角洲平原交汇的“渤海堆积平原”。

黄河为多泥沙河流。历史上最早记述黄河故道是周定王五年（公元前 602 年），当时黄河由天津—沧州入海。自公元前 602 年至今，2 600 多年来，除 1194 ~ 1855 年黄河为南流入海外，其余时间黄河入海口均在天津—莱州湾间摆动。所以，渤海西岸海陆变迁，实际是海面升降变化与黄河堆积作用不断演化、相互作用的结果。

多泥沙河流黄河，进入华北断块沉降区后，淤积作用就成为黄河下游主要的河流动力地质作用。从中更新世早期至今，它在塑造华北平原岩相古地理环境中起着主要作用，该岩相古地理环境成为分析、判断滨海平原、渤海海域工程地质、水文地质、工程地质环境的重要基础。

（2）海陆交互作用，使海岸带形成不同的地质灾害。近 100 年来，特别是近 50 年来，由于构造活动和地下水大量开采，冀鲁平原地面沉降显著，不仅波及范围很大，而且下降速率在全国亦是最高的。在大范围下降区内，形成了几个下降严重的中心，如天津、沧州、德州、衡水等，这些地区的大幅度沉降是由构造形变与地下水过量开采引起的地面沉降叠加形成的。由大地形变测量资料来看，构造形变的下降速率为 2mm/年，而由过量开采地下水引起的地面沉降速率最大可达 80mm/年。如图 1-19 所示。由于平原区地面沉降和海面不断抬升，加剧了海水入侵和风暴潮灾害。海水入侵、侵蚀基准面抬升、连年干旱河水量大大减少乃至干枯、破坏了河口地段的冲淤平衡,河口不仅不能形成三角洲,而且河道回淤相当严重,子牙、永定新河河口地段回淤高达 1 ~ 3 m。给河道排洪排涝等带来新的环境地质问题。

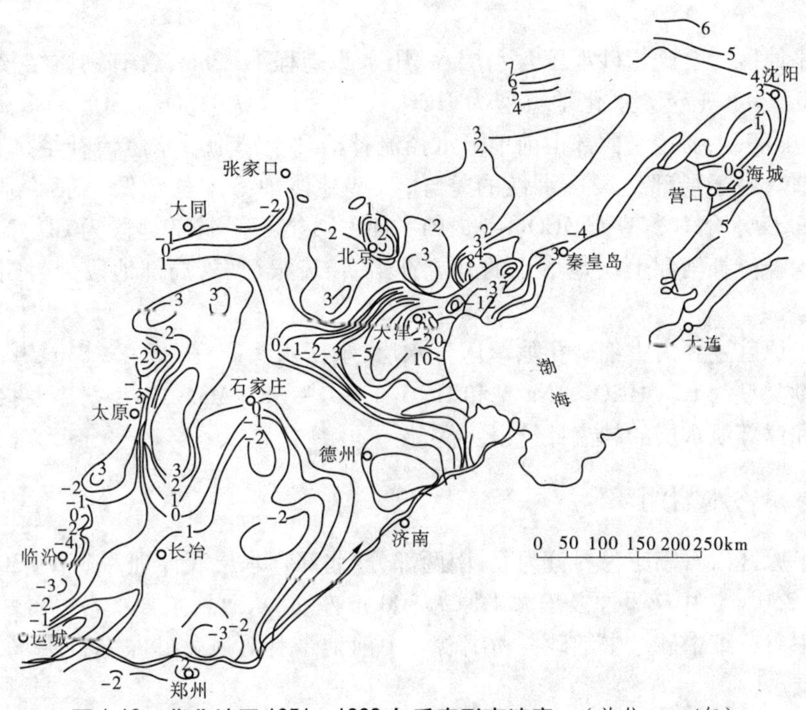


图 1-19　华北地区 1951 ~ 1982 年垂直形变速率　（单位:mm/年）

# 第六节　水文地质概况

海河流域平原区堆积了巨厚的第四系松散堆积物,其成因类型有洪积、冲积、海积、湖积堆积或其混合堆积作用形成的物质,致使松散堆积物在平面和剖面上的组成较复杂,其透水和含水性差异亦很大。平原区西部和北部近山前地带,孔隙潜水含水层接受大气降水和山区地下水径流补给,径流较强烈,向河床和平原区深部径流排泄。平原区中部和东部地区,浅部孔隙潜水含水层呈条带状埋藏于古河道地带;而河间地块则成为条带状的相对隔水带,且在南部地带多为咸水或苦水;接受大气降水补给,径流很弱,局部呈相对封闭状水体,以蒸发排泄为主。中、东部平原区的深部分布有孔隙承压含水层,由于埋深大,除接受上部含水层越流补给外,主要接受山前地带孔隙潜水的径流补给,径流相对较强烈,向渤海方向排泄。近年来,由于开采量过大,不仅京广铁路附近及其以西地带地下水位大幅度下降,衡水、德州、沧州、大城、天津等地大面积范围内地下水位亦大幅度下降,形成几近相连的大降落漏斗。现将各含水岩组概况简述于后。

## 一、第一含水岩组

含水层底界面埋深 350 ~ 600 m。山前地带为强风化的粗砂砾石承压含水层,承压水头高程2～3 m。下部为致密的混粒结构，含有泥质(风化)砾，上部具有层状结构，含有钙和铁锰质结核。矿化度0.3～0.5 g/L，为$HCO_3$－Na·Ca型水。水量丰富，主要接受山区地下水径流补给和大气降水的补给，近来年，由于大量开采地下水，地下水位下降幅度很大。

中部平原区为含砾粗砂承压含水层，承压水头高程1～3 m，含有钙质结核。在西半部矿化度0.5～1.0 g/L，水化学类型为$HCO_3$－Na·Ca型、$HCO_3$·$SO_4$－Na、$HCO_3$－Na型，含水量丰富，主要接受西部山前地下水径流补给和上部地下水越流补给，向东部平原区径流排泄。由于局部地段透水性的差异，一些地段地下水位较低。东半部矿化度达1.0～1.5 g/L，水化学类型为$HCO_3$－Na、Cl·$HCO_3$－Na型，局部地段为Cl－Na型，主要接受地下水径流补给和上层地下水的越流补给，径流很微弱，局部地段为封闭的埋藏水(沉积水)。

滨海平原区主要为中细砂孔隙承压含水层，承压水头高程－5～－8 m，矿化度1～2 g/L，水化学类型为Cl·$HCO_3$－Na型和$HCO_3$·$SO_4$－Na·Mg·Ca型。主要接受地下水径流补给和浅部淡水层的越流补给，径流缓慢。

## 二、第二含水岩组

山前平原区以石家庄为界分为北、南两部分，北部含水层底界埋深250～300 m，以南小于100～250 m。中部平原及滨海平原为300 m左右，从西到东含水岩组岩性变化为卵砾石—粗中砂—细中砂—中细砂—粉细砂。山前地带有弱风化砂卵砾石层，东部地区有咸水含水层。

山前平原区，承压水头高程2～6 m，矿化度0.5～1.0 g/L，水化学类型为$HCO_3$－Ca·Mg型和$HCO_3$·$SO_4$－Ca·Na型。主要接受大气降水和山区地下水的径流补给，水量丰富，径流强烈，向下游平原区排泄。

中部平原区的西半部，承压水头高程6～8 m，矿化度0.5～1.0 g/L，水化学类型为Cl·$SO_4$－Na·Mg型、$HCO_3$·Cl－Na·Mg型和$HCO_3$－Na型，$HCO_3$－Na型水的矿化度小于0.5 g/L。中部平原区的东半部，地下水矿化度1～2 g/L，水化学类型为$HCO_3$·Cl－Na型、Cl·$SO_4$－Na·Mg型和$HCO_3$－Na型，$HCO_3$－Na型矿化度较低，为0.5～1.5 g/L。主要接受地下水侧向径流补给和少量的上部含水层越流补给，水量相对较丰富。径流较强烈，向下游(渤海方向)排泄。

滨海平原区，地下水水头高程－5～－8 m，矿化度1～2 g/L，水化学类型为Cl·$HCO_3$－Na型和$HCO_3$·$SO_4$－Na·Mg·Ca型。主要接受地下水侧向径流补给和少量上部含水层越流补给。径流较弱，水量较丰富。

## 三、第三含水岩组

含水组底界面埋深90～100 m，西部山前地带埋深60～70 m，含水组岩性为卵砾石—中粗砂—中细砂—粉细砂，由西向东，由粗变细。东部及滨海平原普遍分布有咸水含水层。

山前平原区，承压水头高程4～10 m，水的矿化度小于0.5 g/L，水化学类型为$HCO_3$－

Ca · Mg型和 $HCO_3 \cdot SO_4 - Ca \cdot Mg$ 型。接受山区地下水径流补给和大气降水补给，径流强烈，含水量丰富。

中部平原区，承压水头高程 4 ~ 8 m。其中，西半部水的化学类型为 $Cl \cdot HCO_3 - Na \cdot Mg$型和 $SO_4 \cdot Cl - Na \cdot Mg$ 型，矿化度 2 ~ 5 g/L，局部地段大于 5 g/L；东半部水化学类型为 $HCO_3 \cdot Cl - Na$ 型和 $HCO_3 \cdot SO_4 - Na$ 型，矿化度 0.5 ~ 1.0 g/L。主要接受地下水侧向径流补给和少量上部含水层越流补给，水量较丰富，径流较强烈，向滨海平原区排泄。

滨海平原区，为咸水或苦水，水化学类型为 $Cl - Na$ 型，矿化度达 10 ~ 30 g/L。

## 四、第四含水岩组

该含水岩组为潜水含水层，含水层底界面埋深 20 ~ 60 m，局部地段为 10 ~ 50 m 或更浅。山前或近山前地带含水层由砂砾石、中粗砂组成，中部平原东部和滨海平原区多为粉细砂和黏土裂隙含水层。黄河以北的聊城、德州、衡水、沧州等地区，粉细砂分布于古河道，水质相对较好，为低矿化度淡水，而古河道间的河间地块则为高矿度咸水或苦水，且水量亦不丰富。

山前平原区水化学类型为 $HCO_3 - Na \cdot Mg$ 型，矿化度小于 0.5 g/L，水量丰富，主要接受大气降水、河水和山区地下水径流补给，径流强烈，向平原区排泄或越流补给下伏含水层。

中部平原区的西半部，水化学类型较复杂，水的矿化度亦有较大的变化，水化学类型有 $HCO_3 - Na \cdot Ca$ 型，矿化度 1 ~ 2 g/L；$HCO_3 \cdot SO_4 - Na \cdot Mg$ 型和 $HCO_3 \cdot SO_4 \cdot Cl - Ca \cdot Mg$型，矿化度 2 ~ 5 g/L；$Cl \cdot SO_4 - Na \cdot Mg$ 型，矿化度 5 ~ 10 g/L。中部平原区的东半部，水化学类型较西半部更复杂，主要有 $HCO_3 \cdot SO_4 - Na \cdot Mg$ 型，矿化度 0.5 ~ 2 g/L；$HCO_3 \cdot SO_4 \cdot Cl - Na \cdot Mg$ 型和 $HCO_3 \cdot Cl - Na \cdot Mg$ 型，矿化度 2 ~ 5 g/L；$Cl \cdot SO_4 - Na$ 型，矿化度 5 ~ 10 g/L。中部平原区地下水主要接受大气降水补给和地下水径流补给，局部地段有少量地下水越流补给，西半部水量较丰富，东半部水量不丰富。

滨海平原区古河道分布有 $HCO_3 \cdot SO_4 \cdot Cl - Na \cdot Mg$ 型水，矿化度小于 0.5 g/L；大部分地段为 $SO_4 \cdot Cl - Na$ 型和 $Cl - Na$ 型水，矿化度 10 ~ 30 g/L。水量不丰富，主要接受大气降水补给，少量为河水和地下水的径流补给。地下水位 1 ~ 2 m。

近年来，由于中部平原区的东半部大量开采地下水，使得山前平原区和中部平原区西半部的该含水层几近干枯，水文地质环境发生极大变化。

# 第二章 天津平原区软土工程地质

## 第一节 软土成因类型

一、软土成土环境和成因类型

软土按成土环境有以下几种类型。

**(一)滨海沉积——滨海相、浅海相、泻湖相、溺谷相及三角洲相**

在该沉积表层广泛分布一层由近代各种营力作用生成的厚为0~3.0 m、黄褐色黏性土的硬壳。下部淤泥多呈深灰色或灰绿色,间夹薄层粉砂。常含有贝壳及海生生物残骸。

(1)滨海相:常与海浪岸流及潮汐的水动力作用形成较粗的颗粒(粗、中、细砂)相掺杂,使其不均匀和极疏松,增强了淤泥的透水性能,在具有排水条件时,易于压缩固结。

(2)浅海相:多位于海湾区域内,在较平静的海水中沉积而成,经海流搬运分选和生化作用,形成软弱淤泥质土和淤泥。在现代的渤海湾,海流还将黄河搬运入海的泥沙,搬运堆积在渤海湾。

(3)泻湖相:沉积颗粒微细、孔隙比大、强度低、分布范围较宽阔,常形成滨海平原。在泻湖边缘,表层常有厚0.3~2.0 m的泥炭堆积,底部含有贝壳和生物残骸碎屑,土体中氟离子含量往往较高。

(4)溺谷相:孔隙比大、结构疏松、含水率高,有时超过泻湖相。分布范围略窄,在其边缘表层也常有泥炭沉积。

(5)三角洲相:由于河流及海潮的复杂交替作用,而使淤泥与薄层砂交错沉积,受海流与波浪的破坏,分选程度差,结构不稳定,多交错呈不规则的尖灭层或透镜体夹层,结构疏松,颗粒细小。如上海地区深厚的软土层中夹有无数的极薄的粉砂层,为水平渗流提供了良好条件。在海河流域,连年干旱,河水流量大大减少,破坏了河流入海口的水沙平衡,河口三角洲不能很好发育,甚至形成海倒流现象。

**(二)湖泊沉积——湖相**

湖泊沉积是近代淡水盆地和咸水盆地的沉积。其物质组成与湖盆周围岩性基本一致,在稳定的湖水期逐渐沉积而成。沉积物中夹有粉砂颗粒,呈现明显的层理。淤泥结构松软,呈暗灰、灰绿或暗黑色,表层硬层不规律,厚为0~4 m,时而有泥炭透镜体。淤泥厚度一般为10 m左右。最厚者可达25 m。

**(三)河滩沉积——河漫滩相、牛轭湖相**

河滩沉积主要包括河漫滩相和牛轭湖相。成层情况较为复杂,其成分不均一,走向和厚度变化大,平面分布不规则。一般是软土常呈带状或透镜状,间与砂或泥炭互层;其厚度不大,一般小于10 m。

### (四)沼泽沉积——沼泽相

沼泽沉积是分布在地下水、地表水排泄不畅的低洼地带,且蒸发量不足以干化淹水地面的情况下,形成的一种沉积物,多以泥炭为主,且常出露于地表。下部分布有淤泥层或底部与泥炭互层。

## 二、我国软土分布

我国典型软土地区有上海、天津、杭州、温州、福州、广州和昆明等。

滨海沉积软土广泛分布在我国沿海一带:滨海相软土主要分布在厦门、连云港、天津、大连等地;浅海相软土主要分布在渤海湾;泻湖相软土主要分布在浙江省温州等地;溺谷相软土主要分布在福建省沿海地区的福州、泉州等地;三角洲相软土主要分布在上海、广州等地。其固体成分多为有机质和矿物质的综合物,厚度由数米至数十米不等,并多呈带状分布。

湖相沉积主要分布在我国内陆地区,湖相软土主要分布在洞庭湖、洪泽湖、太湖、鄱阳湖、滇池、白洋淀等湖泊的周围,厚度较小,一般为 10 m 左右,最深不超过 25 m。

河漫滩沉积主要分布在各大河流中下游地区,河漫滩相软土主要分布在长江中下游、珠江中下游、淮河平原、松辽平原和天津南部等地区。

沼泽沉积主要分布在内陆的森林地区,沼泽相软土主要分布在内蒙古、东北的大小兴安岭及南方和西南森林地区,天津地区主要分布在黄庄洼等地。

## 三、天津软土分布

天津地区位于华北平原的东部、海河下游。地质资料表明,天津沿海一带,从 10 万年前至今的时期内,曾有三次海进和海退。有史以来,黄河曾数次在天津附近入海,黄河及其他河流从上游携带大量泥沙入海时沉积造陆,使陆地向海延伸,形成现在地面以下厚 50 ~ 70 m 的海陆交互相土层。在漫长的最后一次海退岁月中,逐渐沉积形成了天津以东的滨海平原。由此可见,天津以东广大的滨海平原是数百年来逐渐成陆的,愈近海岸,成陆沉积时间愈短,土质愈软。

浅层土为第四纪沉积,表层以下主要为黏土和粉质黏土,30 m 以下为粉砂、细砂,以及粉砂、细砂与黏土、粉质黏土的交互层。土层含水率为 6% ~17%。塘沽新港区浅层土较软弱,地面以下 2 ~4 m 范围内多为吹填土和杂填土,4 ~10 m 为淤泥、淤泥质土,该层层厚约 10 m,含水率大多在 50% 左右,孔隙比为 1.3 ~1.6,压缩性高,承载力低。10 余 m 以下为粉质砂土和粉砂,18 m 以下的粉质砂土可作为桩基的持力层。

# 第二节　软土工程特性

## 一、概述

### (一)软土定义

软土一般是指天然孔隙比大于或等于 1.0,且天然含水率大于液限的细粒土,包括淤泥、淤泥质土、泥炭、泥炭质土等。此外，土体质地疏松，具高压缩性、抗剪强度低的饱和黏土和粉土、松散砂土和未经处理的填土也应属于软土（软弱土）。

**（二）软土含水率、孔隙比**

软土天然含水率大于其土的液限，多在 40% ~60% 以上；孔隙比一般不小于 1.0。需要指出的是，对不同行业而言，细粒土界限含水率（液限、塑限）试验方法及其稳定的控制标准也略有不同。目前，国际上测定液限的方法是碟式仪法和圆锥仪法，对液限的测定尚没有统一的标准。

国内目前普遍采用液、塑限联合测定仪确定细粒土的液限、塑限；同时也采用碟式仪法测定细粒土液限、搓条法测定细粒土塑限的方法和标准。其联合测定法的理论基础是圆锥下沉深度与相应含水率在双对数坐标纸上具有直线关系，即：以含水率为横坐标，圆锥下沉深度为纵坐标，在双对数坐标纸上圆锥下沉深度和含水率两者具有直线关系，根据圆锥下沉不同深度（20 mm、17 mm、10 mm、2 mm）对应的含水率确定细粒土的液限、塑限。

液限的测定，由于圆锥仪规格不尽相同，各行业采用的标准亦有差异：

（1）国家标准《土工试验方法标准》（GB/T 50123—1999）用于岩土工程勘察和港口、铁路工程地质勘察时均采用 76 g 锥下沉入土深度 10 mm 所对应的含水率为液限 $w_{L10}$；

（2）水利行业标准《土工试验规程》（SL 237—1999）采用 76 g 锥下沉入土深度 17 mm 所对应的含水率为液限 $w_{L17}$；

（3）公路行业标准《公路土工试验规程》（JTJ 051—93）采用 100 g 锥下沉入土深度 20 mm 所对应的含水率为液限 $w_{L20}$。

塑限的测定（1）、（2）均采用 76 g 锥入土深度 2 mm 所对应的含水率为塑限；（3）则在 100 g 锥测出液限后，通过液限与塑限时入土深度 $h_P$ 的关系曲线查得 $h_P$，再由双对数坐标纸上圆锥下沉深度和含水率两者直线关系求出入土深度为 $h_P$ 时对应的含水率，即为土样的塑限。

分析对比上述试验资料：以 76 g 锥下沉入土深度 17 mm 和 100 g 锥下沉入土深度 20 mm 所对应的含水率作为液限，测得土的强度（平均值）基本一致；而以 76 g 锥下沉入土深度 10 mm 测定液限时，测得土的强度偏高；而以三种方法（76 g 锥入土深度 2 mm 所对应的含水率为塑限、100 g 锥求算 $h_P$ 时对应的含水率为塑限、搓条法测定细粒土塑限）确定的塑限值则较为接近。

采用何种方法测试的含水率定为土的液限标准更趋合理呢？就反映土的真正物理状态而言，采用碟式仪法、76 g 锥下沉入土深度 17 mm 和 100 g 锥下沉入土深度 20 mm 所对应的含水率作为液限，更接近土样从黏滞液体状态变成黏滞塑性状态时的含水率。对于各行业工程师而言，使用指标的目的虽相近（均用于土的分类定名、性状评价），但由于试验标准的差异使其彼此计算的液限、塑性指数和液性指数内涵有所不同。在实际工作中工程师往往跨行业采用不同的行业标准，在使用规范、对前期资料进行分析、工程类比和评价中，容易忽视甚至混淆相同概念下同类指标的差异。为此，笔者结合工程项目（某水利水电工程）对采用 76 g 锥测定的液限 $w_{L10}$、$w_{L17}$ 及计算的塑性指数 $I_{P10}$、$I_{P17}$ 和液性指数 $I_{L10}$、$I_{L17}$ 进行比较，分析两者的差异及其对土类划分、性状描述、地基参数（地基承载力、桩侧摩阻力、桩端阻力）等确定的影响。认为采用 76 g 锥下沉入土深度 10 mm 的液限、确定塑限，计算液性指数 $I_{L10}$；进行土的分类定名、性状评价，给出土的地基参数指标是偏于安全的。因此，在实际工程地质评价中，运用不同的规程、规范，借鉴已有工程经验时，对相同概念下同类指标的不同测试标准应予以充分的重视，避免由于同类指标的不同测试标准带来的评价差异，在保障工程质量和安全运行的前提下，避免给工程建设项目带来不必要的风险和损害或经济上的浪费。

### （三）软土特点

土是由固相、液相和气相三部分组成的三相体。

固相是土粒，由矿物颗粒构成，矿物成分主要有原生矿物、次生矿物和有机质；液相主要是水或水溶液；气相是指存在于孔隙中的气体。各类土的颗粒大小和矿物成分差别极大，组成土的三相体物质的性质、相对含量及其构造特征等因素对土的比重、密度、干湿和软硬程度等物理性质的差异具有决定性的作用。

软土主要是指滨海、湖沼、谷地、河漫滩等成土环境堆积的粒径小于 0.075 mm 颗粒占土样总重 50% 以上的细粒土，这类土常具有天然含水率大（天然含水率大于液限）、天然孔隙比大、高饱和度、高压缩性、低强度、透水性弱且灵敏度高、在较大地震力作用下易震陷、土层结构复杂、各土层之间物理力学性质相差较大、承载能力低等特点。

此外，土体质地疏松、压缩性高、抗剪强度低的饱和黏土和粉土、松散砂土和未经处理的填土亦应属软（弱）土，亦具有上述相似特征。

## 二、软土特性

### （一）触变性

软土的含水率大于液限含水率，且往往有絮状结构，具有触变特性，当原状土体受到振动以后，迅即破坏土体结构连接，降低土体强度，很快使土体变成稀释状态。触变性的大小，常用灵敏度 $S_t$ 来表示。软土的 $S_t$ 一般在 3～4，个别可达 8～9。因此，当软土地基受振动荷载时，易产生侧向蠕滑、变形及基底面两侧挤出等破坏现象。

### （二）流变性

软土除排水固结引起变形外，其流变性是比较明显的，在不变的剪应力作用下，将连续产生长期缓慢的剪切变形，随着时间的延长，抗剪强度缓慢的衰减。因而，在固结沉降完成之后，软土还可能继续产生可观的次固结沉降。这对建筑物地基的沉降变形有较大的影响，对斜坡、堤岸、码头及地基稳定性不利。许多工程的现场实测结果表明：当土中孔隙水压力完全消散后，地基土体还有继续不断的沉降。

### （三）高压缩性

软土是属于高压缩性的土，压缩系数 $a_{v1-2}$ 多在 0.5～1.5 $MPa^{-1}$ 之间，天然状态下大多是正常固结土体，也有欠固结和超轻度固结土体，且其压缩性往往随着液限的增大而增大。这类土体的大部分压缩变形发生在垂直压力为 100 kPa 左右，反应在建筑物地基沉降方面为沉降量大，地基沉降量大，也是地基土体破坏的一种形式。

### （四）低强度

由于软土具有触变性、流变性和高压缩性等特性，使地基土体力学强度很低。其不排水抗剪强度一般均在 20 kPa 以下。其大小与土体的排水和固结条件有着密切的关系。

在荷载作用下，如果土体有条件排水和固结，则它的强度随着有效应力的增大而增大；反之如果土体没有条件排水和固结，随着荷载的增大，它的强度可能随着剪切变形的增大而衰减。因此，在工程实践中必须根据地基土体的排水条件和加荷时间的长短来进行试验(不排水剪、固结不排水剪或固结排水剪等)，以取得比较符合工程实际的抗剪强度指标。在自然界中位于不同深度的土体，在大小不同的自重应力作用下排水固结，所以软土的强度是随着深度的增加而增大的。作者根据在天津地区实际工程勘察经验，软土层在深度10m以内的十字板试验平均剪切强度一般为5～20 kPa，覆盖厚度每增加1 m土体强度平均增加1～2 kPa。

**(五)弱透水性**

软土的透水性弱，其垂向渗透系数一般在 $i\times10^{-6}\sim i\times10^{-8}$ cm/s之间，由于软土透水性弱，对地基土体排水固结不利，因此土层在自重或荷载作用下达到完全固结所需的时间很长，建筑物沉降延续时间长，因而在评价软土地基强度时，首先应查明地基土体与地下水的关系，即工程建筑物在运行过程中地基土体有没有排水条件，如果没有排水条件，地基土体虽有附加荷载作用，也很难完成固结。同时，在加载初期，地基土体中常出现较高的孔隙水压力，使地基土体强度降低。有些软土层中夹有薄的粉砂层，因此水平向固结系数比竖向固结系数要大得多，这类土体的固结速率比均质软土体要快得多。

**(六)土体不均一性**

由于软土的成因是多样性的，所以它的构造比较复杂。滨海沉积的软土层，因受潮汐水流等作用，其上部往往形成厚度在3 m以内的“硬壳”层，下方则为局部夹粉、细砂的淤泥质土，或为夹薄层粉砂的层状淤泥质土，有时局部有薄的泥炭层。三角洲沉积则为淤泥质土与薄砂层的交错层。对于湖泊堆积来说，由于堆积作用带有季节性，因此下部软土层的淤泥质土与粉砂的层状构造更为显著，有时还存在较厚的泥炭层。上述构造特征说明软土层常具有各向异性和薄厚不一、展布长度不等的成层性。在天津滨海地带由于沉积环境的变化，黏性土层中局部常夹有厚薄不等的粉土，水平和垂直分布上有所差异，作为建筑物地基易产生差异沉降。

**(七)震陷性**

由于软土具有低密度、高孔隙比、高含水率和低强度、高压缩性的特性，因而在较大地震力作用下易出现震陷。例如，1976年唐山地震对天津宁车沽地带的软土土体破坏很严重，地表附近发育有粉细砂层的地段产生较强烈液化——喷砂冒水，在软土厚度较大地段产生较大的震陷。

## 第三节　软弱土工程特性

饱和黏土和粉土、松散砂土和未经处理的填土亦应属软(弱)土，其具有土质疏松，压缩性高、抗剪强度低与软土相似的特征，常与软土相间分布。

### 一、饱和黏土和粉土

饱和黏土和粉土体，天然含水率多接近或大于其液限，孔隙比大，一般1.0左右，具有与软土相似的特征。

这类软弱土体，在天津塘沽等滨海地区分布是比较普遍的，对其物理力学特性的研究，具有重要的工程意义。

## 二、填土

人工填土按照物质组成和堆填方式可以分为素填土、杂填土和冲填土三类。按堆填时间分为老填土和新填土两类，一般而言，黏性土堆填时间超过 10 年，粉土堆填时间超过 5 年，称为老填土。

### （一）素填土

素填土是由碎石、砂或粉土、黏性土等一种或几种不同颗粒组成的粗细颗粒混杂而成的填土，其中不含杂质或含杂质较少。其物理力学性质取决于填土的组成及其性质、压实程度以及填筑时间。

### （二）杂填土

杂填土是人类活动所形成的无规则堆填物，因而具有如下特性：

（1）成分复杂。包含有碎砖、瓦砾和腐木等建筑垃圾，残骨，炉灰和杂物等生活垃圾及矿渣、煤渣和废土等工业废料。

（2）无规律性。成层有厚有薄，性质有软有硬，土的颗粒和孔隙有大有小，强度和压缩性有高有低。

（3）土体性质随着堆填龄期而变化。填龄较短的杂填土往往在自重的作用下沉降尚未稳定，在水的作用下，细颗粒有被冲刷而塌陷的可能。一般认为，填龄达 5 年以上的填土，土体物理力学性质才逐渐趋于稳定。杂填土的承载力常随填龄增大而提高。

（4）含腐殖质及水化物。以生活垃圾为主的填土，其中腐殖质的含量常较高。随着有机质的腐化，地基土体的沉降将增大。以工业残渣为主的填土，要注意其中可能含有水化物，因而遇水后容易发生膨胀和崩解，使填土的强度迅速降低。在大多数情况下，杂填土是比较疏松和不均匀的，在同一建筑场地的不同位置，其承载力和压缩性往往有较大的差异。

### （三）冲填土

冲填土则是由水力冲填泥沙形成的，因而其成分和分布规律与所冲填泥沙的来源及冲填时的水力条件有着密切的关系。在天津滨海地带，大多数情况下，冲填的物质是黏土和粉砂，在冲填池的入口处，沉积的土粒较粗，由出口处沿水流方向则逐渐变细，反映出水力分选作用的特点。有时在冲填过程中，由于泥沙的来源和出口位置的变化，更加造成冲填土在平面和剖面上的不均匀性。由于冲填土颗粒组成不均匀，土的含水率也是不均匀的。土的颗粒组成越细，排水越慢，土的含水率也越大。冲填土的含水率较大，一般大于液限，当土粒很细时，结合水多，水分难以排出，土体形成的初期呈流动状态；当冲填土体中的水经自然蒸发后，表面常形成硬壳，且发育龟裂，但下部仍然处于流塑状态，稍加扰动，即出现触变现象。冲填土的工程性质与其颗粒组成有密切关系，对于含砂量较多的冲填土，它的固结程度和力学性质相对较好；对于含黏土颗粒较多的冲填土，则往往呈欠固结状态，其强度和压缩性指标都比同类天然沉积土差。因此，评估冲填土地基的变形和承载力时,应考虑欠固结的影响,对于桩基而言,根据土体的含水状态分析,则应考虑是否存在负摩阻力的问题。

三、松散砂土

在滨海地带,某些由冲洪积和海积形成的砂土可能处于松散、稍密或密实度不均匀的状态,因而压缩性较高和抗剪强度较低,容易产生过量沉降和地基剪切破坏而丧失稳定性。不仅压应力会使松散砂土产生较大压缩变形,而且剪应力也会使其体积减少(剪缩)。在静荷载作用下,粗、中砂的性质与饱和度的关系不大,而细、粉砂则略受影响。在地下水的水力梯度达到一定值时,细、粉砂土体将产生流砂破坏。在振动(如地震)作用下,饱和砂土,特别是松散或稍密的细粉砂(以及粉土)将产生"液化"。强烈的液化可使地表喷水冒砂,如果基础下大范围土体液化,则建筑物地基将产生大量沉陷,甚至失稳;而轻型的地下构筑物也可能浮出地表。

含少量黏粒的细、粉砂的透水性比较大,这对砂土地基的处理是有利的。一般来说,松散砂土经过处理后常具有一定的承载力和抗液化能力,可以作为地基的良好持力层。

## 第四节　软土区工业与民用建筑工程地质勘察

一、地质勘察要求

软土地质勘察除应符合常规地质勘察技术要求外尚应查明下列内容:

(1)软土的成因类型、埋藏条件、分布规律、层理特征、空间分布形态及均匀性、渗透性。

(2)查明地表硬壳层的分布与厚度、下伏硬土层或基岩的埋藏条件与分布特征,选择合理的地基持力层。

(3)查明软土的固结历史、强度和变形特征随应力水平的变化,结构破坏对强度和变形的影响,结合建筑物施工、使用特点,综合确定各土层具有代表性的力学指标和参数。

(4)查明微地貌形态和埋藏的河道、塘、沟浜、墓穴、防空洞、孤石等的分布范围、埋藏条件及其填土的性状,并提出合理的处理建议。

(5)分析施工期,基坑开挖、降水、支护、回填、打桩、沉井等施工过程中对临近建筑物和地下管线的不利影响,并提出防治建议。

(6)当场地设防烈度为7度或以上时,应判定软土地基中饱和砂土或粉土的液化及软黏性土层震陷的可能性。

(7)充分收集当地对软土勘察、处理的工程经验。

二、勘探点间距及深度

勘探点间距一般应满足对地基均匀性评价的要求,视勘察等级和勘察阶段不同,结合地层结构以及软土埋藏条件综合考虑,不应超过30 m,复杂场地小于15 m。

勘探孔深度应能控制地基主要受力层,勘探孔深度一般可按 $z = d + mb$ 估算,式中 $z$

为钻孔深度，$d$ 为基础埋深，$b$ 为基础宽度，$m$ 为深度系数，控制孔取 2.0，一般孔取 1.0；深基础控制性孔的深度应大于压缩层的下限。

## 三、钻进及取样

钻进方式应采用回转式提土钻进，并采用清水加压或泥浆护壁，以免塌孔。

原状土样应采用薄壁取土器静压法采取，原状土样在采取、运送、保存、试样制备过程中，要严防扰动。

## 四、原位测试

软土原位测试宜采用静力触探、十字板剪切试验、旁压试验、扁铲侧胀试验、螺旋板载荷试验、渗透试验、波速试验等。用之代替部分钻探，划分土层岩性、测定软土抗剪强度、灵敏度；估算软土的极限荷载、变形模量、固结系数、地基土强度、桩参数；选择桩基持力层、判定沉桩的可能性等。用标准贯入试验测定砂土、粉土夹层的性状，以综合确定土层的力学参数和抗震强度等。

## 五、水文地质

查明地下水的类型、埋藏条件、水位变化幅度、补给和径流及排泄条件；分析地下水对工程施工及建筑物使用的影响，提出控制和防治建议；采用抽水试验或室内变水头渗透试验测定土体的垂直向和水平向的渗透系数，为工程降水设计提供必要的参数。

## 六、室内土工试验

软土除进行常规物理性质试验外，还应进行室内主要力学试验有固结试验和剪切试验。

### （一）固结试验

固结试验常用于测定饱和土的压缩系数、体积压缩系数、压缩模量、压缩指数、回弹指数、先期固结压力、固结系数和次固结系数等。

软土应进行高压固结试验，鉴于软土强度较低，第一级施加的压力一般控制在 25 ~ 50 kPa 范围内，最后一级压力应比上覆有效自重压力和附加应力之和大 100 ~ 200 kPa。

### （二）剪切试验

土的抗剪强度是指土体抵抗剪切破坏的能力，剪切试验的主要目的在于测定土体在不同排水条件和法向应力下，土体破坏时的抗剪强度，从而确定土体的强度参数：黏聚力 $C$ 和内摩擦角 $\varphi$。

软土的剪切试验亦应结合工程施工运行条件、稳定分析方法合理选用。

(1) 不固结不排水三轴剪切试验（UU）。当建筑物施工加荷较快，地基土为低透水性的软黏土，土体中孔隙水压力消散缓慢，土体在施工期无排水固结时采用。

(2) 固结不排水三轴剪切试验（CU）。当建筑物施工加荷较慢，地基土在建筑物逐渐加荷的过程中基本固结，随后又承受快速加荷作用时采用。

(3) 固结排水三轴剪切试验（CD）。当建筑物施工速度缓慢（或在施工先期进行排水),地基土在相应荷载作用下,土体中孔隙水压力随之充分消散时采用。

**(三)其他试验**

当有特殊要求时,软土应进行蠕变试验,测定土的长期强度。当研究软土对动荷载的反应时,可进行动力扭剪试验或动三轴试验。

## 第五节　软土工程地质评价

软土的特性决定了其工程特性,软土强度低,造成地基承载力低;高压缩性,导致地基变形大、土体达到固结所需时间长;抗剪强度低,地基抗滑稳定性差。

### 一、地基土体稳定性评价

在建筑场地内,如遇下列情况之一时,应评价地基的稳定性。

(1)当建筑物地基开挖边坡距离池塘、河岸、海岸等较近时,应分析评价软土侧向塑性挤出或滑移的危险性。

(2)当地基土在受力范围内有基岩或硬土层,且其表面倾斜时,应分析判定该硬倾斜面以上土体沿此倾斜面产生滑移或不均匀变形的可能性。

(3)对含有浅层沼气带的地基,应分析判定沼气的逸出对地基稳定性和变形的影响。

(4)当建筑场地位于强地震区时,还应分析地基土体的地震效应。如对饱和砂土或粉土的地基进行地震液化判别等,并对场地稳定性和震陷的可能性作出评价。在考虑上覆非液化土层厚度时,应将软土的厚度扣除。

### 二、地基土体强度和变形评价

**(一)评价原则**

(1)确定软土地基承载力和变形时,不宜采用单一的方法计算确定,而应采用原位测试、理论计算及地区建筑经验相结合的综合分析方法来确定。

(2)分析评价时,应考虑下列因素:①软土的物理力学性质、取样技术、运送方式和试验方法等。②软土的成土阶段、成层性、均匀性、应力历史、灵敏度、地下水及其变化条件。③上部建筑结构类型、刚度,对不均匀沉降的敏感性,荷载性质、大小和分布特征。④基础的类型、尺寸、埋深和刚度等。⑤施工方法、程序以及加荷速率对软土工程特性的影响。

(3)当地基沉降计算深度范围内有软弱下卧层时,应验算下卧层的强度。

**(二)评价方法**

1. 确定地基承载力的方法

根据软土的现场鉴别和物理力学试验指标或 $C$、$\varphi$ 值统计指标(当采用直剪固结快剪法确定土的 $C$、$\varphi$ 值时,宜对抗剪强度峰值乘以 0.7 的折减系数进行修正或根据当地的经验采用不充分固结快剪的 $C$、$\varphi$ 值),按《建筑地基基础设计规范》(GB 50007—2002)中的承载力计算公式(一般不考虑基础宽度项)计算或参照表 2-1 确定。

地基承载力可利用静力触探及其他原位测试资料与载荷试验或其他相应特性土体的直接试验结果进行比较、统计而建立的地区性相关公式计算确定;对于缺乏建筑经验的地区和一级建筑物地基，宜以载荷试验确定；在总结提出地区的建筑经验的基础上，可以用工程地质类比法确定。

表 2-1　沿海地区淤泥和淤泥质土承载力 $f_0$

| 天然含水率 $\omega$ (%) | 36 | 40 | 45 | 50 | 55 | 65 | 75 |
|---|---|---|---|---|---|---|---|
| $f_0$ (kPa) | 100 | 90 | 80 | 70 | 60 | 50 | 40 |

注：对于内陆淤泥和淤泥质土，可参照使用。

2. 评定地基变形的方法

按照《建筑地基基础设计规范》(GB 50007—2002)有关沉降量计算公式计算。对于一级建筑物和重要的，有特殊要求的二级建筑物，应根据应力历史（前期固结压力）的沉降计算方法进行评价。进行地基变形计算时，应根据当地经验进行修正，必要时，应考虑软土的次固结效应。

**(三) 基础持力层选择**

(1) 根据场地土层特点，分析评价软土地基的均匀性，选择适宜的持力层。当地表有硬壳层时，一般应充分利用。

(2) 当地基主要受力层范围内，有薄砂层或软土与砂土互层时，应根据其排水、固结条件，分析判定其对地基变形的影响，以充分挖掘地基潜力。

(3) 当场地有暗浜、暗塘等不利因素存在时，建筑物的布置应尽量避开这些不利地段；若无法避开时，则必须进行工程处理。

**(四) 填土地基强度评价**

填土的物质组成、填筑方式、分布特征和填筑年代，与填土的均匀性和密实度密切相关，往往决定了填土的性状。

对于堆积年限较长的素填土、冲填土以及由建筑垃圾和性能稳定的工业废料组成的杂填土，当较均匀和较密实时，可考虑作为天然地基。由有机质含量较高的生活垃圾和对基础有腐蚀作用的工业废料组成的杂填土，不宜作为天然地基。

填土地基的承载力应根据现场原位测试（静载荷试验、静力触探等）结果确定。当填土底面的天然坡度大于20%时，应验算其沿坡面的稳定性，并应判定原有斜坡受填土影响引起滑动的可能性。

# 第六节　地基土体加固工程及方法

## 一、地基与基础

建筑物的基础是指建筑物最底下的结构部分，它将上部结构所承受的各种荷载作用传递到支承它们的地基上。

地基是支承基础的各类岩土体，它是受基础传递下来的荷载影响的地层，它一般指建筑物基础宽度的数倍范围的空间。直接承受荷载的地层是持力层，持力层以下的土层是下卧层,如果该层是软土或软弱土,则称为软弱下卧层。

地基基础设计中,应满足建筑物稳定和使用功能不受影响的要求,但当其结构或者结构的某一部分超过某一特定状态,而不能满足设计规定的某一功能要求时,这一特定状态为结构对于该功能的极限状态,在设计中有两种极限状态:

(1)承载力极限状态。一般是以结构的内力超过其承载力为依据。

(2)正常使用极限状态。一般是以结构的变形、裂缝、振动参数超过设计允许的限值为依据。

基础的作用就是承上启下,把建筑物的荷载安全可靠地传给地基,保证地基不会发生强烈破坏或者产生过大变形,同时还要充分发挥地基的承载能力。因此,基础的结构类型必须根据建筑物的特点(结构形式、荷载性质和大小等)和地基土层的性状来选定。

如果地基是良好的土层,或者上部有满足基础承载力及沉降(变形)要求的土层时,基础一般将直接建在天然土层上,这种地基叫做“天然地基”,这类基础叫做浅基础。

如果地基内部属于软弱土层(通常指承载力低于 100 kPa 的土层),或者上部有较厚的软弱土层时,建筑物荷载较大的浅基础不适于坐在此类天然地基上。

人们常将不能满足建(构)筑物要求的地基(包括承载力、稳定变形和渗流三方面的要求)称为软弱地基或不良地基,其主要包括:软黏土、杂填土、充填土、饱和粉细砂、饱和粉土、湿陷性黄土、泥炭土、膨胀土、多年冻土、盐渍土、岩溶、土洞、山区不良地基等。软弱地基和不良地基的种类很多,其工程性质差异也很大,是否需要处理取决于其地基能否满足建(构)筑物对地基的要求。

软弱地基通常所面临的问题有以下几个方面:

(1)地基承载力及稳定性。地基承载力及稳定性是指地基在建(构)筑物荷载(包括静、动荷载的各种组合)作用下能否保持稳定,若地基承载力不能满足要求,在建(构)筑物荷载作用下地基将会产生局部或整体剪切破坏,影响建(构)筑物的安全与正常使用,严重的会引起建(构)筑物的破坏。天然地基承载力主要与土的抗剪强度有关,也与基础形式和埋深有关。

(2)沉降、水平位移及不均匀沉降。在建(构)筑物的荷载(包括静、动荷载的各种组合)作用下,地基沉降,或水平位移,或不均匀沉降会超过相应的允许值。若地基变形超过允许值,将会影响建(构)筑物的安全与正常使用,严重的会引起建(构)筑物的破坏。天然地基变形主要与荷载大小和土的变形特性有关,也与基础形式有关。

(3)渗漏。针对水工建(构)筑物而言,渗漏主要分两类:一类是堤坝、蓄水构筑物的地基渗流量超过其允许值,其后果是造成较大水量损失;另一类是地基中水力坡度比降超过其允许值,地基土体发生潜蚀和管涌产生破坏而导致建(构)筑物破坏,造成工程事故。天然地基土体渗漏问题主要与土的渗透性有关。

(4)液化。在动荷载(地震、机器以及车辆振动、波浪和爆破等)作用下,会引起饱和松散粉细砂、粉土产生液化,它是饱和松散粉细砂、粉土暂时形成近似液体特性的一种现象,使之强度降低失去抗剪强度,造成地基失稳和变形。

不同的软弱地基处理的要求和方法各不相同,常用的解决方法有:

(1)加固、补强地基土层,提高土层的承载力和抵抗变形的能力,再把基础做在这种经过人工加固、补强后的地基土层上。这种地基叫做人工地基。

(2)在地基中打桩,把建(构)筑物支承在支承台上,建(构)筑物的荷载由桩传递到地基深处较为坚实的岩土层。这种基础叫做桩基础。

(3)把基础做在地基深处承载力较高的岩土层上。通常基础埋置深度大于5.0 m并且大于基础宽度,在计算基础时考虑基础侧壁摩擦力的影响。这类基础叫做深基础。桩基础也是深基础的一种。

(4)对地基土层进行改良,减小土的渗透性,或在地基中采取工程措施、设置止水帷幕,阻截渗流。

(5)用非液化土替换或加密液化土层,采用深基础避让液化土层。

在上述地基基础类型中,天然地基上的浅基础常常是施工方便、技术简单、造价经济的方案,在一般情况下尽量采用。如果天然地基上的浅基础不能满足工程要求,或者经过周密比较以后认为不经济,才可结合建(构)筑物地基的地质和水文条件、工程的具体要求,考虑采用其他类型的地基基础形式或地基加固处理措施。在工程建设中遇到最多需要处理的就是软弱土体地基。

## 二、地基加固的工程目的和意义

随着社会经济的飞速发展,土木工程建设规模日益扩大,要求越来越高,对滨海地区而言难度也不断加大。土木工程功能化,城市建设立体化,交通高速化和改善综合居住条件成为现代化土木工程的特征,也对建筑地基提出了更高要求,不仅要选择在地质条件良好的场地从事建设,而且也不可避免地要在地质条件相对不好的场地进行工程建设。有的可以通过上部结构、基础措施加以解决,但充分发挥、利用上部结构、基础、地基三者的有机结合才能获得工程建设的良好效益。

地基与建(构)筑物的关系极为密切,与上部结构、基础比较,地基(特别是软弱地基)不确定因素多、问题复杂、处理难度大。地基问题的处理恰当与否,关系到整个工程的质量、投资和进度。地基问题处理不好,后果严重。据调查统计,世界各国发生的各种土木工程建设中的工程事故,地基问题常常是主要原因。地基问题处理得好,不仅安全可靠而且具有较好的经济效益。为此,对软弱地基、不良地基必须进行加固处理,使之满足工程建(构)筑物的需要。

地基加固的目的是改善、提高软弱地基的强度,保证地基的稳定性,降低地基的压缩性,减少基础的沉降尤其是不均匀沉降;提高土质的抗剪强度,防止地基受到震动作用时产生液化现象等。

随着国民经济的飞速发展,越来越多的土木工程需要对天然地基进行处理,其重要性已越来越多地被人们所重视。

除了在上述软弱和不良地基上修筑建(构)筑物时需要考虑地基处理外,当旧房改造、加层,工厂设备更新等造成荷载增大,对原来地基提出更高要求,原地基不能满足新的要求时,或者在开挖深基坑、建造地下铁道等工程中有土体稳定、变形或渗漏问题时,也需要进行地基处理或土质改良。

总结国内外地基处理方面的经验教训,推广和发展各种地基处理技术,提高地基处理水平，对加快基本建设速度、节约基本建设投资具有特别重要的意义。

## 三、地基加固技术的发展现状

近二三十年来，国内外在工业与民用建筑中，地基处理技术发展甚快，且卓有成效，它使传统方法得到改进，新的技术不断涌现。

如在20世纪60年代中期，从如何提高土的抗拉强度这一思路中，发展了土的"加筋法"；从如何提高土的排水固结这一观点出发，发展了土工聚合物，砂井预压和塑料排水带；从如何进行深层密实处理方法考虑，采用了加大击实功的"强夯法"和"振动水冲法"等。随着工业的发展，给地基处理工程提供了先进的生产手段，如制造重达几千吨的专用起吊机械（强夯法使用的起重机械）；潜水电机的出现，带来了振动水冲法；真空泵的问世，建立了真空预压法；大于20 MPa的空气压缩机的生产，从而产生了"高压喷射法"。为了适应工程建设的需要，地基处理技术在我国得到飞速发展。地基处理技术新的发展反映在地基处理机械、材料、现场监测技术，以及地基处理新方法的不断发展和多种地基处理方法综合应用等各个方面。

为了满足日益发展的地基处理工程的需要，近几年来地基处理机械发展也很快。例如，深层搅拌机型号增加，除几年前生产的单轴深层搅拌机和固定双轴搅拌机、浆液喷射和粉体喷射深层搅拌机外，近年来研制成功了可变距双轴深层搅拌机和可同时适用浆液喷射和粉体喷射的深层搅拌机，搅拌深度和成桩直径也在扩大，海上深层搅拌机也已投入使用。我国深层搅拌机拥有量近年来大幅度增加。高压喷射注浆机械发展很快，出现不少新的高压喷射设备，如井口传动由液压代替机械，改正了气、水、浆液的输送装置，提高了喷射压力，增加了对地层的冲切搅拌能力。水平旋喷机械的成功应用，使高压喷射注浆法进一步扩大了应用范围。应用于排水固结法的塑料排水带插带机的出现大大提高了工作效率。振冲器的生产也走向系列化、标准化。为了克服振冲过程中排放泥浆污染现场，干法振动成孔器研制成功，使干法振动碎石桩技术得到应用。地基处理机械的发展使地基处理能力得到较大的提高。

地基处理材料的发展也促进了地基处理水平的提高。新材料的应用，不仅使一些原有的地基处理方法效能提高，而且产生了一些新的地基处理方法。土工合成材料在地基处理领域得到愈来愈多的应用。土工合成加筋材料的发展促进了加筋土法的发展。轻质土工合成材料EPS作为填土材料形成EPS超轻质料填土法。塑料排水带的应用提高了排水固结法施工质量和工效，且便于施工管理。灌浆材料如超细水泥、粉煤灰水泥浆材、硅粉水泥浆材等水泥系浆材和化学浆材在品种、质量上发展都很快。化学浆材的研究重视降低浆材毒性和对环境的污染。灌浆材料的发展有效地扩大了灌浆法的应用范围，满足了工程需要。在地基处理材料应用方面还值得一提的是，近年来重视将地基处理同工业废料的利用结合起来。粉煤灰垫层、粉煤灰石灰二灰桩复合地基、钢渣桩复合地基、渣土桩复合地基、二灰混凝土桩复合地基等的应用取得了较好的社会经济效益。

地基处理的工程实践促进了地基处理计算理论的发展。随着地基处理技术的发展和各种地基处理方法的推广使用，复合地基概念在土木工程中得到愈来愈多的应用，复合地基理论得到发展，逐步形成复合地基承载力和沉降计算理论。除复合地基理论外，在强夯法加固地基的机理、强夯法加固深度、砂井法非理想井计算理论、真空预压法计算理论方面都有不少新的研究成果。地基处理理论的发展又反过来推动地基处理技术新的进步。人们在改造土的工程性质的同时,不断丰富了对土的特性研究和认识,从而又进一步推动地基处理技术和方法的更新。

各项地基处理方法的施工工艺,近年来也得到不断改善和提高,不仅有效地保证和提高了施工质量,提高了工效,而且扩大了应用范围。真空预压法施工工艺的改进使这项技术应用得到推广,高压喷射注浆法施工工艺的改进使之可用于第四纪覆盖层的防渗。石灰桩施工工艺改进使石灰桩法走向成熟。边填碎石(块石或其他材料)边强夯施工工艺扩大了强夯法的应用范围。可以说,每一项地基处理方法的施工工艺都在不断提高。

地基处理的监测日益得到人们重视。在地基处理施工过程中和施工后进行监测,用以指导施工、检查处理效果、检验设计参数。检测手段愈来愈多,检测精度日益提高。地基处理逐步实行信息化施工,有效地保证了施工质量,取得较好的经济效益。

近年来,各地因地制宜发展了许多新的地基处理方法。例如:将强夯法用以处理较软弱土层,边填边夯形成强夯碎石墩或桩复合地基以提高地基承载力、减少沉降。采用沉管法在软土地基中设置由碎石、粉煤灰、水泥或由砂石、水泥搅拌形成的低强度混凝土桩,与桩间土形成复合地基。疏松基础,或称钢筋混凝土桩复合地基也可较好地发挥桩间土的效用,减少用桩数量,取得较好的经济效益。新的地基处理方法的不断发展提高了地基处理技术的整体水平和能力。

地基处理技术的发展还表现在多种地基处理方法的综合应用上。例如:真空预压法和堆载预压法的综合应用可克服真空预压法预压荷载小于80 kPa的缺点,扩大了它的应用范围。真空预压法与高压喷射注浆法结合可使真空预压应用于水平渗透性较大的土层。高压喷射注浆法与灌浆法相结合可提高灌浆法的纠偏加固效果。锚杆静压法与掏土法结合、锚杆静压法与顶升法结合使纠偏加固技术提高到一个新的水平。

因此,重视多种地基处理方法的综合应用可取得较好的社会经济效益。

## 四、地基加固方法与分类

当天然地基不能满足建(构)筑物对地基稳定、变形及渗透方面的要求时,需要对天然地基进行处理。

地基处理方法,可以从地基处理原理、地基处理的目的、地基处理的性质、地基处理的时效等不同角度进行分类。已经发展的地基处理方法很多,新的地基处理方法还在不断发展,要对各种地基处理方法进行精确的分类是困难的。

根据地基处理的原理进行分类,主要有置换、排水固结、灌入固化物、振密与挤密、加筋、冷热处理、托换、纠倾共八大类。

(1)置换。置换是用物理力学性质较好的岩土材料置换天然地基中部分或全部软弱土或不良土体,形成双层地基或复合地基,以达到提高地基承载力、减少沉降的目的。它主要包括换土垫层法、挤淤置换法、褥垫法、振冲置换法(或称振冲碎石法)、沉管碎石桩法、强夯置换法、砂桩(置换)法、石灰桩法、EPS超轻质料填土法等。

(2)排水固结。排水固结的原理是软黏土地基在荷载作用下,土中孔隙水慢慢排出,孔隙比减小，地基发生固结变形，同时，随着超静水压力逐渐消散，土的有效应力增大，地基土的强度逐步增长，从而达到提高地基承载力，减小沉降的目的。当天然地基土渗透系数较小时，需设置竖向排水通道，以加速土体排水固结。常用的竖向排水通道有普通砂井、袋装砂井和塑料排水带等。按加载形式分类，主要包括加载预压法、超载预压法、砂井法（包括普通砂井、袋装砂井和塑料排水带法）、真空预压法、真空预压与堆载预压联合作用、降低地下水位等排水固结，电渗法也可属于排水。

(3)灌入固化物。灌入固化物是向土体中灌入或拌入水泥、石灰或其他化学固化浆材，在地基中形成增强体，以达到地基处理的目的。它主要包括水泥土搅拌法、高压喷射注浆法、渗入性灌浆法、劈裂灌浆法、压密灌浆法和电动化学灌浆法等，夯实水泥土桩法也可认为是灌入固化物的一种。水泥土搅拌法又可分为浆液深层搅拌法和粉体喷射搅拌法两种，后者又称为粉喷法。

(4)振密、挤密。振密、挤密是采用振动或挤密的方法，使未饱和土密实、地基土体孔隙比减小、强度提高，来达到提高地基承载力和减小沉降的目的。它主要包括表层原位压实法、强夯法、振冲密实法、挤密砂桩法、爆破挤密法、土桩和灰土桩法、柱锤冲孔成桩法、夯实水泥土桩法以及近年发展的一些孔内夯扩桩法等。

(5)加筋法。加筋法是在地基中设置强度高的土工聚合物、拉筋、受力杆件等模量大的筋材，以达到提高地基承载力、减少沉降的目的。强度高、模量大的筋材可以是钢筋混凝土，也可以是土工格栅、土工织物等。它主要包括加筋土法、土钉墙法、锚固法、树根桩法、低强度水泥粉煤灰碎石桩复合地基法和钢筋混凝土桩复合地基法等。

(6)冷热处理法。冷热处理是通过人工冷却，使地基温度低到孔隙水的冰点以下冻结，从而具有理想的截水性能和较高的承载能力，或焙烧、加热地基主体，改变土体物理力学性质，以达到地基处理目的的方法。主要包括冻结法和烧结法两种。

(7)托换。托换是指对原有建筑物地基和基础进行处理、加固或改建，在原有建筑物基础下需要修建地下工程以及邻近建造新工程而影响到原有建筑物的安全等问题的技术总称。它主要包括基础加宽托换法、墩式托换法、桩式托换法、地基加固法（包括灌浆托换和其他托换）以及综合托换法等。

(8)纠偏。纠偏是指对由于沉降不均匀造成倾斜的建筑物进行矫正的手段。主要包括加载纠偏法、掏土纠偏法、顶升纠偏法和综合纠偏法等。

各类地基处理方法的简要原理和适用范围如表 2-2 所示。

地基处理方法除按地基处理加固原理进行分类外，还可按下述方法分类：

根据地基处理的性质可分为物理的地基处理方法、化学的地基处理方法和生物的地基处理方法三大类。

根据地基处理加固区的部位分为浅层地基处理方法、深层地基处理方法和斜坡面土层处理方法三大类。

按时间分为临时性地基处理方法和永久性地基处理方法两大类。

对地基处理方法进行严格分类是困难的，不少地基处理方法具有几种不同的作用，例如，振冲法具有置换作用还有挤密作用，又如土桩和灰土桩既有挤密作用又有置换作用。另外，还有一些地基处理方法的加固机理以及计算方法目前还不是十分明确，尚需进行探讨。此外,地基处理方法不断发展,不同方法间相互渗透、交叉,功能不断扩大,也使分类变得更加复杂。

表 2-2　地基处理方法的简要原理和适用范围

| 分类 | 处理方法 | 原理及作用 | 适用范围 |
|---|---|---|---|
| 置换 | 换土垫层法 | 将软弱土或不良土开挖一定深度,回填抗剪强度较大,压缩性较小的土,如砂砾、石渣等,并分层夯、压密实,形成双层地基。垫层能有效扩散基底压力,可提高地基承载力,减少沉降 | 各种软弱土地基 |
| | 挤淤置换法 | 通过抛石或夯击回填碎石置换淤泥达到加固地基的目的 | 厚度较小的淤泥地基 |
| | 褥垫法 | 当建(构)筑物的地基一部分压缩性很小,而另一部分压缩性较大时,为了避免不均匀沉降,在压缩性很小的区域,通过换填法铺设一定厚度可压缩的土料形成褥垫,以减少沉降差 | 建(构)筑物部分坐落在基岩上,部分坐落在土上,以及类似情况 |
| | 振冲置换法 | 利用振冲器在高压水流作用下边振边冲在地基中成孔,在孔内填入碎石、卵石等粗粒料且振密成碎石桩。碎石桩与桩间土形成复合地基,以提高承载力,减小沉降 | 不排水抗剪强度不小于 20 kPa 的黏性土、粉土、饱和黄土和人工填土等地基 |
| | 沉管碎石桩法 | 采用沉管法在地基中成孔,在孔内填入碎石、卵石等粗粒料形成碎石桩,碎石桩与桩间土形成复合地基,以提高承载力,减小沉降 | 不排水抗剪强度不小于 20 kPa 的黏性土、粉土、饱和黄土和人工填土等地基 |
| | 强夯置换法 | 边填碎石边强夯地基形成碎石墩体,由碎石墩、墩间土以及碎石垫层形成复合地基,以提高承载力,减小沉降 | 人工填土、砂土、黏性土和黄土、淤泥和淤泥质土地基 |
| | 砂桩(置换法) | 在软黏土地基中设置密实的砂桩,以置换同体积的黏性土形成砂桩复合地基,以提高地基承载力。同时,砂桩还可以同砂井一样起排水作用,以加速地基土固结 | 软黏土地基 |
| | 石灰桩法 | 通过机械或人工成孔,在软弱地基中填入生石灰块或生石灰块加其他掺和料,通过石灰的吸水膨胀,放热以及离子交换作用改善桩土的物理力学性质,并形成石灰桩复合地基,可提高地基承载力,减少沉降 | 杂填土、软黏土地基 |
| | EPS 超轻质料填土法 | 发泡聚苯乙烯(EPS)重度只有土的 1/50 ~ 1/100,并具有较好的强度和压缩性能,用于填土料,可有效减少作用在地基上的荷载,需要时也可置换部分地基土,以达到更好效果 | 软弱地基上的填方工程 |

续表 2-2

| 分类 | 处理方法 | 原理及作用 | 适用范围 |
| --- | --- | --- | --- |
| 排水固结 | 加载预压法 | 在建造构筑物以前,天然地基在预压荷载作用下,压密、固结,地基产生变形,地基土强度提高,卸去预压荷载后再建造建(构)筑物,工后沉降小,地基承载力也得到提高,堆载预压有时也利用建(构)筑物自重进行 | 软黏土、粉土、杂填土、泥炭土地基等 |
| | 超载预压法 | 原理基本上与堆载预压法相同,不同之处是其预压荷载大于建(构)筑物的实际荷载。超载预压不仅可减少建(构)筑物工后固结沉降,还可消除部分工后次固结沉降 | 软黏土、粉土、杂填土、泥炭土地基等 |
| | 砂井法(含普通砂井、袋装砂井、塑排水带法) | 在软黏土地基中设置竖向排水通道——砂井,以缩短土体固结排水距离,加速地基固结。在预荷载作用下,地基土排水固结,抗剪强度提高,可提高地基承载力,减少工后沉降 | 淤泥、淤泥质土、黏性土、冲填黏性土地基等 |
| | 真空预压法 | 在饱和软土地基中设置砂井和砂垫层,在其上覆盖不透气密封膜。通过埋设于砂垫层的抽气管进行长时间不断抽气,使垫层和砂井中造成负气压,而使软黏土层排水固结,负气压形成的当量预压荷载可达到 85 kPa | 淤泥、淤泥质土、黏性土、冲填黏性土地基等 |
| | 真空预压与堆载联合作用 | 当真空预压达不到要求的预压荷载时,可与堆载预压联合使用,其预压荷载可叠加计算 | 淤泥、淤泥质土、黏性土、冲填黏性土地基等 |
| | 降低地下水位法 | 通过降低地下水位,改变地基土受力状态其效果类似于堆载预压,使地基土固结。在基坑开挖支护建(构)筑物设计中可减少建(构)筑物上作用力 | 砂性土或透水性较好的软黏土层 |
| 灌入固化物 | 水泥土搅拌法 | 利用深层搅拌机将水泥或石灰和地基土原位搅拌形成圆柱状、格栅状或连续墙水泥土增强体,形成复合地基。以提高地基承载力,减小沉降。水泥土搅拌法分喷浆搅拌法和喷粉搅拌法两种。也可用它形成防渗帷幕 | 淤泥、淤泥质土和含水率较高地基承载力标准值不大于 100 kPa 的黏性土、粉土等软土地基。用于处理泥炭层或地下水具有侵蚀性的地基时,宜通过试验确定其适用性 |
| | 高压喷射注浆法 | 利用钻机将带有喷嘴的注浆管钻进预定位置,然后用 20 MPa 左右的浆液或水的高压流冲砌土体,用浆液置换部分土体,形成水泥土增强体。高压喷射注浆法有单管法、二重管法、三重管法。在喷射浆液的同时通过旋转、提升可形成定喷、摆喷和旋喷。高压喷射注浆法可形成复合地基提高承载力,减少沉降。防渗帷幕也常用其他形成 | 淤泥、淤泥质土、黏性土、粉土、黄土、砂土、人工填土和碎石土等地基,当土中含有较多的大块石或有机质含量较高时,应通过试验确定其适用性 |

续表 2-2

| 分类 | 处理方法 | 原理及作用 | 适用范围 |
| --- | --- | --- | --- |
| 灌入固化物 | 渗入性灌浆法 | 在灌浆压力作用下,将浆液灌入土中填充天然孔隙改善土体的物理力学性质 | 中砂、粗砂、砾石地基 |
| | 劈裂灌浆法 | 在灌浆压力作用下,浆液克服地基土中初始应力和抗拉强度,使地基中原有的孔隙或裂隙扩张,或形成新的裂缝和孔隙,用浆液填充,改善土体的物理力学性质。与渗入性灌浆相比,其所需灌浆压力较高 | 岩基、砂、砂砾石、黏性土地基 |
| | 压密灌浆法 | 通过钻孔向土层中压入浓浆液,随着土体压密将在压浆点周围形成浆泡。通过压密和置换改善地基性能。在灌浆过程中因浆液的挤压作用可产生辐射状上抬力,可引起地面局部隆起。利用这一原理可以纠正建筑物不均匀沉降 | 常用于中砂地基,排水条件较好的黏性土地基 |
| | 电动化学灌浆法 | 当在黏性土中插入金属电极并通以直流电后,在土中引起电渗,电流和离子交换等作用,在通电区含水率降低,从而在土中形成浆液“通道”。若在通电同时向土中灌注化学浆液,就能达到改善土体物理力学性质的目的 | 黏性土地基 |
| 振密、挤密 | 表层原位压实法 | 采用人工或机械夯实、碾压或振动,使土密实。其密实范围较浅 | 杂填土、疏松无黏性土、非饱和黏性土、湿陷性黄土等地基的浅层处理 |
| | 强夯法 | 采用重量为 10 ~ 40 t 的夯锤从高处自由落下,地基土在强夯的冲击力和振动力作用下密实,可提高地基承载力,减少沉降 | 碎石土、砂土、低饱和度的粉土与黏性土,湿陷性黄土、杂填土和素填土等地基 |
| | 振冲密实法 | 依靠振冲器的强力水平振动使饱和砂层发生液化,砂颗粒重新排列,孔隙减小,另一方面依靠振冲器的水平振动力,加回填料使砂层挤密,从而达到提高地基承载力,减少沉降,并提高抗液化能力的目的 | 黏粒含量小于 10% 的疏松砂性土地基 |
| | 挤密砂石桩法 | 采用沉管法或其他(锤击或振动)方法在地基中设置砂桩、碎石桩,在成桩过程中对周围土层产生挤密,被挤密的桩间土和砂石桩形成复合地基,达到提高地基承载力和减少沉降的目的 | 疏松砂性土、杂填土、非饱和黏性土地基 |
| | 爆破挤密法 | 在地基中爆破,产生挤压力和振动力,使地基土密实,以提高上体的抗剪强度,槕高地基承载力和减少沉降 | 疏松砂性土、杂填土、非饱和黏性土地基 |
| | 土桩、灰土桩法 | 采用沉管法、爆扩法和冲击法在地基中设置土桩或灰土桩,在成桩过程中挤密桩间土,由挤密的桩间土和密实的土桩或灰土桩形成复合地基 | 地下水位以上的湿陷性黄土、杂填土、素填土等地基 |

续表 2-2

| 分类 | 处理方法 | 原理及作用 | 适用范围 |
|---|---|---|---|
| 加筋 | 加筋土法 | 在土体中埋置土工合成材料（土工织物、土工格栅等），金属板条等形成加筋土垫层，增大压力扩散角，提高地基承载力，减少沉降，也用于形成加筋土挡土墙 | 堤坝软土地基处理、挡土墙 |
| | 锚固法 | 锚杆一端锚固于地基土中，或岩石、或其他构筑物，另一端与构筑物连接，以减少或承受构筑物受到的水平向作用力 | 有可以锚固的土层、岩石或构筑物的地基 |
| | 树根桩法 | 在地基中设置如树根状的微型灌注桩（直径 70～300 mm），提高地基或土坡的稳定性 | 各类地基 |
| | 低强度混凝土桩复合地基法 | 在地基中设置低强度混凝土桩，与桩间土形成复合地基。如水泥粉煤灰碎石桩复合地基、二灰混凝土桩复合地基等 | 各类深厚软弱地基 |
| | 钢筋混凝土桩复合地基法 | 在地基中设置钢筋混凝土桩（摩擦桩）与桩间土形成复合地基 | 各类深厚软弱地基 |
| 冷热处理 | 冻结法 | 冻结土体，改善地基土截水性能，提高土体抗剪强度 | 饱和砂土或软黏土，做施工临时措施 |
| | 烧结法 | 钻孔加热或焙烧，减少土体含水率，减少压缩性，提高土体强度 | 软黏土、湿陷性黄土，适用于有富余热源的地区 |
| 托换 | 基础加宽托换法 | 通过加宽原建筑物基础减少基底接触压力，使原地基满足要求，达到加固的目的 | 原地基承载力较高的情况 |
| | 墩式托换法 | 通过托换，在原基础下设置混凝土墩，使荷载传至较好土层，达到加固的目的 | 地基不深处有较好的持力层情况 |
| | 桩式托换法 | 在原建筑物基础下设置钢筋混凝土桩，以提高承载力，减少沉降达到加固的目的，按设置桩的方法分静压桩法、树根桩法和其他桩式托换法。静压桩法又可分为锚杆静压桩法和其他静压桩法 | 原地基承载力较低的情况 |
| | 地基加固法 | 通过土质改良对原有建筑物地基进行处理，达到提高地基承载力的目的。如灌浆法、烧结法加固地基等 | 原地基承载力较低的情况 |
| | 综合托换法 | 将两种或两种以上托换方法综合应用，达到加固目的 | 原地基承载力较低的情况 |
| 纠偏 | 加载纠偏法 | 通过调整地面荷载来调整地面不均匀沉降，达到纠偏目的 | |
| | 掏土纠偏法 | 在建筑物沉降较少的部位以下的地基中或在其附近的外侧地基中掏取部分土体，迫使沉降较少的部位进一步产生沉降，以达到纠偏的目的 | |
| | 顶升纠偏法 | 通过在墙体中设置顶梁，通过千斤顶顶升整幢建筑物，不仅可以调整不均匀沉降，并可整体顶升至要求标高 | |
| | 综合纠偏法 | 将加固地基与纠偏结合，或将几种方法综合应用，如综合应用静压锚杆法和顶升法，静压锚杆法和掏土法 | |

## 五、地基加固用材料与机械

几种常用地基处理方法所需主要材料和机械设备如表 2-3 所示。

表 2-3 常用地基处理方法需用材料和机械设备

| 地基处理方法 | 主要材料 | 主要机械设备 |
|---|---|---|
| 换填法 | 砂、砾石、石渣、粉煤灰、矿渣等 | 人工土或机械挖土、垫层材料运输、压实机械 |
| 重锤夯实法 | | 夯锤、起重设备 |
| 振冲置换法 | 碎石、砾石 | 振冲器,起重机或施工专用台车和水泵 |
| 强夯置换法 | 碎石、矿渣等 | 夯锤、起重设备、脱钩装置及运输装卸机械 |
| 砂石桩(置换)法 | 砂或碎石、砾石 | 打桩机 |
| 石灰桩法 | 生石灰 | 打桩机或洛阳铲成孔 |
| 加载预压法、超载预压法 | 加载用料:土石方或其他材料;<br>垫层材料:渗透系数 $>10^{-3}$ cm/s,含泥量 $<3\%$,级配较好的中粗砂;<br>竖向排水通道用料:砂井法需用与垫层材料相同质量的砂。袋装砂井法还需聚丙烯机织土工织物。塑料排水板法需塑料排水带 | 加载用料的运输、装卸机械,也可用人工运输静压沉管机械,锤击沉管机械,动力螺旋钻机,袋装砂井专用打井机,塑料排水带插板机 |
| 真空预压法 | 垫层材料和竖向排水通道用料同加载预压法,不透气密封膜材料:聚氯乙稀薄膜或线性聚乙稀薄膜 | 设置竖向排水通道机械同加载预压法,还需真空泵、滤水管、集水管等 |
| 水泥土搅拌法 | 水泥 | 深层搅拌机,按搅拌轴分单轴和双轴,按喷射形式分为浆液喷射和粉体喷射两种。配套设备:浆液喷射主要有灰浆搅拌机、灰浆泵;粉体喷射主要有粉体发送器、空气压缩机及计算器等 |
| 高压喷射注浆法 | 水泥 | 钻机、高压泵、泥浆泵、空气压缩机、注浆管、喷嘴、流量计、输浆管、制浆机等 |
| 渗入性灌浆法 | 水泥基材料和化学灌浆材料 | 中、低压灌浆泵 |
| 劈裂灌浆法 | 水泥基材料 | 高、中压灌浆泵 |
| 压密灌浆法 | 水泥基材料 | 高、中压灌浆泵 |
| 电动化学灌浆法 | 化学灌浆材料 | 低压灌浆泵和直流电 |
| 强夯法 | | 夯锤、起重设备、脱钩装置 |
| 振冲密实法 | 若加回填料,则需砂或碎石 | 振冲器,起重机或施工专用台车、水泵 |
| 挤密砂石桩法 | 砂或碎石、砾石 | 打桩机 |
| 土桩和灰土桩法 | 土、石灰、粉煤灰等 | 柴油打桩机、履带式起重机和夯实机 |
| 加筋土法 | 各种筋材,如土工格栅、土工织物等 | |
| 锚固法 | 钢拉杆(粗钢筋、钢丝束、钢绞线等)、砂浆 | 钻机 |

## 六、地基加固方法的选用和规划设计

应当指出的是,每一种地基处理方法都有其各自的适用范围、局限性和优缺点,没有一种方法是万能的。在具体的地基处理工程中,地基组成是非常复杂的,工程地质条件千变万化,具体的处理要求也不相同,而且施工设备、技术、材料也不同。所以,对每一项具体的地基处理工程要进行具体分析,应从当地地基条件、目的要求、工程费用、施工进度、材料来源、设备、可能达到的效果(包括经处理后地基应达到的各项指标、处理的范围等)以及环境影响等方面综合考虑,并通过试验和比较来确定合理的地基处理方法。必要时还应在建筑物设计与施工中采取相应的工程措施。

选用地基处理方法要力求做到安全适用、确保质量、经济合理、技术先进、又能满足施工进度要求。对于一个具体工程可以采用一种地基处理方法,也可采用两种或两种以上的地基处理方法。在确定地基处理方法时,还要注意节约能源,并注意环境保护,避免因为地基处理对地表水或地下水造成污染,以及设备噪音对周围环境产生的不良影响等。要因地制宜确定合适的地基处理方法,在引用外地或外单位某一方法时应该克服盲目性,注意地区特点,因地制宜是一项重要的选用原则。当天然地基不能满足建(构)筑物对地基要求时,不能只考虑加固地基,应同时考虑上部结构体型是否合理,整体刚度是否足够等。因而,在考虑地基处理方案时,应同时参考上部结构、基础和地基的共同工作,决定选用地基处理方案或选用加强上部结构刚度和地基处理相结合的方案。

初步确定地基处理方案后,可视需要进行小型现场试验或进行补充调查,根据试验成果进行施工设计,然后进行施工。施工过程中通过监测、检验以及反分析,如需要还可对设计进行修改、补充。实践证明,这是比较好的地基处理程序。

要重视对天然地基工程地质条件的勘察,许多由地基问题造成的工程事故,或地基处理达不到预期目的,往往是由于对工程地质条件了解不够全面造成的。详细的工程地质勘察是判断天然地基能否满足建(构)筑物对地基要求的重要依据之一。如果需要进行地基处理,详细的工程地质勘察资料也是确定合理的地基处理方法的主要基本资料之一。通过工程地质勘察,调查建筑物场地的地形地貌,查明地质条件,包括岩土的性质、成因类型、地质年代、厚度和分布范围。对地基中是否存在明滨、暗滨、古河道、古井、古墓要了解清楚。对于岩层,还应查明风化程度及地层的接触关系,调查天然地层的地质构造,查明水文及工程地质条件,确定有无不良地质现象,如滑坡、崩塌、岩溶、土洞、冲沟、泥石流、岸边冲刷及地震等。测定地基土的物理力学性质指标,包括:天然重度、相对密度、颗粒分析、塑性指数、渗透系数、压缩系数、压缩模量、抗剪强度等。最后,按照要求,对场地的稳定性和适宜性,地基的均匀性、承载力和变形特征等进行评价。

地基处理的规划设计顺序建议按图 2-1 所示的程序进行。

首先根据建(构)筑物对地基的各种要求和天然地基的条件确定地基是否需要加固。若天然地基能够满足要求,应尽量采用天然地基。在确定是否需要进行地基处理时,应将上部结构、基础和地基统一考虑。若天然地基不能满足建(构)筑物对地基要求,首先需要确定进行地基处理的天然地层的范围以及地基处理要求,然后根据天然地层条件、地基处理方法的原理、过去应用的经验和机具设备、材料条件,进行地基处理方案的可行性研

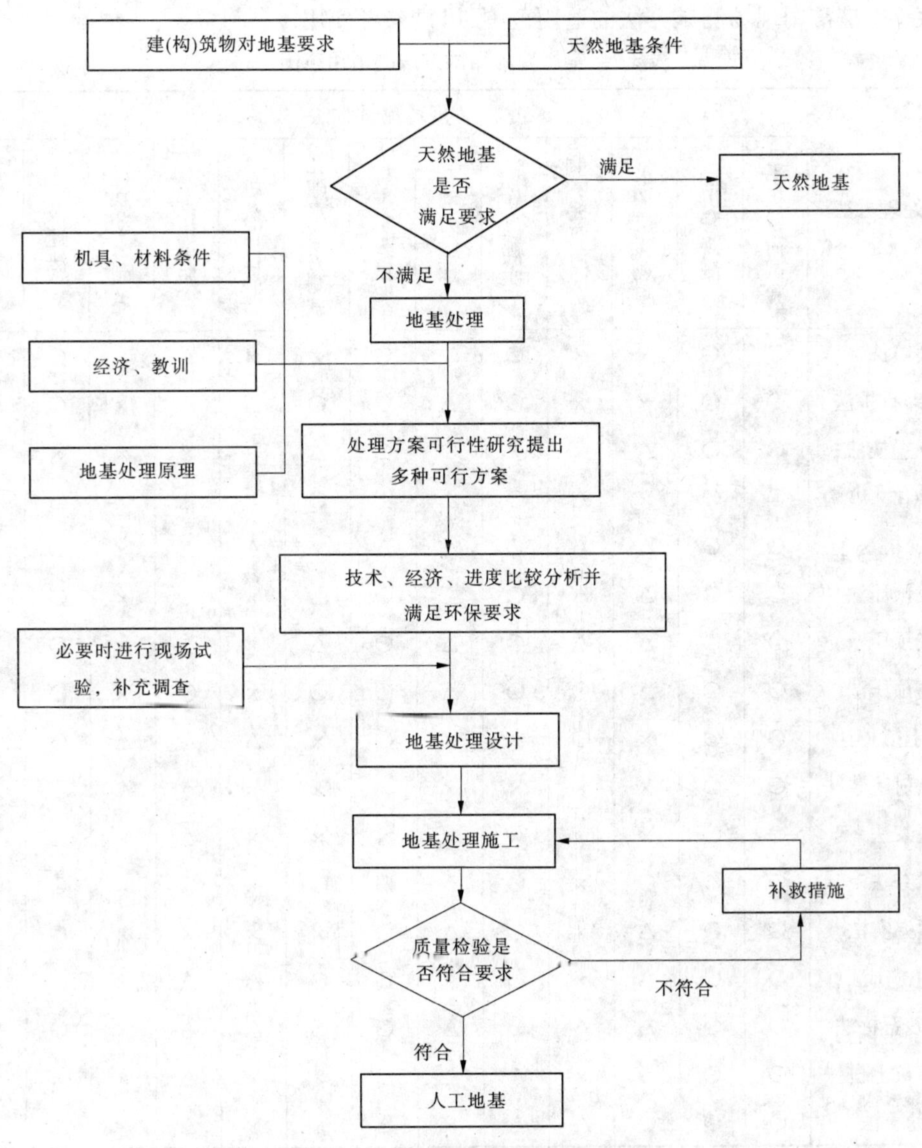


图 2-1　地基处理的规划设计顺序

究,提出多种可行方案,最后对提出的多种方案进行技术、经济、进度等方面的比较分析,考虑环境保护要求,确定采用一种或几种地基处理方法。

## 七、地基加固现场监测与环境保护

### (一)地基处理监测

通过现场监测指导施工,检验设计参数和处理效果。如达不到设计要求.应检查原因,采取必要措施,或修改设计。只有做好地基处理施工中和施工后的监测工作,才能保证地基处理工程质量。通过监测积累资料,也可为理论研究服务。因此,监测工作是地基处理的一个重要环节,需要予以足够重视。

表 2-4 是常用现场测试方法的适用范围,可供参考使用。

**表 2-4　常用现场测试方法的适用范围**

| 地基处理方法 | 现场测试方法 | | | | | | | | | | | | |
|---|---|---|---|---|---|---|---|---|---|---|---|---|---|
| | 平板载荷试验 | 沉降观测 | 水平位移观测 | 十字板剪切试验 | 静力触探 | 动力触探 | 标准贯入试验 | 孔隙水压力测试 | 桩载荷试验 | 旁压试验 | 桩基动力测试 | 波速法 | 螺旋压板试验 |
| 换填法 | ○ | ○ | × | × | ○ | ○ | ○ | × | × | △ | × | ○ | △ |
| 振冲碎石桩法 | ○ | ○ | × | × | ○ | △ | ○ | ○ | △ | △ | × | ○ | × |
| 强夯置换法 | ○ | ○ | △ | × | × | ○ | ○ | △ | × | × | × | × | × |
| 砂石桩(置换)法 | ○ | ○ | × | △ | ○ | △ | △ | ○ | × | △ | × | ○ | × |
| 石灰桩法 | ○ | ○ | △ | △ | ○ | △ | △ | × | △ | △ | × | ○ | △ |
| 加载预压法 | ○ | ○ | △ | △ | ○ | △ | ○ | △ | × | △ | × | ○ | ○ |
| 超载预压法 | ○ | ○ | △ | △ | ○ | △ | ○ | △ | × | △ | × | ○ | ○ |
| 真空预压法 | ○ | ○ | △ | ○ | ○ | △ | ○ | ○ | × | ○ | × | ○ | ○ |
| 水泥土搅拌法 | ○ | ○ | × | ○ | × | × | ○ | × | △ | △ | △ | ○ | △ |
| 高压喷射注浆法 | ○ | ○ | × | × | × | × | × | × | × | △ | △ | △ | × |
| 灌浆法 | ○ | ○ | × | × | × | × | × | × | × | △ | × | △ | × |
| 强夯法 | ○ | ○ | ○ | × | ○ | △ | ○ | ○ | × | ○ | × | ○ | △ |
| 表面夯实法 | ○ | ○ | △ | × | ○ | △ | ○ | × | × | × | × | ○ | ○ |
| 振冲密实法 | ○ | ○ | △ | × | ○ | △ | ○ | ○ | △ | △ | × | ○ | × |
| 挤密砂石桩法 | ○ | ○ | △ | △ | ○ | △ | ○ | ○ | △ | △ | × | ○ | × |
| 土桩和灰土桩法 | ○ | ○ | △ | × | △ | △ | △ | × | × | △ | × | × | × |
| 加筋土法 | ○ | ○ | ○ | △ | △ | × | △ | × | × | △ | × | △ | △ |

注:"○"为一般适用;"△"为有时适用;"×"为不适用。

**(二)环境保护**

随着工业的发展,环境污染问题日益严重,公民的环境保护意识也逐步提高,在进行地基处理设计和施工中,一定要注意环境保护,处理好地基处理与环境保护的关系。与某些地基处理方法有关的环境污染问题主要是噪声、地下水质污染、地面位移、振动、大气污染以及施工场地泥浆污水排放等。

几种主要地基处理方法可能产生的环境影响问题如表 2-5 所示。

事实上,一种地基处理方法对环境的影响还受施工工艺的影响,改进施工工艺可以减少甚至消除对周围环境的不良影响。因此,表 2-5 只能反映一般情况,仅供参考。在确定地基处理方案时,尚需结合具体情况,进一步研究分析。环保问题政策性、地区性很强,一定要了解、研究、熟悉施工现场所在地环境保护的有关法令和规定，施工现场周围条件，施工工艺，才能正确选用合适的地基处理方法。例如，在高精密仪器楼的周围，不宜采用强夯法。市区对噪声的控制要求要比郊区高，在市区处理废泥浆要比在郊区费用高得多。

**表 2-5　几种主要地基处理方法可能对环境产生的影响**

| 地基处理方法 | 可能的环境影响 | | | | | |
|---|---|---|---|---|---|---|
| | 噪音 | 水质污染 | 振动 | 大气污染 | 地面泥浆污染 | 地面位移 |
| 换填法 | | | | | | |
| 振冲碎石桩法 | △ | | △ | | ○ | |
| 强夯置换法 | ○ | | ○ | | | △ |
| 砂石桩(置换) 法 | △ | △ | | | | |
| 石灰桩法 | △ | △ | △ | | | |
| 加载预压法 | | | | | | |
| 超载预压法 | | | | | | |
| 真空预压法 | | | | | | |
| 喷浆搅拌法 | | | | | | |
| 喷粉搅拌法 | | | | △ | | |
| 高压喷射注浆法 | | △ | | | △ | |
| 灌浆法 | | △ | | | | |
| 强夯法 | ○ | | ○ | | | △ |
| 表面夯实法 | △ | | △ | | | |
| 振冲密实法 | △ | | △ | | | |
| 挤密砂石桩法 | △ | | △ | | | |
| 土桩和灰土桩法 | ○ | | △ | | | |
| 加筋土法 | | | | | | |

注：“○”为影响较大；“△”为影响较小；空格表示没有影响。

# 第七节　软土和软弱土地基加固方法及其适用性

天津平原软弱地基主要包括软土、人工填土(包括素填土、杂填土和冲填土)、饱和粉细砂(包括部分粉土)等。软土及软弱土具有天然含水率大、天然孔隙比大、饱和度高、高压缩性、低强度、透水性弱且灵敏度高、在较大地震力作用下易震陷、土层层状分布复杂、各层之间物理力学性质相差较大、承载能力低等特点。当建筑物基础对地基有较高要求时，其自身特性决定了软土及软弱土用做天然地基的局限性，其工程性质的差异也很大，是否需要加固处理取决于地基能否满足建（构）筑物对地基的要求。

近二三十年来，国内外在地基处理技术方面发展甚快，且卓有成效。应当指出，各种地基处理方法的采用，应从当地地基条件、目的要求、工程费用、施工进度、材料来源、可能达到的效果以及环境影响等方面综合考虑，并通过试验和比较来确定。必要时还应在建（构）筑物结构和基础设计与施工中采取相应的措施。

本节只结合天津平原目前常用的软土及软弱土地基处理方法作简要介绍。

## 一、换土夯实法

当建（构）筑物地基土为软弱土或湿陷性土、膨胀土、冻土等不能满足上部结构对地基强度和变形的要求，而软土层的厚度又不很大（如不大于 3 m）时，常采用垫层法处理，与其他地基处理方法相比，此法施工简单、具良好的经济效益。

换填夯实法又称开挖置换法、换土垫层法，简称换土法、垫层法等。该法是将基础以下一定范围内的软弱土、湿陷性土、膨胀土、冻土等的一部分或全部挖去，然后换填密度大、强度高、水稳性好的砂土、碎（卵）石土、灰土、素土、矿渣以及其他性能稳定、无侵蚀性的材料，并分层夯（振、压）实至要求的密度，作为地基的持力层。它的作用在于提高地基承载力，并通过垫层的应力扩散作用，减少垫层下天然土层所承受的压力，减少基础的沉降量。

换土垫层与原土相比，具有承载力高，刚度大，变形小的优点。砂石垫层还可以提高地基排水固结速度，防止季节性冻土的冻胀，消除膨胀土地基的胀缩性及湿陷性土层的湿陷性对地基土体的破坏，还可用于暗滨和暗沟的建筑物地基加固。另外，灰土垫层还具有促使其下土层含水率的均衡转移的功能，从而减小土层的差异。

在不同的工程中，垫层所起的作用也不同。一般房屋建筑基础下的砂垫层主要起换土作用，而在路堤或土坝等工程中，砂垫层主要是起排水固结作用。换土垫层厚度视工程具体情况而定，软弱土层较薄时，常采用全部换填；若土层较厚时，可采用部分换填，并允许有一定程度的沉降及变形。

换土垫层一般多用于上部荷载不大，基础埋深较浅的中、低层民用建筑的地基处理工程中，一般开挖深度不超过 3 m。近年来，一些重大的建（构）筑物，也开始用换土垫层，开挖深度超过 3 m 以上，甚至更深，但一般限制在 5 m 以内、同时应注意边坡的防护。

垫层的设计与施工应根据上部建筑物的结构特点、荷载特性、基础形式及埋深、场地土质、地下水条件和当地施工队伍的技术装备、施工经验、材料来源以及工程造价等技术、经济分析论证后确定。

根据换填的材料不同，垫层可分为砂石（砂砾、碎卵石）垫层、土垫层（素土、灰土、二灰土垫层）、粉煤灰垫层、矿渣垫层、加筋砂石垫层等。各种垫层对材料的一般要求详见表 2-6。

垫层的承载力宜通过现场试验确定。如直接用静荷载试验确定或用图分析法、标准贯入、动力触探等多种测试方法综合确定。对于一般不太重要的、小型的、轻型的或对沉降要求不高的工业与民用建筑工程，可根据表 2-7 确定。

**表 2-6　各种垫层对材料的一般要求**

| 垫层名称 | 填料名称 | 质量要求 |
|---|---|---|
| 砂垫层 | 砂料 | 砂石垫层材料，宜采用级配良好，质地坚硬的中砂、粗砂、砂砾、圆砂、卵石、碎石等材料，其颗粒的不均匀系数$\frac{d_{60}}{d_{10}} \geqslant 5$，最好$\frac{d_{60}}{d_{10}} \geqslant 10$，不含植物残体、垃圾等杂物，且杂物含量不超过5%。若用做排水固结的垫层，其含泥量不应超过3%。若用粉细砂作为换填材料时，不容易压实，而且强度也不高，使用时应掺入25%～30%的碎石或卵石，使其分布均匀，最大粒径不得超过5 cm。碾压或夯、振功能较大时，最大粒径不得超过8 cm，对于湿陷性黄土地基的垫层，不得选用砂石等渗水材料作为换填材料 |
| 碎石垫层 | 碎、卵石料 | |
| 素土垫层 | 土料 | 素土垫层中的土料应采用基坑（槽）开挖出的土，并应过筛，粒径≤15 mm，土中有机质含量不得超过5%，不得含有冻土、膨胀土，当含有碎石时，其粒径不宜大于50 mm，用于处理湿陷性黄土的素土垫层中的土料不得含有砖、瓦、石块等渗水材料 |
| 灰土垫层 | 土料 | 除符合上述素土垫层的土料的质量要求外，土的塑性指数$I_p > 4$，一般石灰与土配合的体积比为3∶7～2∶8 |
| | 石灰 | 灰土垫层中的灰料宜用新鲜的消石灰，应予以过筛，其粒径不得大于5 mm，熟石灰不得含有未熟化的生灰块和过多的水分，一般常用的熟石灰粉末，其质量应符合国家Ⅲ级以上标准，活性CaO + MgO含量不得低于50%，要拌制强度较高的灰土，应选用Ⅰ级和Ⅱ级石灰。当活性氧化物含量不高时，应相应增加石灰的用量，石灰贮存时间不得超过3个月，长期贮存会降低其活性。灰土还可以用达到国家三等石灰标准的生灰，其粒径不得大于5 mm，生石灰消解3～4 d，筛除生石灰块后使用 |
| 粉煤灰垫层 | 粉煤灰 | 粉煤灰可采用湿排灰，调湿灰和干排灰，不得有植物、垃圾和有机质等杂物，运输时粉煤灰含量不宜过多或过少，过多运输过程会造成滴水，过少会造成扬尘，污染环境，洒水的水质不应含油质，pH在6～9之间 |
| 矿渣垫层 | 矿渣料 | 矿渣垫层大面积填铺时，多采用高炉混合矿渣（经破碎但不经筛分的分级矿渣），粒径最大不超过200 mm。小面积垫层用粒径20～60 mm分级矿渣，最大粒径不得超过碾压分层虚铺厚度2/3，用于垫层的矿渣应预先进行化学分析鉴定 |

**表 2-7　各种垫层的承载力**

| 施工方法 | 换填材料类别 | 压实系数 $\lambda_c$ | 承载力标准值（kPa） |
|---|---|---|---|
| 碾压或振密 | 碎石、卵石 | 0.94～0.97 | 200～300 |
| | 砂夹石（其中碎石、卵石占全重的30%～50%） | | 200～250 |
| | 土夹石（其中碎石、卵石占全重的30%～50%） | | 150～200 |
| | 中砂、粗砂、砂砾 | | 150～200 |
| | 黏性土和粉土（$8 < I_p < 14$） | | 130～180 |
| | 灰土 | 0.93～0.95 | 200～250 |
| 重锤夯实 | 土或灰土 | 0.93～0.95 | 150～200 |

**注：**1. 压实系数小的垫层，承载力标准值取低值，反之取高值。

2. 重锤夯实土的承载力标准值取低值，灰土取高值。

3. 压实系数$\lambda_c$为土的控制干密度$\gamma_d$与最大干密度$\gamma_{d\max}$的比值，土的最大干密度采用击实试验确定，碎石或卵石的最大干密度一般可取20～22 kN/m$^3$。

当采用按压实系数确定垫层的承载力时，根据地区经验，当粗砂垫层的干密度达到16～17 kN/m³ 时，砂垫层本身的承载力可达到200～300 kPa。但是，当砂垫层下伏有软弱卧层时，压实条件较差，砂垫层本身的承载力标准值不大于200 kPa。当下卧层软弱土承载力标准值为60～80 kPa、压缩模量为3 MPa左右，而换土厚度又为基础宽度的0.5～1.0倍时，砂垫层的地基承载力标准值为100～200 kPa。

当建筑物地基土为软弱土或湿陷性土、膨胀土、冻土等不能满足上部结构对地基强度和变形的要求、而软弱土层的厚度又不很大时（不大于3 m），常采用垫层法处理，可得到较好的处理效果，与其他地基处理方法相比，用垫层法处理能取得良好的经济效益。

换填法适用于处理淤泥、淤泥质土、湿陷性土、膨胀土、冻胀土、素填土、杂填土地基及暗沟、暗塘的浅层处理。

换填法具有取材容易，施工简便，无需特殊设备，施工进度快，费用低等优点，因此获得广泛应用。近年来，它已不只限于中、小型工程的地基处理，一些大型建（构）筑物，如高层建筑、大型博物馆、发电机厂房等地基加固处理，亦有应用先例。垫层厚度已达3 m以上，开挖深度超过10 m。垫层的适用范围如表2-8所示。

表2-8　垫层的适用范围

| 垫层种类 | 适用范围 |
| --- | --- |
| 砂（砂砾、碎石）垫层 | 多用于中小型建筑工程的滨、塘、沟等的局部处理。适用于一般饱和、非饱和的软弱土和水下黄土地基处理。不适用于湿陷性黄土地基，也不适宜大面积堆载。密集基础和振动力基础的软土地基处理，可有条件地用于膨胀土地基，砂垫层不宜用于有地下水且流速快、流量大的地基处理。不宜采用粉细砂作垫层 |
| 素土垫层 | 适用于中、小型工程及大面积回填，湿陷性黄土地基的处理 |
| 灰土或二灰土垫层 | 适用于中小型工程，尤其适用于湿陷性黄土地基的处理，也可用于膨胀土地基的处理 |
| 粉煤灰垫层 | 用于厂房、机场、港区陆域和堆场等大、中、小型工程的大面积填筑，粉煤灰垫层在地下水位以下时，其强度降低幅度在30%左右 |
| 干渣垫层 | 用于中小型建筑工程，尤其适用于地坪、堆物等工程大面积的地基处理和场地平整，铁路、道路地基等，但对于受酸性和碱性废水影响的地基不得用干渣作垫层 |

## 二、排水固结法

我国沿海地区、内陆湖泊和河流谷地分布着大量软弱黏性土。这种土的特点是含水率大、压缩性高、强度低、透水性差、很多情况下埋藏较深。在软土地基上直接建造建筑物或进行填土时，地基将由于固结和剪切变形会产生很大的沉降和差异沉降，而且沉降的延续时间长，因此有可能影响建筑物的正常使用。另外，由于其强度低，地基承载力和稳定性往往不能满足工程要求而产生地基土破坏。所以，这类软土地基通常需要采取加固处理,排水固结法就是处理软黏土地基的有效方法之一。

排水固结法的原理:软黏土地基在荷载作用下,土体孔隙中的毛细水和弱结合水缓慢排出,孔隙体积不断减小,地基发生固结变形,同时随着超静孔隙水压力的逐渐消散,土的有效应力增大,地基强度逐渐增长,增加地基土的抗剪强度,从而提高地基的承载力和稳定性。

排水固结法是由排水系统和加压系统两部分共同组合而成的。

加压系统,是为地基提供必要的固压力而设置的,它使地基土层因附加压力而排水固结。设置排水系统则是为了改善地基原有的天然排水系统的边界条件,增加孔隙水排出路径,缩短排水距离,从而加速地基土的排水固结进程。如果没有加压系统,排水固结就没有动力,即不能形成超静水压力,即使有良好的排水系统,孔隙水仍然难以排出,也就谈不上土层的固结。反之,若没有排水系统,土层排水途径少,排水距离长,即使有加压系统,孔隙水排出速度仍然很缓慢,预压期间难以完成设计要求的固结沉降量,地基强度也就难以及时提高,进一步的加载也就无法顺利进行。因此,加压和排水系统是相互配合、相互影响的。当软土层较薄,或土的渗透性较好而施工期允许较长时,可仅在地面铺设一定厚度的砂垫层,然后加载,土层中水沿竖向流入砂垫层而排出。当工程遇到透水性很差的深厚软土层时,可在地基中设置砂井等竖向排水体,地面连以排水砂垫层,构成排水系统。

根据加压和排水两个系统的不同,派生出多种固结加固地基的方法,一般可分为堆载预压法、砂井(包括袋装砂井、塑料排水带等)堆载预压法、真空预压法、降低地下水位法和电渗法。

排水固结法是从简单的堆载预压这一传统处理方法发展起来的。由于细粒黏性土透水性差,土层厚时,排水固结需耗费很长时间。20 世纪 30 年代初,美国发明了砂井堆载预压法,从而大大加快了黏性土排水固结速度。该法在全世界得到广泛应用。20 世纪 40 年代初,瑞典的齐鲁曼等人发明了纸板排水法。这种方法可用于在极软弱地基中设置竖向排水体。不仅排水体质量稳定,而且施工速度快、费用低。弥补了砂井排水的一些不足。1952 年,瑞典皇家地质学院的研究人员提出了真空预压法加固软弱地基技术。该法无需堆载,利用大气压力和空隙中负压加速排水固结,有一定的优越性。20 世纪 60 年代末,日本的研究者改进了普通砂井,开发出质量更容易保证、直径大大缩小,施工更加方便、快捷的袋装砂井排水。20 世纪 70 年代初期,日本开发出渗透性良好、便于施工、质量更加稳定的塑料排水带,进一步完善和提高了竖向排水体施工技术。由此,可以清楚地看出,排水固结的各种方法都是在改进加压和排水两个系统的基础上发展起来的。

排水固结法可和其他地基处理方法结合起来使用,作为综合处理地基的手段。如天津新港曾进行了真空预压(使地基土强度提高)和设置碎石桩使之形成复合地基的试验,取得良好效果。又如美国跨越金山湾南端的 Dumbarton 桥东侧引道路堤场地,路堤下淤泥的抗剪强度小于 5 kPa,其固结时间将需要 30 ~ 40 年,为了支撑路堤和加速所预计的 2 m 沉降量,采用如下方案:①采用土工聚合物以分散路堤荷载和减小不均匀沉降;②使用轻质填料以减轻荷载;③采用竖向排水体使固结时间缩短到一年以内;④设置土工聚合物滤网以防排水层发生污染等。

排水固结法处理地基,适合于淤泥质土、淤泥和冲填土等饱和黏性土地基。

目前在地基处理工程中广泛采用、行之有效的方法是堆载预压法,特别是砂井堆载预压法,对沉降要求严格的建筑物、冷藏仓库、机场跑道等,常用该法。待预压期间的沉降达到设计要求后,移去预压荷载再开始建筑施工。对于以加速地基土排水固结、缩短工期为目的的工程,如土坝、路堤、海港码头等填方工程,则不需要另外的预压材料,直接利用填方本身的重量分级加载压密,工程费用低。对于油罐地基,则可利用油罐冲水预压这一特殊方法分级加载处理。

值得指出的是,排水固结法还可以与其他类地基处理方法联合使用,不同的排水固结方法亦可联合使用。如天津新港曾使用真空预压提高地基强度,然后再设置碎石桩形成复合地基。

## 三、水泥土搅拌桩法

水泥土搅拌桩是一种用于加固饱和软黏土地基的常用软基处理技术,它将水泥、石灰作为固化剂(浆液或粉体)与软土在地基深处强制搅拌,由固化剂和软土产生一系列物理化学反应,使软土硬化形成具有整体性、水稳定性和一定强度的水泥加固体,从而提高地基土承载力和变形模量。

水泥土搅拌桩从施工工艺上可分为湿法和干法两种。

(1)湿法。湿法常称为浆喷搅拌法,是指将一定配比的水泥浆注入土中搅拌成桩,国内于 1977 年由冶金部建筑研究总院和交通部水运规划设计院研制,1978 年生产出第一台深层搅拌机,并于 1980 年在上海宝山钢铁总厂软基加固中获得成功。该工艺利用水泥浆作固化剂,通过特制的深层搅拌机械,在加固深度内就地将软土和水泥浆充分拌和,使软土硬结成具有整体性、水稳定性和足够强度的水泥土的一种地基处理方法。

(2)干法。干法常称为粉喷搅拌法,于 1974 年日本研制出另一类粉体搅拌桩即 DJM (Dry Jet Mixing)法,自 1983 年铁道部第四勘察设计院将该技术首先成功地应用于铁路涵洞软土地基加固以来,经过多年的试验、研究和工程实践,国内粉喷搅拌法已在港口、石油化工、市政和工业与民用建筑工程中得到大量应用,并取得了良好的技术经济效果。该工艺利用压缩空气通过固化材料供给机的特殊装置,携带着粉体固化材料,经过高压软管和搅拌轴输送到搅拌叶片的喷嘴喷出,借助搅拌叶片旋转,在叶片的背面产生空隙,安装在叶片背面的喷嘴将压缩空气连同粉体固化材料一起喷出,喷出的混合气体在空隙中压力急剧降低,促使固化材料就地黏附在旋转产生空隙的土中,旋转到半周,另一搅拌叶片把土与粉体固化材料搅拌混合在一起,与此同时,这只叶片背后的喷嘴将混合气体喷出,这样周而复始地搅拌、喷射、提升,与固化材料分离后的空气传递到搅拌轴的周围,上升到地面释放。

粉体喷射搅拌法(DJM 工法)是深层搅拌加固技术的一种。1967 年,瑞典 BPA 公司的 Kjeld Paus 先生提出了一种采用生石灰粉与原位软黏土搅拌形成石灰桩的软土加固法,即"石灰桩法"(Lime Columns Method),它标志着粉体喷射搅拌技术的问世。1971 年,瑞典的 Linden - Alimat 公司根据 Kjeld Paus 的研究成果,在现场用生石灰和软土搅拌制作了石灰桩,进行了第一次现场试验,1974 年正式取得专利并进入工程实用阶段,开创了粉喷技术的新时代。

日本在1967年由运输部港湾技术研究所开始研究石灰搅拌施工机械,1974年开始在软土地基加固工程中应用,且在施工技术上超越瑞典。研制了两种施工机械,形成两种施工方法,一类是使用颗粒状生石灰的深层石灰搅拌法,即DLM法(Deep Lime Mixing工法);另一类是喷射搅拌的粉体,且不限于石灰粉末,可使用水泥粉之类干燥的加固材料,称之为粉体喷射搅拌法,即DJM(Dry Jet Miximg工法)法。

由于使用的固化剂为干燥雾状粉体,不再向地基土中注入附加水分,它能充分吸收软土中的水,对含水率高的软土加固效果尤为显著,较其他加固方法输入的固化剂要少得多,不会出现地表隆起现象。同时,水泥粉等粉体加固料是通过专用设备,用压缩空气将粉体喷入地基土中,再通过机械的强制性搅拌将其与软土充分混合,使软土硬结,形成具有整体性较强、水稳性较好、有一定强度的桩体,起到加固地基的作用。这种地基处理方法在施工过程中无振动、无污染,对周围环境无不良影响,近二十年来,在国外得到了广泛应用。1983年,铁道部第四勘察设计院引进这项技术,进行了设备研制和生产实践,1984年在广东省云浮硫铁矿铁路专用线上的软土地基加固工程中率先使用,后来相继在武昌、连云港等用于下水道沟槽挡土墙和铁路涵洞软基加固,均获得良好效果。

实践证明,喷粉桩是一种具有很大推广价值的软土地基加固技术,这一技术已广泛应用于铁路、市政工程、工业民用建筑等的地基础处理中。然而由于喷粉桩复合地基施工质量不易控制,近年来出现事故较多,上海、天津等地相继暂停该项技术在工民建地基处理中的应用,但作为工程施工维护结构(如防水帷幕等)使用仍取得良好的效果。粉体喷射搅拌法加固软弱土层中,其设计理论、施工控制技术一直存在争论,在使用时需加强过程控制。

干法和湿法相比较,具有如下特点:

(1)使用干燥状态的固化材料可以吸收软土地基中的水分,对加固含水率高的软土、极软土以及泥炭化土地基效果更为显著。

(2)固化材料全面地被喷射到靠搅拌叶片旋转过程中产生的空隙中,同时又靠土的水分把它黏附到空隙内部,随着搅拌叶片的搅拌,固化剂均匀地分布在土中,不会产生不均匀散乱现象,有利于提高地基土的加固强度。

(3)与浆喷深层搅拌或高压旋喷相比,输入地基土中的固化材料要少得多,无浆液排出,地面无拱起现象。同时,固化材料是干燥状态的0.5 mm以下的粉状体,如水泥、生石灰、消石灰等,材料来源广泛,并可使用两种以上的混合材料。因此,对地基土加固适应性强,不同的土质要求都可以找出与之相适应的固化材料,其适应的工程对象较广。

(4)固化材料从施工现场的供给机的贮仓一直到喷入地基土中,成为连贯的密闭系统,中途不会发生粉尘外溢、污染环境的现象。

(5)湿法水泥配比较直观,材料的量化较容易,有利于质量控制。

水泥土搅拌桩适用于处理正常固结的淤泥与淤泥质土、粉土、饱和黄土、素填土、黏性土以及无流动地下水的饱和松散砂土等地基。当地基土的天然含水率小于30%(黄土含水率小于25%)大于70%或地下水的pH值小于4时不宜采用干法。冬季施工,应注意负温对处理效果的影响。

## 四、高压喷射注浆法

高压喷射注浆法是20世纪60年代后期创始于日本，它是利用钻机把带有喷嘴的注浆管钻进至土层的预定位置后，以高压设备使浆液或水成为20 MPa左右的高压流从喷嘴中喷射出来，冲击破坏土体，同时钻杆以一定速度渐渐向上提升，将浆液与土粒强制搅拌混合，浆液凝固后，在土中形成一个固结体。固结体的形状和喷射流移动方向有关。一般分为旋转喷射（简称旋喷）、定向喷射（简称定喷）和摆动喷射（简称摆喷）三种形式。

旋喷法施工时，喷嘴一面喷射一面旋转并提升，固结体呈圆柱状。主要用于加固地基，提高地基土的抗剪强度，改善土的变形性质；也可组成闭合的帷幕，用于截阻地下水流和治理流砂。旋喷法施工后，在地基中形成的圆柱体称为旋喷桩。

定喷法施工时，喷嘴一面喷射一面提升，喷射的方向固定不变，固结体形如板状或壁状。

摆喷法施工时，喷嘴一面喷射一面提升，喷射的方向呈较小角度来回摇动，固结体形如较厚的墙板状。

定喷及摆喷两种方法通常用于基坑防渗、改善地基土的水流性质和稳定边坡等工程。

### （一）高压喷射注浆法的工艺类型

当前高压喷射注浆法的基本工艺类型有：单管法、二重管法、三重管法和多重管法等四种方法。

### （二）高压喷射注浆法的特征

（1）适用范围较广。由于固结体的质量明显提高，它既可用于新建工程也可用于竣工后的托换工程。

（2）施工简便。只需在土层中钻一个孔径为50 mm或300 mm的小孔，便可在土中喷射成直径为0.4～4.0 m的固结体，因而在施工时能贴近已有建筑物，成型灵活。

（3）可控制固结体形状。在施工中可调整旋喷速度和提升速度、增减喷射压力或更换喷嘴孔径改变流量，使固结体形成工程设计所需要的形状。

（4）可垂直、倾斜和水平喷射。通常在地面上进行垂直喷射注浆，但在隧道、矿山井巷工程、地下铁道等建设中，亦可采用倾斜和水平喷射注浆。

（5）耐久性较好。

（6）料源广阔。浆液以水泥为主体。在地下水流速快或含有腐蚀性元素、土的含水率大或固结体强度要求高的情况下，则可在水泥中掺入适量的外加剂，以达到速凝、高强、抗冻、耐蚀和浆液不沉淀等效果。

（7）设备简单。高压喷射注浆全套设备结构紧凑、体积小、机动性强、占地少、能在狭窄和低矮的空间施工。

### （三）高压喷射注浆法的适用范围

高压喷射注浆法主要适用于处理淤泥、淤泥质土、黏性土、粉土、黄土、砂土、人工填土和碎石土等地基。当土中含有较多的大粒径块石，坚硬黏性土、大量植物根茎或有过多的有机质时，应根据现场试验结果确定其适用程度。主要用于：

（1）增加地基强度。提高地基承载力，整治已有建筑物沉降和不均匀沉降的托换工程;减少建筑物沉降,加固持力层或软弱下卧层;加强盾构法和顶管法的后座,形成反力后座基础。

(2)挡土围堰及地下工程建设。保护邻近建(构)筑物;保护地下工程建设;防止基坑底部隆起。

(3)增大土的摩擦力和黏聚力。防止小型坍方滑坡,锚固基础。

(4)减少振动、防止液化。减少设备基础振动,防止砂土地基液化。

(5)降低土的含水率。整治路基翻浆冒泥,防止地基冻隆。

(6)防渗帷幕。河堤水池的防漏及坝基防渗,帷幕井筒,防止盾构和地下管道漏水漏气,地下连续墙补缺,防止涌砂冒水。

对于地下水流速度过大,浆液无法在注浆管周围凝固的情况,对无填充物的岩溶地段,永冻土以及对水泥有严重腐蚀的地基,均不宜采用高压喷射注浆法。

## 五、挤密桩法

振密、挤密是采用振动或挤密的方法,使未饱和土密实、地基土体孔隙比减小、强度提高,来达到提高地基承载力和减小沉降的目的。它主要包括表层原位压实法、强夯法、振冲密实法、挤密砂桩法、爆破挤密法、土桩和灰土桩法、柱锤冲孔成桩法、夯实水泥土桩法以及近年发展的一些孔内夯扩桩法等。

### (一)碎石(砂)桩挤密法

碎石桩法和砂桩合称为粗颗粒土桩,是指用振动、冲击或水冲等方式在软弱地基中成孔后,再将碎石或砂挤压入土孔中,形成大直径的碎石或砂所构成的密实桩体。

随着时间的推移,各种不同的施工工艺相继产生,如沉管、锤击、振挤、干振、振动气冲、袋装碎石、强夯置换法等。它们虽施工不同于振冲法,但同样可形成密实的碎石桩或砂桩。目前在国内外广泛应用的碎石桩、砂桩、渣土桩等复合地基都是散体桩复合地基。碎石桩按制桩工艺可分为振冲(湿)碎石和干法碎石桩。采用振动加水冲的制桩工艺制成的碎石桩称为振冲碎石桩或湿法碎石桩。采用无水冲工艺(如干振、振挤、锤击等)制成的桩为砂石桩。

振动水冲法是1937年由德国凯勒公司设计制造出的具有现代振冲器雏形的机具,用来挤密砂石地基获得成功。20世纪60年代初,振冲法开始用来加固黏性土地基,由于用料是碎石,故称为碎石桩。

我国应用振冲法始于1977年,30多年来,在坝基、道路、桥梁、工业与民用建筑地基处理中,振冲法均已得到了广泛的应用。但因振冲碎石桩有泥水污染环境,在城市和已有建筑物地段的应用受到限制,且有软化土的作用。于是从20世纪80年代开始,其他各种不同的施工工艺相继产生,如锤击法、振挤法、干振法、沉管法、振动气冲法、袋装碎石法、强夯碎石桩置换法等。虽然这些方法的施工不同于振动水冲法,但是都可以形成密实的碎石桩,所以碎石桩的内涵扩大了。从制桩工艺和桩体材料方面也进行了改进,如在碎石桩中添加适量的水泥和粉煤灰,称为水泥粉煤灰碎石桩,即CFG桩。各种干法碎石桩施工技术蓬勃发展,与湿法碎石桩并存,是碎石桩技术发展的特色之一。

砂桩在19世纪30年代起源于欧洲,但是,因当时缺少实用的设计计算方法,先进的施工工艺和施工设备,砂桩的应用和发展受到很大的限制,直到20世纪50年代,砂桩在国内外才得以迅速发展,施工工艺才逐步走向完善和成熟。在20世纪50年代末,日本成功研制了振动式和冲击式的砂桩施工工艺,并采用了自动记录装置,大大提高了施工质量和施工效率,处理深度也有较大幅度的增加,由原来的6 m增加到30余m。

砂桩技术自20世纪50年代引进我国后,在工业及民用建筑、交通、水利等工程建设中均得到应用,有成功的经验,但也有达不到预期处理效果的情况,尤其是在软弱黏性土中成桩还缺乏经验,仍按砂土中的砂桩挤密原理进行设计,这显然是不妥当的,也是达不到预期效果的根本原因。近20年来,国内利用砂桩处理松散砂土、防止砂土液化方面取得了许多成功的经验,解决了一些工程上的问题。

振动沉管砂桩是近十余年来发展起来的一种砂桩施工新工艺。振动沉管法是在振动机的振动作用下,把套管打入规定的设计深度,套管入土后,挤密了套管周围的土,然后再投入砂子,把砂挤压于土中,振动密实、振动拔管成桩,多次循环后,就成为挤密砂桩。这种施工工艺处理效果较好,既有挤密作用又有振密作用,使桩与桩间土形成较好的复合地基,提高了承载力,防止了砂土液化、增大了软弱土地基整体稳定性。目前,砂桩材料除单纯的砂子外,还有砂石桩、灰砂桩(灰:砂=3:2),灰砂桩随着时间的增加,土中固化作用提高,桩体强度也不断增加,能起到挤密地基,提高地基承载力的作用。碎石桩和砂桩适用于处理松散地基、粉土、素填土、杂填土、黏性土地基、湿陷性黄土地基等,可用于散料堆场、路堤、码头、油罐、厂房和住宅等工业与民用建筑地基加固工程中。

1. 对松散砂土加固机理

松散砂土地基属单粒结构,是典型的散粒体,单粒结构可分为松散和密实两种极端状态。密实的单粒结构,其颗粒结构的排列已接近最稳定的排列形式,在动(静)荷载的作用下不会像松散结构一样产生较大变形,而疏松单粒结构的松散砂土地基,颗粒间孔隙大,颗粒排列不稳定,在动力和静力作用下砂粒很容易向稳定排列形式发生位移,因而会产生较大的沉降,特别在振动力作用下位移更为显著,其体积可减少20%。所以,疏松砂性土地基不经处理不宜作为建筑地基。而中密状的砂类土的性质介于松散和密实状态之间。

碎石桩和砂桩挤密法加固砂性土地基的主要目的是提高地基土承载力,减少变形和增强抗液化能力。

碎石桩和砂桩加固砂土地基抗液化机理主要有以下三方面作用。

1)挤密作用

对于挤密砂桩和碎石桩的沉管法或干振法,由于在成桩过程中桩管对周围砂层产生很大的横向挤压力,桩管体积的砂挤向桩管周围的砂层,使桩管周围的砂层孔隙比减小,密实度增大。其有效挤密范围为3~4倍桩体直径。

振动法成桩时,桩管周围土体同时受到挤密和振密作用,其有效振密范围比挤密作用更明显,可达6倍桩体直径。

对振冲挤密法,在施工过程中由于水使松散砂土处于饱和状态,砂土在强烈的高频强迫振动下产生液化并重新排列致密,且在桩孔中填入大量的粗骨料后,被强大的水平振动力挤入周围土中,这种强制挤密使砂土的相对密实度增加,孔隙率降低,干密度和内摩擦角增大，土的物理力学性能改善，使地基承载力大幅度提高，一般可提高2～5倍。由于地基密度显著增加，相对密实度也相应提高，因此抗液化的性能得到改善。

我国对地震区的广泛调查和室内试验可以证明这一点，当地震烈度为Ⅶ度、Ⅷ度、Ⅸ度时，在砂土的相对密实度分别达到55%、70%和80%以上时则不会发生液化。在国内对振冲法加固地基，以加固效果较低的桩间土中测试，其相对密实度一般可达到57%以上。如果需要更高的密实度，则只要适当缩小振冲孔的孔距即可。

无论采用哪一种施工工艺都能对松散砂土地基产生较大的挤密作用，挤密砂桩的加固效果有：

(1)砂土地基挤密到临界孔隙比(产生液化)以下，以防止砂土在地震或其他原因受振时发生液化。

(2)强度高的挤密砂桩或碎石桩，提高了地基的抗剪强度和水平抵抗力。

(3)加固后大大减少了地基的固结沉降。

(4)由于施工的挤密作用，使砂土地基变得十分均匀，地基承载力也得到大幅度提高。

2)排水减压作用

对砂土液化机理的研究证明，当饱和松散砂土受到剪切循环荷载作用时，将发生体积的收缩而趋于密实，在砂土无排水条件时体积的快速收缩将导致超静孔隙水压力来不及消散而急剧上升，当向上的超静孔隙水压力等于或大于土中上覆土的自重应力，砂土的有效应力降为零时，便形成了砂土的完全液化。而碎石桩(包括砂桩、砂石桩)加固砂土地基时，桩孔中充填的粗粒砂(碎石、卵石、砾石)等反滤性好的粗颗粒料，在地基中形成渗透性能良好的人工竖向排水减压通道，可有效地消散和防止超孔隙水压力的增高和砂土产生液化，并可加快地基的排水固结。我国北京官厅水库大坝下游坝基中细砂地基位于8级地震区，天然地基$e=0.615$，$N=12$，$D_r=53\%$，经分析8级地震时将液化，采用2m孔距振冲加固后，$e<0.5$，$N=34\sim37$，$D_r>80\%$，地基的孔隙水压力比天然地基的降低66%。美国加利福尼亚大学教授H·B·Seed和J·R·Booker等研究认为，在可液化砂基中设置$a/b=0.25$($a$为排水桩半径，$b$为孔距的一半)的砾石排水桩，则地基土的任何部分都不会产生液化。

3)砂土地基预震作用

碎石(砂)桩在成孔或成桩时，强烈的振动作用，使填入料和地基土在挤密和振密的同时，获得了强烈的预震，对增加砂土抗液化能力是极为有利的。美国H·B·Seed等(1975年)的经验表明：$D_r=54\%$，受到预震作用的砂样，其抗液化能力相当于相对密实度$D_r=80\%$的未受到预震的砂样。也就是说，在一定循环次数的作用下，当两个试样的相对密实度相同时，要造成经过预震的试样的液化，所需施加的应力要比施加于未经预震的试样的应力高46%。从而得出了砂土液化的特性，除了与土的相对密实度有关外，还与其振动应力历史有关。在振冲法施工中，振冲器以1 450次/min的振动频率、98 m/s$^2$的水平加速和90 kN的激振力喷射沉入土中，施工过程使填入料和地基土在挤密的同时获得强烈的预震，这对砂土地基的抗液化能力是极为有利的。

有资料介绍，在1964年日本新泻发生7.7级地震时，大部分砂基发生液化，震害严重，而现场调查结果表明，地基采用了振冲处理的 2 万 $m^2$ 的油罐基础和厂房基本上没有破坏，基础均匀下沉 20 ~ 30 mm，同一地点相邻的几个厂房虽然已打了深 7 m，直径为 0.3 m 的钢筋混凝土摩擦桩，并将桩端置于 $N$ 为 20 的土层上，但还是发生了明显的沉陷和倾斜，另外未处理的建筑物都遭到了严重破坏。

碎石桩和砂桩挤密法适用于粉细砂到砾粗砂，据国外资料报道，只要小于 0.074 mm 的细颗粒含量不超过 10% ~20%，均可得到显著的挤密效果，超过这个细颗粒含量界限，振动挤密不再适用。

在某些情况下，经过振动挤密后，贯入阻力会变得很高，如按常用的相关关系计算，相对密实度可大于 100%。实际上，在大多数的情况下这一结果是因振动过程中侧向压力增加所致，对砂基已产生了明显的预震作用，抗液化能力大大提高。

*2. 在软弱黏土中的加固机理*

碎石(砂)桩在软弱黏性土地基中，主要通过桩体的置换和排水作用加速桩间土体的排水固结，并形成复合地基，提高地基的承载力和稳定性，改善地基土的物理力学性能。

1) 置换作用

对黏性土地基，特别是软弱黏性土地基，其黏粒含量高，粒间应力大，并多为蜂窝结构，孔隙透水性大多在 $10^{-4}$ ~ $10^{-7}$ cm/s。在振动力或挤压力的作用下，土中水不易排走，会出现较大的超静孔隙水压力。与具有同密度同含水率的原状土相比。扰动土力学性能会变差。所以，碎石(砂)桩对饱和黏性土的地基的作用不是挤密加固作用，甚至桩周土体的强度会出现暂时的降低。因而，碎石(砂)桩对黏性土地基的作用之一是利用桩体本身的强度形成复合地基。荷载试验表明，碎石桩和砂桩复合地基承受外荷载时，发生压力向刚度大的桩体集中现象，使桩间土层承受的压力减小，沉降比相应减小。碎石桩和砂桩复合地基与天然的软弱黏性土地基相比，地基承载力增大率和沉降减小率与置换率成正比。据日本的经验，地基的沉降减小率为 0.7 ~ 0.9。

砂石置换法是一种换土置换，即以性能良好的砂石来替换不良的软弱黏性土。排土法是一种强制置换法，它是通过桩机械将不良地基强制排开并置换，但是，它们对桩间土的挤密作用并不明显，有时，在施工时会使饱和软黏土地基地面产生较大的隆起，有时还会造成表层硬壳土松动。

由于碎石桩和砂桩的刚度比桩周黏性土的刚度大，而地基中应力按材料变形模量进行重新分配，因此大部分荷载将由碎石桩和砂桩来承担，桩体应力和桩间黏性土应力之比称为桩土应力比，该值一般能达到 2 ~ 4。

2) 排水作用

软黏土是一种颗粒细、渗透性弱且结构性较强的土，在成桩的过程中，由于振动挤压等扰动作用，桩间土出现较大的超静孔隙水压力，从而导致原地基土的强度降低。有的工程实测资料表明，制桩后立即测试可知，桩间土含水率增加了 10%，干密度下降了 3%，十字板强度比原地基土降低了 10% ~40%，制桩结束后，一方面原地基土的结构强度逐渐恢复，另一方面，在软黏土中，所制的碎石桩或砂桩是黏性土地基中一个良好的排水通道，碎石桩或砂桩可以和砂井一样起排水作用，大大缩短了孔隙水的水平渗透途径，加速了软土排水固结，加快了地基土的沉降稳定。加固结果使有效应力增加，强度恢复并提高，甚至超过原土强度。

由于碎石桩和砂桩是一种散粒材料桩,当它承受荷载作用后会产生较大的径向位移,并引起桩周黏性土产生被动抗力,如果桩间土的强度过低,不能达到碎石或砂桩所需的径向约束力,桩体的强度就得不到充分发挥,甚至会产生鼓胀破坏,这样就难以达到理想的处理效果。为此,近年来,国外开发了一些增强桩身强度的处理方法,如袋装砂桩、水泥碎石桩等,我国还开发了水泥粉煤灰碎石桩(CFG)。

3)加筋作用

如果软弱土层厚度不大,则桩可穿透整个软弱土层达到其下的相对硬土层;此时,桩体在荷载作用下就会产生应力集中,从而使软土地基承担的应力相应减小,其结果与天然地基相比,复合地基承载能力会提高,压缩性会减小,稳定性会增加,沉降速率会加快;还可用来改善土体抗剪强度,加固后的复合桩土层还能大大改善土坡的稳定。这种加固作用就是通常所说的“加筋法”。

4)垫层作用

如果软弱土层较厚,则桩体不可能穿透整个土层,此时,加固过的复合桩土层能起到垫层作用,垫层将荷载扩散,使之扩散到下卧层顶面的应力减弱并使应力分布趋于均匀,从而提高地基的整体抵抗力,减小其沉降量。

碎石桩和砂桩无论对砂类土地基还是对黏性土地基,均有挤(振)密作用、排水减压作用、砂基预震作用、置换、排水固结、复合桩土垫层作用及加筋土作用。通过以上地基加固,可以达到提高地基承载力,减小地基沉降量、加速固结沉降、改善地基稳定性、提高砂土地基的相对密实度,增加抗液化能力等目的。

**(二)土桩及灰土挤密法**

土桩挤密法是苏联阿别列夫教授于1934年首创的,主要用于消除黄土地基的湿陷性,至今仍为俄罗斯及东欧各国湿陷性黄土地基常用的处理方法之一。我国在20世纪50年代中期开始在西北地区试用,在60年代中期成功地试验了具有中国特点的灰土桩挤密法。自1972年开始,我国黄土地区的土桩和灰土桩已成功地建成数百幢工业与民用建筑。同时,各地区又结合当地条件,在桩孔填料、施工工艺和应用范围等方面均有所发展和突破。例如:利用工业废料的粉煤灰掺石灰形成的二灰桩、矿渣掺石灰的灰渣桩及废砖渣和少量水泥等。目前,灰土桩挤密法已成功地用于50 m以上的高层建筑的地基处理,有的处理深度已超过15 m。在桩型方面发展了大孔径灰土井柱,当桩底有较好持力时,可采用人工挖孔,夯入灰土(渣),作为大直径桩或深基础承受荷载。

土桩和灰土桩挤密地基是用沉管、冲击或爆炸等方法在地基挤土,形成28~60 cm的桩孔,然后向孔内夯填素土或灰土(所谓灰土,是将不同比例的消石灰和土掺合而形成的),形成土桩或灰土桩。成孔时,桩孔部位的土被侧向推挤,从而使桩间土得到挤密。另一方面,对灰土桩而言,桩体材料石灰和土之间产生一系列物理和化学反应,凝结成一定强度的桩体。桩体和桩间挤密土共同组成的人工复合地基,属于深层加密处理的一种方法。

土桩主要适用于消除黄土地基的湿陷性,灰土桩主要适用于提高人工地基的承载力和水稳性,并消除湿陷性黄土地基的湿陷性。

土桩和灰土桩人工复合地基适合于处理地下水位以上土体,适用于深度在 5 ~ 15 m( <5 m 则不经济)、含水率在 14% ~ 23% 的湿陷性黄土地基、新近堆积黄土、素填土、杂填土及其他非饱和的黏性土、粉土等土层。当地基含水率大于 23% ~ 25%、饱和度大于 0. 65 时,桩孔可能缩颈和出现回淤问题,挤密效果差,也较难施工,因此不宜选用上述方法。适于挤密地基的含水率,以最优含水率成孔挤密效果最好,当土的含水率为平均最优含水率 $w_{op}$ ±4% 时,通常可获得较好的挤密效果,若土的含水率过低,特别是低于土的最大分子吸水量(黄土约为 14%)时,土质坚硬、挤密效果差,施工过程中沉管和拨管均较困难。遇到这种情况时,应先浸水湿润地基,使土的含水率接近最优值后再行施工。但是,如果遇到自重湿陷性等级较高的黄土场地时,还应注意浸水湿润引起的附加湿陷量对邻近建筑物的影响。

土桩和灰土桩作为湿陷性黄土地基处理的一种方法,已列入国家标准规范。国标以及从 1991 年起颁布的《建筑地基处理技术规范》(JGJ 79—91)均列入有关土桩和灰土桩的内容。除此之外,灰土桩还可用于深基坑开挖中,可减少主动土压力并增大基坑内被动土压力,用于公路、铁路路基的加固,大面积堆放场地的加固等工程中。这种地基处理方法已作为我国黄土地区建筑地基处理的主要方法之一。

灰土桩在使用中有以下特点:主要固化料为消石灰;桩体材料可多样;可就地取材;可用多种工艺施工,如沉管、冲击、爆扩、人工挖孔和人工推挤夯实;施工速度快;造价低廉;可大量使用工业废料;桩体强度可达到 0. 5 ~ 4 MPa;复合地基承载力可达到 250 kPa;桩间土经挤密后可大幅度提高承载力。除人工挖孔、人工夯实的施工工艺外,大多数工艺都存在一定的振动和噪音,因而使用上受到某些环境限制。其处理深度一般要大于 5 m、小于 15 m。

**(三)石灰桩挤密法**

石灰是一种古老的传统建筑材料,石灰的生产在我国至少有五六千年的历史,始于仰韶文化时期。产地遍布全国各地,是价廉易得的地方建筑材料。

用石灰加固软弱地基在我国至少已有 2 000 年的历史,主要用于石灰掺填处理法。直到 20 世纪中叶,不论在我国还是在国外,大多属于表层或浅层处理。例如用 3∶7 或 2∶8 的灰土夯实用做道路的路基或建筑物的墙基和垫层,或直接将生石灰投入软土中或土体浅孔中,然后夯实而成;或在孔中投入生石灰块,经吸水膨胀形成桩体,其吸水深度一般在 300 ~500 mm,形状上大下小,桩周往往形成一道坚硬的外壳,近似陶土。

我国于 1953 年开始对石灰桩进行研究,当时天津大学和天津市有关单位对生石灰的基本性质、加固机理、设计和施工等方面进行了系统的研究,限于当时条件,施工系手工操作,桩径仅 100 ~200 mm,长度仅 2. 0 m,又因发现桩体软心等问题,所以未能继续。直至 1981 年后,江苏省建筑设计院对东南沿海地区的大面积软土地基采用生石灰与粉煤灰掺合料进行加固研究,其后,浙江省建筑科学研究所和湖北省、山西省建筑科学研究所等单位,相继开展了石灰桩的试验和应用研究。粗略估计,到 20 世纪 80 年代末,以上省市已用石灰桩 30 万根以上。建筑面积超过 100 万 $m^2$,建筑类型多达 6 ~7 类,还有部分工业厂房和个别 9 ~12 层的高层建筑物。结构形式有砌体承重结构、框架结构和排架结构等。另外,石灰桩还用于油罐、烟囱等特种结构的地基加固以及基坑围护、路基加固、市政管线工程和房屋的托换工程等。此外,陕西于1986年将石灰桩与碱液灌注桩组合法用于消除黄土的湿陷性,收到良好的效果。铁道部第四勘察设计院于1984年研究开发了“深层搅拌方法”——石灰柱法,试制成功深层喷射搅拌机,成功地用于加固铁路路基和涵洞地基。据不完全统计,到目前为止,我国约有千幢建(构)筑物采用了石灰桩复合地基,建筑面积近300万$m^2$。

20世纪60年代正当我国中断石灰桩的研究工作之际,日本、美国、瑞典、前苏联、法国、联邦德国、澳大利亚等国相继开展了石灰桩处理软土地基的研究和应用。其他国家对石灰桩的研究晚于中国,但发展迅速,并有深层加固和机械化施工两大特点。石灰桩应用最广、技术最发达的是日本,于1965年开始发展起来,广泛应用于道路、铁路、地铁、填筑软地基等加固工程。1975年,随着专用施工机械(旋转套管式无振动无噪音的石灰桩专用机械)的出现,又扩大应用到城市下水管网工程的地基加固或边坡加固以及油罐、桥台地基的加固等。石灰桩径可达200~400 mm,桩长可达35 m。与石灰柱法相比较,石灰桩法具有增加灰土反应、节约用灰和加固深度大、机械化施工程度高等特点,成为国外应用最广的石灰处理地基的方法。其中,日本加固深度可达60 m,成柱直径800~1 750 mm,常用于码头、岸墙、隧道和地铁工程中。

石灰桩是指用人工或机械在土中成孔,然后灌入生石灰块(还可掺入其他活性与非活性材料),经分压后形成一根根的桩体。在生石灰块中掺入粉煤灰所形成的桩被称为“二灰桩”,掺入砂子的桩被称为“石灰砂桩”。

按用料和施工工艺将石灰桩可分为以下三大类:

(1)石灰桩法(石灰块灌入法)。石灰块灌入法是采用钢套管成孔,然后在孔中灌入新鲜生石灰块,或在生石灰块中掺入适量水硬性掺合料粉煤灰和火山灰,一般经验的配合比为8:2或7:3。在拨管的同时进行振密或捣密,利用生石灰吸收桩间土体的水分进行水化反应,此时,生石灰的吸水、膨胀、发热以及离子交换作用,使桩间土体的含水率降低、孔隙比减小、土体挤密和桩柱体硬化。桩和桩间土共同承担外荷载,形成一种复合地基。

(2)石灰柱法(粉灰搅拌法)。粉灰搅拌法是粉体喷射搅拌法的一种,所用的原材料是石灰粉。通过特制的搅拌机将石灰粉加固料与原位软土搅拌均匀,促使软土硬结,形成石灰土柱。如采用水泥粉作为加固料,叫做水泥粉喷射桩。

(3)石灰浆压力喷注法。石灰浆压力喷注法是高压喷射注浆法的一种。它是采用压力将石灰浆或石灰粉煤灰(二灰)浆喷射注于地基土的孔隙内或预先钻进桩孔内,使灰浆在地基土中扩散和硬凝,形成不透水的网状结构层,从而达到地基加固的目的。此法可适用于处理膨胀土,以减少膨胀潜势和隆起;可用于处理加固破坏的堤岸坡;还可用于整治易松动下沉的路基。此法在国内用的较少。

**(四)挤密桩法适用范围**

*1.碎石桩和砂桩挤密法*

碎石桩和砂桩适用于饱和松散粉细砂、中粗砂和砾砂、饱和黄土、杂填土、人工填土、粉土和不排水抗剪强度$C_u$不小于20 kPa的黏性土和软土,但亦有资料表明,砂桩和碎石桩也适用于$C_u$为15~20 kPa的地基土和高地下水位的情况。可用于提高松散砂土地基的承载力和防止砂土振动液化,也可用于增强软弱黏土地基的整体稳定性。

根据国内外碎石桩的砂桩的使用经验,此法可适用于下列工程:

(1)中小型工业与民用建筑物;

(2)港湾构筑物,如码头、护岸等;

(3)土工构筑物,如土石坝、路基等;

(4)材料堆放场,如矿石场、原料场等;

(5)其他如轨道、滑道、船坞等。

*2. 土桩和灰土桩挤密法*

土桩主要适用于消除湿陷性黄土地基的湿陷性,灰土桩主要适用于提高人工填土地基的承载力和水稳性,并消除湿陷性黄土地基的湿陷性。

土桩和灰土桩人工复合地基适合于处理地下水位以上、深度在 5 ~ 15 m( <5 m 则不经济)、含水率在 14% ~23% 的湿陷性黄土地基、新近堆积黄土、素填土、杂填土及其他非饱和的黏性土、粉土等土体。当地基含水率大于 23% ~25%、饱和度大于 0. 65 时,桩孔可能缩颈和出现回淤问题,挤密效果差,也较难施工,因此不宜选用此法。

灰土桩还可用于深基坑开挖中,可减少主动土压力并增大坑内被动土压力,用于公路、铁路路基的加固、大面积堆放场地的加固等工程中。这种地基处理方法已作为我国黄土地区建筑地基处理的主要方法之一。

*3. 石灰桩挤密法*

石灰桩适应于加固杂填土、素填土、淤泥、淤泥质土和黏性土地基,有地区经验时,可用于加固透水性小的粉土,不适应于加固地下水以下的砂类土。根据我国现有技术水平和加固经验,石灰桩的加固深度不宜超过 8 m。石灰桩可提高软土地基的承载力,减少沉降量,提高稳定性,适用于以下工程地基加固处理:

(1)深厚软土地基 7 层以内的建筑物、一般软土地基上 9 层以内的民用建筑物和多层工业建筑物及构筑物的地基土体加固处理;

(2)如配合箱形地基,筏式地基,在一些情况下也可用于 12 层以内的高层建筑;

(3)有工程经验时,也可用于软土地区大面积堆载场地或大跨度建筑物独立柱基下的软弱地基加固;

(4)可用于设备基础和高层建筑的深基坑开挖的支护加固;

(5)适用于公路、铁路桥台后填土、涵洞及路基软土加固;

(6)适用于危房地基加固等。

## 六、低强度混凝土桩复合地基法

凡复合地基中竖向增强体是由低强度混凝土形成的复合地基,统称为低强度混凝土桩复合地基。低强度混凝土常用水泥、石子及其他掺和料(如砂、粉煤灰、石灰等)制成,强度一般在 5 ~15 MPa 范围内。低强度混凝土桩介于碎石桩和钢筋混凝土桩之间。与碎石桩相比,低强度混凝土桩桩身具有一定的刚度,不属于散体材料桩。其桩体承载力取决于桩侧摩擦力和桩端端承力之和或桩体材料强度。当桩间土不能提供较大侧限力时,低强度混凝土桩复合地基承载力高于碎石桩复合地基。与钢筋混凝土桩相比,桩体强度和刚度比一般混凝土桩小得多。这样,有利于充分发挥桩体材料的潜力,降低地基处理费用。低强度混凝土桩常采用地方材料，因地制宜配制低强度混凝土。

如中国建筑科学院地基所开发的水泥粉煤灰碎石桩（CFG 桩）复合地基、浙江省建筑科研所等单位开发的低强度水泥砂石桩复合地基、浙江大学岩土工程所开发的二灰混凝土桩复合地基等，均属于低强度混凝土桩复合地基法。

水泥粉煤灰碎石桩（CFG 桩）是由碎石、石屑 、砂石和粉煤灰、水泥和水按一定配合比搅拌均匀，利用振动打桩机击沉直径为 300 ~ 400 mm 的桩管，在管内边填料，边振动，填满料后振动拔管，并分三次振动反插，直至拌和料表面出浆为止。亦即这种处理方法是通过在碎石桩体中添加以水泥为主的胶结材料，添加粉煤灰是为增加混合料的和易性并有低标号水泥的作用，同时还添加适量的石屑以改善级配，使桩体获得胶结强度并从散体材料桩转化为具有某些柔性桩特点的高黏结强度桩。

低强度混凝土桩复合地基法可以较充分发挥桩体材料的潜力，又可充分利用天然地基承载力，并能因地制宜，利用地方材料，因此具有较好的经济效益和社会效益。低强度混凝土桩复合地基法具有良好的发展前景。

低强度混凝土桩复合地基适用于条形基础、独立基础、也适用于筏基、箱型基础。就土体特性而言，适用于处理黏性土、粉土、砂土、人工填土和淤泥质土地基。既可用于挤密效果好的土，又可用于挤密效果差的土。如 CFG 桩用于挤密效果好的土时，承载力的提高既有挤（振），又有置换作用，当 CFG 桩用于挤密效果差的土时，承载力的提高只与置换作用有关。与其他复合地基的桩型相比，CFG 桩的置换作用更突出。

当天然地基土是具有良好挤密效果的砂土、粉土时，成桩过程的振动可使地基土被很大的推挤振密，有时承载力可提高 2 倍以上。对塑性指数高的饱和软黏土，成桩时挤密作用微乎其微，几乎等于零。承载力的提高唯一取决于桩的置换作用。由于桩间土承载力小，土桩间荷载分担比低，会严重影响加固效果。所以，对强度低的饱和软黏土，要慎重对待。最好在施工前在现场做试桩，通过试验来确定其适用性。

这种桩施工，常用振动沉管成桩，螺旋钻孔成桩，泥浆护壁钻孔灌注成桩以及长螺旋钻孔，管内泵压混合料成桩等。

各种施工方法各有其自身的优点和适应性，长螺旋钻孔灌注成桩适用地下水位以上的黏性土、粉土和填土地基。泥浆护壁钻孔灌注成桩，适用于黏性土、粉土、砂土、人工填土、碎石及砾石类土和风化岩层分布的地基。长螺旋钻孔，管内泵压混合料成桩法，适用于黏性土、粉土、砂土以及对噪音和泥浆污染要求严格的场地。振动沉管灌注成桩法，适用于黏性土、粉土、淤泥质土、人工填土及密实厚砂层的地质条件。在实际中具体到某一个工程项目，如无使用经验，最好能做试验；并根据地质条件、现场施工条件以及设计要求、当地的施工技术配备条件等综合确定。

## 七、强夯法及强夯置换法

强夯法是法国梅那（Menard）技术公司于 1969 年首创的一种地基加固方法，亦称动力固结法，迄今已被国内外广泛采用。该法一般是以 8 ~ 40 t 重锤（最重为 200 t）起吊到一定高度（一般为 8 ~ 30 m），令锤自由落下，对土体进行强力夯实，以提高其强度、降低其压缩性的一种地基加固方法。它是在重锤夯实法的基础上发展起来的，但又与重锤夯实法迥然不同的一项新技术。

此法当初仅用于加固砂土、碎石类土地基。强夯法的第一个工程用于处理滨海填土地基,该场地表层为新近填筑的厚度约为 9 m 的碎石填土,其下是 12 m 厚的疏松砂质粉土,场地上要建 20 幢 8 层住宅楼,由于碎石是新近堆积,如采用桩基,负摩擦阻力很大,将占单桩承载力的 60% ~70%,不经济。采用堆载预压法处理地基,堆载历时 3 个月,堆载高度为 5 m,只沉降 200 mm。用强夯法锤重 80 kN,落距 10 m,单击夯击能为 800 kN·m,单位夯击能 1 200 kN·m/m$^2$,仅夯击一遍,整个场地的平均沉降量为 500 mm。8 层建筑采用基底应力 300 kPa,建造的楼房竣工后,其平沉降量仅为 13 mm。

强夯法经过几十年的发展,已适用于加固从砾石到黏性土的各类地基土。在我国常用来处理碎石土、砂土、低饱和度的粉土、黏性土、杂填土、素填土、湿陷性黄土等各类地基。这主要是由于施工方法的改进和排水条件的改善。它不仅能提高地基的承载力,同时,还能改善地基抵抗振动液化的能力,消除湿陷性黄土的湿陷性。为处理软土地基,还发展了预设的袋装砂井和塑料板排水的强夯法、夯扩桩加填渣强夯法,强夯填渣挤淤法,碎石桩强夯法等。

强夯法具有设备简单、原理直观、施工速度快、不添加特殊材料、造价低、适用范围广泛,可用于加固各种填土、湿陷性黄土、碎石土、砂土、一般黏性土、软土以及工业、生活垃圾等地基,特别是非饱和土加固效果显著。对饱和土加固地基的效果好坏,关键在于排水,如饱和砂土地基、渗透性好,超孔隙水压力容易消散,夯后固结快。对于饱和的黏性土或淤泥质土,由于渗透性差,土体内的水排出困难,加固效果就比较差,必须慎重对待。目前,对这类地基用砂井排水与强夯结合使用,加固效果就比较好。强夯法可适合于房建、桥涵、道路、油罐、港口、码头、铁路地基、飞机场跑道和大型设备基础等工程。而且是加固速度快、效果好、投资省、最适当、最经济而又简便的地基加固方法之一。

强夯法加固后的地基压缩性可降低 200% ~1 000%,而强度可提高 200% ~500%(有的文献介绍,黏土可提高 100% ~300%,粉质黏土可提高 400%,砂和泥炭土可提高 200% ~400%)。

用强夯法处理垃圾土,尚可使有害气体迅速排出,有利于环境保护,为废渣利用开辟了新途径。

强夯法与以往的机械夯实、爆炸夯实等比较有以下特点:

(1)平均每一次夯击能量比普通夯实法能量大得多;

(2)以往的夯实方法,能量不大,仅使地表夯实紧密,但能量不能向深处传递,其结果仅限于表层加固,而强夯法能按照预计效果进行控制施工,可根据地基的加固要求来确定夯击点间距和夯击方式,依次按加固需要的深度进行改良,使地基深层得到加固;

(3)在施工中,必要的夯击能量可以分几遍进行夯击;

(4)地基经过强夯加固后,能消除不均匀沉降现象,这是任何天然地基所不能达到的。

强夯法最适宜的施工条件:

(1)处理深度最好不超过 15 m(特殊情况除外);

(2)对饱和软土、地表面应铺一层较厚的砂石、砂土等优质填料;

(3)地下水位离地表面 2 ~ 3 m 为宜,也可采用降水强夯;

(4)施工现场离即有建筑物有足够的安全距离(一般大于 10 m),否则不宜施工;

(5)夯击对象最好为粗颗粒组成的土。

在遇到低洼地填土区高饱和度的黏性填土和沿海地带在海积淤泥层上用开山的山石料填海造地的情况,显然,普通的强夯处理方法已不实用。应用强夯置换的原理,在夯坑中回填砂石或炉渣等材料,夯后形成一个砂石墩,用做建筑物的持力基墩。碎石墩与墩间土形成复合地基以提高地基承载力,减小沉降。强夯置换法适用范围广泛。

通过在多种工程中的实践证明,夯实后的土体力学性能得到了很好的改善,这也是采用强夯法加固地基的主要功效。尽管强夯法和强夯置换法已得到普遍推广与应用,但对其机理仍在研究之中。

根据多项工程的分析,强夯法与其他加固方法相比较,在经济上具有较大的优越性,见表 2-9。

**表 2-9　常用软土地基加固方法经济比较**

| 加固方法 | 强夯法 | 砂井预压 | 挤密砂桩 | 钢筋混凝土桩 | 化学拌和 |
|---|---|---|---|---|---|
| 造价比 | 0.3 | 1.0 | 2.0 | 4.0 | 4.0 |

强夯法加固设计的主要参数有:单点夯击能(锤击乘以落距)、最佳夯击能、夯击遍数、相邻两次夯击遍数的间歇时间、加固深度及范围、夯点布置(间距)等。

下面分别加以介绍:

(1)单点夯击能。有效加固深度既是选择地基处理方法的重要依据,又是反映处理效果的重要参数,有效加固深度按下式进行计算

$$H = \alpha\sqrt{\frac{Mh}{10}} \tag{2-1}$$

式中　$H$——有效加固深度,m;

$M$——锤重,kN;

$H$——落距,m;

$\alpha$——小于 1 的修正系数,其变动范围为 0.35 ~ 0.7,一般对黏土取 0.5,对砂性土取 0.7,对黄土取 0.35 ~ 0.5。

实际上影响有效加固深度的因素很多,除了锤重和落距外,还有地基土的性质,不同土层的厚度和埋藏顺序,地下水位以及其他强夯的设计参数等都与有效加固深度有着密切的关系。因此,强夯的有效加固深度应根据现场试夯或当地经验确定。在缺少经验和试验资料时,可按表 2-10 预估。

(2)最佳夯击能。从理论上讲,能使地基中出现的孔隙水压力达到土的自重压力的夯击能称为最佳夯击能。

(3)夯击遍数。夯击遍数一般为 1 ~ 8 遍,粗颗粒土夯击遍数可少些,而细颗粒土夯击遍数则要求多些。

表 2-10　强夯有效加固深度　（单位:m）

| 单击夯击能(kN·m) | 碎石土、砂土等 | 粉土、黏性土、湿陷性黄土 |
| --- | --- | --- |
| 1 000 | 5.0~6.0 | 4.0~5.0 |
| 2 000 | 6.0~7.0 | 5.0~6.0 |
| 3 000 | 7.0~8.0 | 6.0~7.0 |
| 4 000 | 8.0~9.0 | 7.0~8.0 |
| 5 000 | 9.0~9.5 | 8.0~8.5 |
| 6 000 | 9.5~10.0 | 8.5~9.5 |

注:强夯的有效加固深度应从起夯面算起。

(4)相邻两次夯击遍数的间歇时间。所谓间歇时间,是指相邻两次夯击遍数的间歇时间。Menard 指出,一旦孔隙水消散,即可进行新的夯击作业。根据土体颗粒组成等特性,Menard 建议间歇时间为 1~6 周。对于砂性土,孔隙水压力的峰值出现在夯完的瞬间,消散时间只有 3~4 min,因此对于渗透系数较大的砂性土,其间歇时间很短,即可连续施工作业。

(5)加固范围。加固范围比加固地基的长($L$)宽($B$)各大出加固幅度 $H$,即分别为($L+H$)和($B+H$)。加固宽度应根据建筑物的种类和重要性等因素综合分析确定。

(6)夯点布置。可参照同类土的经验布设夯点。

强夯挤密法常用来加固碎石土、砂土、低饱和度的黏性土、素填土、杂填土、湿陷性黄土等地基。对于饱和度较高的黏性土等地基,如有工程经验或试验证明采用强夯法有加固效果的也可采用。通常认为强夯挤密法只适用于塑性指数 $I_P \leqslant 10$ 的土。对于设置有竖向排水系统的软黏土地基,是否适用强夯法处理目前有不同看法。对于淤泥与淤泥质土地基不能采用强夯法挤密加固。

强夯置换法在地基中设置碎石墩,并对地基土进行挤密。碎石墩与墩间土形成复合地基以提高地基承载力,减小沉降。所以,强夯置换法适用范围较广。

# 第三章　平原区水利工程地质环境

## 第一节　场地工程地质

### 一、场地土划分

大量震害资料表明，建筑地基震害与场地土的性状和覆盖层的厚度有直接关系，美国地球物理学家 Wood 根据对 1906 年旧金山大地震的震害和地基土的动力分析首先给出了地基土性状与地震烈度及其震害的关系（见表 3-1）。美国学者 Seed 教授根据场地土性状和覆盖层厚度，将建筑场地划分为 4 类，即基岩、坚硬土、深厚无黏性土和软土。日本以金井清为代表的地震学家，研究了场地土条件对地震烈度的影响，结论是场地土条件是引起地面震害的主要因素。

表 3-1　地基土性状与地震烈度及其震害关系（1906 年旧金山地震）

| 地基土性状 | 地震烈度 | 震害 |
|---|---|---|
| 坚硬岩土 | Ⅵ | 个别屋顶上烟囱倒塌 |
| 砂土，岩石上有薄夹层 | Ⅶ | 墙裂，屋架、烟囱倒塌 |
| 砂和冲积层 | Ⅷ | 砖墙破坏严重，个别倒塌 |
| 人工填土 | Ⅸ | 地面变形、裂缝，房屋破坏严重 |

地震时土层的性状很复杂，大体可分为造成破坏和不造成破坏两种情况，由于土层是弹塑性体，当土层应变在 $10^{-6} \sim 10^{-5}$ 量级时，呈弹性性质，应变在 $10^{-4} \sim 10^{-2}$ 量级时，呈弹塑性，而大多数强地震产生的地基应变均大于 $10^{-5}$ 量级。

除土层性状外，覆盖层厚度也是影响震害的一个重要因素。我国 1976 年唐山大地震时，陶瓷厂位于唐山市极震区，地震烈度为Ⅹ度，该厂邻近建筑物几乎全部破坏，而唯独陶瓷厂的一栋 2 层办公楼和 2 层框架结构及混凝土排架结构的厂房仅产生轻微破坏。经调查，该场址位于基岩上或覆盖层很薄的红黏土层上，而邻近建筑物位于覆盖层很厚的黏土层上。目前各国抗震设计规范中，关于建筑场地类别的划分均以自然地面下场地土的性状（剪切波速度或场地土强度）和覆盖层厚度作为主要依据。

《建筑抗震设计规范》（GB 50011—2001）中对建筑场地类别划分如表 3-2 所示。由表 3-2 不难看出，我国目前规范场地土类别划分的主要依据是土层的剪切波速度或其强度。大量岩土工程勘察资料表明，在城市区域内，近地表人工堆积层或被扰动地层范围分布很广，厚度最大达数米，其强度和剪切波速度低，严重影响了 20 m 以上场地土层等效剪切波速度值。尤其对处于中硬和中软场地土临界状态的场地，将直接影响场地土类别的划分。然而对于一般高层建筑物，该层土往往被挖除，而不作为基础持力层。在考虑该层土是否参加场地土层等效剪切波速度值计算的问题上，目前还存在分歧，本文后面将详细讨论。

表 3-2　建筑场地类别划分

| 分类 | 分类名称 | 剪切波速（m/s） | 地基土强度（kPa） | 场地覆盖层厚度（m） | | | |
|---|---|---|---|---|---|---|---|
| | | | | Ⅰ | Ⅱ | Ⅲ | Ⅳ |
| 坚硬土或岩石 | 稳定岩石，密实碎石土 | $V_{se}>500$ | | 0 | ≥5 | | |
| 中硬土 | 坚硬黄土、粉土 | $500\geqslant V_{se}>250$ | $f_{ka}>200$ | <5 | ≥5 | | |
| 中软土 | 黏性土、粉土 | $250\geqslant V_{se}>140$ | $200\geqslant f_{ka}>130$ | <3 | 3～50 | >50 | |
| 软弱土 | 填土、流塑状土 | $V_{se}\leqslant 140$ | $f_{ka}\leqslant 130$ | <3 | 3～15 | 15～80 | >80 |

## 二、建筑场地类别划分应考虑的因素

### （一）基础埋深

建筑地基基础是指建筑物基础位于 ±0.00 m 以下的地基持力层顶面的深度。建筑物基础通常分为浅基础和深基础，浅基础是指建筑物基础位于地面下 0.8～2.0 m 范围内的基础持力层上；深基础是指建筑物基础位于 2.0 m 以下数米深处的基础持力层上。建筑场地类别划分主要依据自然地面下 20 m 范围内土层的性状和覆盖层的厚度，而不考虑建筑物的实际基础埋深；如果考虑基础埋深，即基础下 20 m 范围内土层的性状，往往建筑场地类别可以提高。这两种不同方法得到的建筑场地类别划分结果往往也不同。然而在实际工作中，关于场地类别划分是否考虑基础埋深的问题一直困扰着岩土工程师。

对某工程进行的 2 个深钻孔的剪切波速测试，其结果如表 3-3、表 3-4 所示，自然地面

表 3-3　某工程 1#钻孔剪切波速测试结果

| 地层名称 | 层底深度（m） | 剪切波速（m/s） | 地层名称 | 层底深度（m） | 剪切波速（m/s） |
|---|---|---|---|---|---|
| 杂填土 | 1.7 | 121 | 粉质黏土 | 38.3 | 297 |
| 粉质黏土 | 6.15 | 176 | 砂质粉土 | 40.4 | 318 |
| 黏质粉土 | 9.3 | 226 | 卵石 | 44.6 | 436 |
| 粉、细砂 | 11.3 | 294 | 粉质黏土 | 47.0 | 311 |
| 中砂（砾石） | 16.1 | 313 | 黏质粉土 | 48.0 | 316 |
| 圆砾 | 18.9 | 346 | 粉质黏土 | 51.5 | 337 |
| 砂质粉土 | 25.1 | 286 | 粉、中砂 | 55.7 | 373 |
| 中、粗砂 | 28.7 | 303 | 砂质粉土 | 57.0 | 324 |
| 圆砾（卵石） | 32.6 | 368 | 粉质黏土 | 64.2 | 348 |

注：1#钻孔处，自然地面以下 20.0 m 深度内地层等效剪切波速度为 $V_{se}=229.0$ m/s；基础埋深 5.0 m 时，自基础底面向下 20.0 m 深度内地层等效剪切波速度为 $V_{se}=277.6$ m/s。

下0～20 m深度范围内等效剪切波速度为$V_{se}=224\sim229$ m/s，而若基础埋深5 m时，自然地面下5～25 m深度范围内的等效剪切波速度值为$V_{se}=258\sim277$ m/s，自然地面下0～20 m深度范围等效剪切波速度值显著低于自然地面下5～25 m深度范围的值。按上述2种剪切波速度值及覆盖层厚度大于50 m划分建筑场地类别，前者为Ⅲ类建筑场地，而后者则为Ⅱ类建筑场地，两种不同场地类别划分结果，将使其建设总投资相差1/4左右。

**表3-4　某工程2#钻孔剪切波速测试结果**

| 地层名称 | 层底深度（m） | 剪切波速（m/s） | 地层名称 | 层底深度（m） | 剪切波速（m/s） |
|---|---|---|---|---|---|
| 素填土 | 1.5 | 127 | 中、粗砂 | 29.2 | 317 |
| 黏质粉土 | 5.6 | 189 | 卵石 | 37.3 | 398 |
| 粉质黏土 | 6.7 | 213 | 卵石 | 43.9 | 459 |
| 砂质粉土 | 10.1 | 201 | 粉质黏土 | 48.8 | 297 |
| 粉、细砂 | 11.8 | 243 | 粉砂 | 51.1 | 343 |
| 中砂 | 13.3 | 282 | 中砂 | 55.1 | 382 |
| 圆砾 | 19.2 | 322 | 砂质粉土 | 57.3 | 353 |
| 砂质粉土 | 24.7 | 268 | 粉质黏土 | 61.4 | 372 |

**注：**2#钻孔处，自然地面以下20.0 m深度内地层等效剪切波速度为$V_{se}=224.2$ m/s；基础埋深5.0 m时，自基础底面向下20.0 m深度内地层等效剪切波速度为$V_{se}=258.5$ m/s。

由上例可以看到，考虑基础埋深，取基础以下等效剪切波速度值将影响场地类别的划分，能否根据现行抗震规范和场地等效剪切波速度值对拟建物作基础埋深修正，这是一个十分重要而尚有争论的问题，王恩福等认为，作基础埋深修正是必要而且可行的。从美国圣费尔南多地震时从好莱坞仓库地下室（自然地面下3 m）和地面小屋中得到的强震仪加速度记录的水平分量可以看出，地面的加速度幅值明显高于地下室。频率大于4 Hz时，地面的加速度记录的傅氏谱幅值远远大于相应的地下室的傅氏谱幅值。

上述工程场地基岩埋深114 m，50年超越概率10%的基岩水平向峰值加速度值为1.77 $m/s^2$，主塔楼基础埋深为23 m。对该工程场地通过场地土层地震反应分析（输入不同超越概率水平下的人工合成地震波），分别计算了地面和自然地面下23 m处（不考虑基础以上土层的影响）地震动峰值加速度及水平向地震动加速度反应谱。表3-5给出了6种超越概率下地震动峰值加速度及反应谱（阻尼比0.05）参数值。不难看出，在不同概率水平下，自然地面的地震动峰值加速度比地下23 m处大8%～36%，自然地面的加速度反应谱最大值则比地下23 m处大34%～63%。

**（二）复合地基**

复合地基是指当场地土天然地基承载力不能满足设计要求时，对其采取诸如各种类型的桩复合、换填垫层、强夯等加固措施后的地基。在此仅讨论桩复合地基，众所周知，复合地基不仅可有效提高天然地基土的强度，而且对基础抗震和减轻上部结构的震害也是十分有利的。

表 3-5　某工程场地地面及地面以下 23 m 处水平向地震动峰值加速度及加速度反应谱最大值(阻尼比 0.05)

| 超越概率值 | 地面以下 23 m 处 | | 地面 | |
|---|---|---|---|---|
| | $A_{max}$ ($10^{-2}$m/s$^2$) | $S_{max}$ ($10^{-2}$m/s$^2$) | $A_{max}$ ($10^{-2}$m/s$^2$) | $S_{max}$ ($10^{-2}$m/s$^2$) |
| 50 年 63% | 53 | 158 | 72 | 257 |
| 50 年 10% | 193 | 522 | 208 | 717 |
| 50 年 2% | 334 | 996 | 382 | 1 346 |
| 100 年 63% | 82 | 240 | 109 | 358 |
| 100 年 10% | 264 | 715 | 300 | 961 |
| 100 年 3% | 374 | 1 052 | 427 | 1 459 |

注:$A_{max}$ 为地震动峰值加速度,$S_{max}$ 为土层加速度反应谱最大值。

复合地基通常是以基础下坚硬土层作为地基持力层,同时对其上部土层也进行了加固。除提高基础下地基土的强度(通常地基土强度提高 30% 以上)和变形模量外,还提高了地基土的抗震性能。如天津市毛条厂,在唐山地震时,该厂经过加固的复合地基和未加固的天然地基的震害有显著的差异,建在经过石灰桩加固的复合基上的 28.8 m 高的水塔基本完好,而未经地基加固的 2 层办公楼则产生严重倾斜、破坏。

天然地基经加固后,地基土承载力可较大提高,如某工程场地天然地基承载力 $f_{ka}=140$ kPa,经 CFG 桩地基加固后,进行了静载荷试验,复合地基承载力特征值为 $f_{sp}=240$ kPa,这表明地基土的性状得到了很大的改善。如果按照天然地基,该场地 20 m 范围内土层承载力特征值加权平均值 <200 kPa,该场地为中软场地土;而地基加固后,该场地基础下 20 m 范围内土层承载力特征值加权平均值 >200 kPa,则为中硬场地土。由此可以给出天然地基为Ⅲ类建筑场地、复合地基则为Ⅱ类建筑场地的结果。是按Ⅱ类建筑场地还是按Ⅲ类建筑场地进行抗震设计,不同的设计人员将给出不同的结果。如按Ⅲ类场地符合现行的抗震设计规范,如按Ⅱ类建筑场地,符合所使用的地基土的现实情况,但是否符合抗震设计规范的要求,还需进一步验证。建议可通过场地土层地震反应分析来进一步确定。

### (三)覆盖层厚度

覆盖层厚度是进行建筑场地类别划分时必须考虑的另一个重要因素。我国现行抗震设计规范,根据场地土类别将覆盖层厚度分为 4 类,如表 3-2 所示。

在抗震设计规范中将覆盖层厚度定义为:①地面至剪切波速 >500 m/s 时的土层顶面的距离;②当地面 5 m 以下存在剪切波速大于相邻上层剪切波速 2.5 倍的土层,且其下卧岩土的剪切波速≥400 m/s 时,可按地面至该土层顶面的距离确定。

在实际工作中经常遇到某一稳定土层虽其剪切波速 >500 m/s,但其间夹有剪切波速 <500 m/s 的软土层情况。如果考虑剪切波速 <500 m/s 的土层,覆盖层厚度 >50 m;如不考虑该土层,则覆盖层厚度 <50 m,这同样也影响场地类别的划分。尽管有许多学者认为对于该剪切波速 <500 m/s 的软土夹层,确定覆盖层厚度时可以不予考虑,甚至有证据表明薄的软土层厚度 <10 m、建筑物周期为 0.1 ~2.0 s 时,该软土层还有减震效应,但工

程师在确定覆盖层厚度时，仍然存在不同的看法。

如某工程拟建地上10层和5层，地下1层楼的建筑，该场地地下69 m至基岩，除一黏性土夹层（厚1~4 m，平均厚度2.5 m）外，剪切波速均大于500 m/s，如果不考虑剪切波速<500 m/s的黏性土夹层，该场地覆盖层厚度为69 m，如考虑该黏性土夹层，该场地覆盖层厚度则为95 m；按原《建筑抗震设计规范》（GBJ 11—89），覆盖层厚度如按69 m计算（<80 m）为Ⅱ类建筑场地，覆盖层厚度如按95 m计算（>80 m），为Ⅲ类场地。由此可见，当场地土类别确定后，覆盖层的厚度对建筑场地类别划分起到了关键的作用。上述情况，如按现行抗震设计规范，应定为Ⅲ类建筑场地，但根据勘察情况，似乎又不十分合理。经过与有关专家讨论，最终选择了经土层地震反应分析的方法，进一步确定建筑场地类别，为此分别计算了考虑黏性土夹层和不考虑黏性土夹层的地面下69 m处的土层加速度反应谱。根据该场地基岩埋深100.5 m（由附近的钻孔趋势分析），50年超越概率10%的基岩水平向峰值加速度值为1.74 $m/s^2$，利用土层地震反应分析方法分别计算了地面下69 m处不考虑黏性土夹层的加速度反应谱和地面下69 m处考虑黏性土夹层的加速度反应谱，对比两种情况的地震影响系数的峰值及其各周期的影响系数等均一致，认为剪切波速<500 m/s的黏性土夹层对地震动传播过程的影响不大，即本场地的覆盖层厚度可按69 m，建筑场地类别可按Ⅱ类考虑。经修正后，在不影响建筑物基础抗震要求的基础上，合理地节省了建设总投资。

由上述讨论可以看出，进行建筑场地划分时除依据建筑抗震设计规范外，还应根据拟建物基础埋深、场地土性状等对工程实际情况进行科学的分析研究，必要时应通过场地土层地震反应分析方法确定建筑场地类别。尤其对国家重点工程项目进行建筑场地地震安全性评价是十分必要的，它不仅对建筑物的抗震设计提供可靠的抗震设计参数，而且还可有效地降低建设经费的投入。对于普通工民建项目，建议岩土工程勘察、建筑结构设计工程师密切配合，根据工程具体情况科学客观地评价场地土性状和建筑场地类别。

## 三、“2001规范”对场地和地基的有关规定

20世纪70年代发生的一系列破坏性地震，尤其是唐山地震，丰富的震害资料和深入的抗震理论研究极大地推动了抗震设计标准的修订和制订。1976年以后，地震危险性概率分析逐步被引入我国，1984年国家地震局组织编制新的地震区划图，于1990年颁布了以概率分析方法编制的1:400万《中国地震烈度区划图》。新编地震区划图2张，一张图按50年超越概率10%（称为“基本烈度”）编制，另一张图按50年超越概率3%编制。

20世纪80年代末以来，我国城乡建设迅速发展，新材料、新技术得到广泛应用，建筑物高度不断创新高。国内外发生的一系列损失惨重的地震，如1988年我国的云南澜沧—耿马地震、1996年云南丽江地震、1999年台湾集集地震、1995年日本阪神地震和1999年土耳其伊兹米特地震等，既提出了一些值得深思的新问题，也取得了一些新的经验，同时，地震工程的研究又取得了许多新的成果。再者，工程建设标准应当适应市场经济的需要，也应当适应我国加入WTO后有关技术贸易壁垒对技术标准和技术法规的要求。此外，我国于1997年颁布了《中华人民共和国防震减灾法》。这表明了在新的形势下修订“89规范”的迫切性和可能性。因而，从1997年开始对“89规范”进行修订，于2001年颁布了

新的《建筑抗震设计规范》(GB 50011—2001)(以下简称“2001 规范”)。为适应《建设工程管理质量条例》对强制性标准的要求,首次确定了强制性的条文。为了反映我国地震地质的最新成果,使抗震设防依据与国际接轨,实现由地震基本烈度向地震动参数过渡,2001 年颁布了新的 1:400 万《中国地震动参数区划图》(GB 18306—2001)。该地震动区划图有 2 张,一张图是 50 年超越概率 10% 的峰值加速度区划图,分为 7 个等级,即小于 0.05 *g*、0.05 *g*、0.1 *g*、0.15 *g*、0.20 *g*、0.30 *g* 和不小于 0.40 *g*;另一张图是 50 年超越概率 10% 的反应谱特征周期区划图,分为 3 组,每组按 4 类场地划分为 4 个等级,第一组:0.25 s、0.35 s、0.45 s 和 0.65 s;第二组:0.30 s、0.40 s、0.55 s 和 0.75 s;第三组:0.35 s、0.45 s、0.65 s 和 0.90 s。

与“89 规范”相比,“2001 规范”有如下修改:①场地覆盖层厚度。当下卧层硬土层顶面的埋深 >5 m 时,补充了当地下某一下卧层土层的剪切波速≥400 m/s 且不小于相邻土层的剪切波速的 2.5 倍时,覆盖层厚度可按地面至该下卧层顶面的距离取值的规定。②土层剪切波速的平均值采用更富有物理意义的等效剪切波速 $V_{se}$ 概念。③Ⅱ、Ⅲ类场地的范围有所扩大,避免了Ⅱ类至Ⅳ类的突然跳跃现象。当 $V_{se} \leqslant 140$ m/s 时,Ⅱ类和Ⅲ类场地的分界线从 9 m 改为 15 m;当 140 m/s $< V_{se} \leqslant$ 250 m/s 时,Ⅱ类和Ⅲ类场地的分界线从 80 m改为 50 m;当 250 m/s $< V_{se} \leqslant$ 500 m/s 时,Ⅰ类和Ⅱ类场地的分界线从 9 m 改为 5 m。修改后的场地分类方案如表 3-6 所示。④当有可靠的剪切波速、覆盖层数据且处于两类场地分界线附近时,允许使用插值方法确定场地的设计特征周期 $T_g$。⑤首次纳入对发震断裂最小避让距离的具体规定。⑥首次纳入局部突出地形对地震参数的放大作用,地震影响系数最大值应乘以不大于 1.6 的增大系数。⑦考虑到高大的建筑采用桩基和深基础,要求判别液化的深度也相应加大,因此“2001 规范”对基础深度大于 5 m 的桩基和深基础,将“89 规范”中的液化判别式从 15 m 延伸到 20 m,并规定在 15 ~ 20 m 之间采用 15 m处的液化判别临界值。同时,为了与《中国地震动参数区划图》(GB 18306—2001)相配套,液化判别标准贯入锤击数基准值 $N_0$ 按表 3-7 采用;相应地,液化等级按表 3-8 划分。

**表 3-6 各类建筑场地的覆盖层厚度**

| 等效剪切波速(m/s) | 场地覆盖层厚度(m) | | | |
|---|---|---|---|---|
| | Ⅰ | Ⅱ | Ⅲ | Ⅳ |
| $V_{se} > 500$ | 0 | | | |
| $500 \geqslant V_{se} > 250$ | <5 | ≥5 | | |
| $250 \geqslant V_{se} > 140$ | <3 | 3 ~ 50 | >50 | |
| $V_{se} \leqslant 140$ | <3 | 3 ~ 15 | 15 ~ 80 | >80 |

**表 3-7 标准贯入锤击数基准值 $N_0$**

| 烈度 | Ⅶ | | Ⅷ | | Ⅸ |
|---|---|---|---|---|---|
| 设计基本地震加速度 | 0.10*g* | 0.15*g* | 0.20*g* | 0.30*g* | 0.40*g* |
| 第一组 | 6 | 8 | 10 | 13 | 16 |
| 第二、三组 | 8 | 10 | 12 | 15 | 18 |

表 3-8　液化等级

| 液化等级 | 轻微 | 中等 | 严重 |
|---|---|---|---|
| 判别深度为 15 m 时的液化指数 | $0 < I_{IE} \leqslant 5$ | $5 < I_{IE} \leqslant 15$ | $I_{IE} > 15$ |
| 判别深度为 20 m 时的液化指数 | $0 < I_{IE} \leqslant 6$ | $6 < I_{IE} \leqslant 18$ | $I_{IE} < 18$ |

## 四、抗震设防水平

在建筑物的使用寿命期内，经常能遇到小强度的地震，而遇到较大强度地震的概率却较小。因此，对不同等级的地震应具有不同的设防标准，不能把建筑物设计成只能抵抗某一强度的地震，这就是多级设防的思想。《建设抗震设计规范》（GB50011—2001）规定的"小震不坏，中震可修，大震不倒"的设防目标体现了 3 级设防的思想。对小震（多遇地震）、中震（偶遇地震）、大震（罕遇地震），《建筑抗震设计规范》取设计基准期为 50 年，3 个设防水准的设计地震在基准期内的超越概率依次为 63% 、10% 和 3% ~2%。表 3-9 给出中国和美国抗震设计规范的对比结果。可以发现，中国规范规定的设防水准要比美国规范的高得多。50 年超越概率 3% ~2% 的地震事件对应的重现期为 1 642 ~2 475 年，即，为使一栋普通的丙类建筑不致倒塌或发生危及生命的严重破坏，需将建筑设计成能抵御 1 642 ~2 475 年一遇的罕遇地震，这样的标准似乎过高；而 50 年超越概率 5% 所对应的重现期为 975 年，因此以超越概率 5% 作为设防标准可能更合适。对甲、乙类建筑，按设防烈度提高 1 度采取抗震构造措施（Ⅸ度时应采取比设防烈度更高要求的抗震构造措施）。对丙类建筑，地震作用应高于本地区设防烈度的要求，其值按批准的地震安全性评价结果确定。对丁类建筑，其抗震构造措施允许比本地区设防烈度的要求适当降低。无疑地，通过调整抗震构造措施的要求来提高或降低建筑物的设防标准，到底在多大程度上体现了建筑物的重要性类别是难以说清的。在编的《建筑工程抗震设计导则表 3-9 中国和美国不同等级的设防地震水平比较征求意见稿》取设计基准期内超越概率为 5% 的地震事件作为罕遇地震的设防标准，通过调整设计基准期的长短来体现建筑物的重要性，这应是合理的。

表 3-9　中国和美国不同等级的设防地震水平比较

| 设防等级 | 中国抗震规范 | | 美国抗震规范 | | |
|---|---|---|---|---|---|
| | 超越概率 | 重现周期（年） | 超越概率 | 相当的超越概率 | 重现周期（年） |
| 多遇地震 | 50 年 63% | 50 | 30 年 50% | 50 年 83% | 43 |
| 偶遇地震 | 50 年 10% | 475 | 50 年 50% | 50 年 50% | 72 |
| 罕遇地震 | 50 年 2% ~3% | 1 642 ~2 475 | 50 年 10% | 50 年 10% | 475 |
| 极罕遇地震 | | | 100 年 10% | 50 年 5% | 975 |

设计基准期不同，意味着建筑物的使用寿命期不同，建筑物的重要性也不同。当设计

基准期延长时，在未来相应的基准期内发生同样超越概率的地震的强度要增强，需设防的地震就会增大；反之亦然。设计基准期相同，需设防的地震大小就相同。因此，将甲、乙、丙、丁类建筑物的设计基准期依次取为 200 年、100 年、50 年和 40 年，通过设计基准期不同，对重要性类别不同的建筑物采取不同的抗震设防要求应是可行的。

对不同重要性类别的建筑物，其抗震设防标准应有所不同，但对常遇地震、偶遇地震、罕遇地震的定义应该是一致的。因此，将常遇地震、偶遇地震和罕遇地震依次定义为设计基准期内超越概率为 63%、10% 和 5% 的地震应是合理的。

从表 3-10 可以看出，甲、乙、丙、丁类建筑物的设计基准期依次取为 200 年、100 年、50 年和 40 年，定量地说明了甲、乙、丙、丁 4 类建筑物重要性的差别，各类建筑物的重要性含义很直观，物理概念十分清晰。对各类建筑，常遇、偶遇和罕遇地震的平均重现周期与设计基准期之比均为 1.0、9.5 和 19.5，直观地说明了 3 个概率水准的设计地震的重现周期与建筑物使用寿命之间的相对时间关系。

表 3-10　不同概率水准的设计地震和平均重现周期的关系

| 建筑物类别 | 设计基准期（年） | 设计地震 | 设计基准期内的超越概率 | 平均重现周期 TR（年） |
|---|---|---|---|---|
| 甲类 | 200 | 常遇地震 | 63% | 200 |
| | | 偶遇地震 | 10% | 1 900 |
| | | 罕遇地震 | 5% | 3 900 |
| 乙类 | 100 | 常遇地震 | 63% | 100 |
| | | 偶遇地震 | 10% | 950 |
| | | 罕遇地震 | 5% | 1 950 |
| 丙类 | 50 | 常遇地震 | 63% | 50 |
| | | 偶遇地震 | 10% | 475 |
| | | 罕遇地震 | 5% | 975 |
| 丁类 | 40 | 常遇地震 | 63% | 30 |
| | | 偶遇地震 | 10% | 285 |
| | | 罕遇地震 | 5% | 585 |

## 五、土动力特性的原位和室内测试方法

土的动力特性一般可分为两类，一类是与土的抗震稳定性直接有关的参数，如动强度、液化特性、震陷性质等；另一类则是土作为地震波传播介质表现出来的性质，具体地说，就是土动力反映分析中使用的参数，如动模量、阻尼特性、体积模量、泊松比等。测试方法见表 3-11。

表 3-11　土动力参数测试方法

| 试验类别 | 方法 | 测试项目 |
| --- | --- | --- |
| 原位试验 | 物探方法 | 检层法波速测试 |
| | | 跨孔法波速测试 |
| | 表面振动方法 | |
| | 动力荷载方法 | |
| 室内试验 | 循环三轴试验 | |
| | 循环直剪试验 | |
| | 循环扭剪试验 | |
| | 共振柱试验 | |
| | 振动台试验 | |

# 第二节　天津滨海地区工程地质环境

## 一、地质概况

天津海岸带位于渤海湾西岸,海岸线南起歧口,北至大沽、塘沽、北塘、汉沽、宁河、涧河口,全长约 150 km,属冲积海积平原淤泥质海岸。天津海岸带属冲积海积平原;平原地势平坦开阔,地面高程一般在 1. 50 ~ 3. 50 m,不超过 5. 0 m,自西北向东南平缓倾斜。洼地、平地、滨海低地、海滩是这个地带的主要地貌类型。与现代海岸平行发育有 3 道贝壳堤,据贝壳堤上的文化遗址以及放射性$^{14}C$ 测年资料,这些贝壳堤分别形成于 3 000 年前,1 500 ~2 000年前和 900 年前,成为本区不同时期海岸线的重要标志。贝壳堤的分布,第一道在歧口—塘沽带,高差 0. 5 ~2. 0 m,宽 20 ~100 m,走向与现代海岸线大体平行,形成时间距今约 900 年;第二道在上古林—军粮城一带,高差 1. 0 ~5. 0 m,宽约 100 m,距现代海岸线 0 ~ 20 km,歧口以南与第一道贝壳堤相交接,成为现代海岸,形成时间距今 1 500 ~2 000 年;第三道在沙井子—张贵庄一带,高差 0. 5 ~2. 0 m,宽度 100 ~200 m,形成时间约3 000 年。贝壳堤的组成物质以牡蛎壳及碎片为主,夹粉细砂,泥炭或淤泥质黏土薄层,具水平层理,孔隙度高,分选性和磨圆度均较好,富水性好,水质好。贝壳堤是在海退过程中,海岸相对稳定的情况下,由潮流和波浪作用沉积形成。由于沉积环境和沉积年代的不同,造就了各贝壳堤间沉积物质组成及其固结程度上的差异。因此,浅层土的物理力学性质由西向东亦有规律地变化,使贝壳堤成为区域工程地质分区界线的重要标志。

天津海岸带位于华北平原沉降带的东北部,巨厚的新生界松散堆积物直接覆盖于古生界和元古界地层上。地壳结构较薄,区域性深大断裂发育。沉降带内由次一级的隆起和拗陷组成。海岸带处于沧县隆起的东侧,黄华拗陷的西部,区内断裂带主要由北北东向的沧东断裂带、北西西向的海河断裂、北西西向的蓟运河断裂和北东向的汉沽断裂组成(见图 3-1),断裂活动明显,构成海岸带区域地质构造稳定性差。

根据《中国地震动参数区划图》(GB 18306—2001),本工程区地震动峰值加速度值为 0. 15$g$,相当于地震基本烈度为Ⅶ度。根据《建筑抗震设计规范》(GB 50011—2001),工程区场地抗震设防烈度为Ⅶ度,设计基本地震加速度值为 0. 15$g$,设计地震分组为第一组。

由于基底构造简单,断裂不发育且第四系地层发育,厚度大于 500 m,基底变化对工程影响不大。根据《建筑抗震设计规范》(GB 50011—2001),可忽略发震引起断裂错动对地面建筑的影响。

图 3-1 天津区域地质构造单元分区图

勘探资料表明,天津海岸带浅部土层均属第四系全新统及上更新统地层,表层为厚度不等的人工填土($rQ_4^4$),其下分为全新统第一陆相层($alQ_4^3$),第一海相层($mQ_4^2$),第二陆相层($alQ_4^1$)及上更新统上部陆相层($alQ_3^2$)和上部海相层($mQ_3^2$),地层界线按沉积时代及成因类型划分是相对稳定的,而根据岩性特征划分的小层界线则相对变化较大。

(1)人工填土层($rQ_4^4$)。由杂填土、素填土、冲填土组成。成分以黄褐色黏土及粉质黏土为主,软塑—流塑状,岩性均匀程度及固结程度差异较大,一般厚度 0.8 ~ 1.5 m,层底高程 2.7 ~ 1.3 m。

(2)全新统第一陆相层($alQ_4^3$)。黄褐色黏土、粉质黏土,湿,可塑—软塑状,属中—高压缩性土，厚度 1.3 ~ 2.4 m，层底高程 1.4 ~ 1.1 m。

(3)全新统第一海相层($mQ_4^2$)。以浅灰、深灰色淤泥质黏土、粉质黏土为主，很湿—饱和，软塑—流塑状，属高压缩性土，其层间夹有粉土、粉砂薄层(强度略高)及少量贝壳碎片，海相层厚度 14.0 ~ 15.0 m，层底高程 -13.0 ~ -15.6 m。

(4)全新统第二陆相层($alQ_4^1$)。其顶部分布有 0.1 ~ 0.3 m 厚的黑色泥炭层，软塑状，构成第一海相层与第二陆相层的分界标志。上部为灰黄色粉质黏土，很湿—饱和，可塑状，属中等压缩性土，厚度 2.0 ~ 2.7 m；中部以灰黄色黏质、砂质粉土为主，夹粉砂层，饱和，中密—密实状，属中等压缩性土，厚度 3.7 ~ 4.3 m；底部多为灰黄色粉砂，饱和，密实状，属中—低压缩性土，厚度 3.7 ~ 4.6 m，层底高程 -23.3 ~ -26.2 m。

(5)上更新统上部陆相层($alQ_3^2$)。棕黄色粉质黏土，由黏土与粉砂薄层彼此呈互层状组成，黏土单层厚度 5 mm，粉砂厚 1 ~ 2 mm，可塑状，局部呈软塑状，属中等压缩性土，厚度 5.5 ~ 7.2 m，层底高程 -30.0 ~ -31.1 m。

(6)上更新统上部海相层($mQ_3^2$)。以灰色黏质粉土为主，湿—很湿，可塑状，属中等压缩性土，夹有粉质黏土和粉砂薄层及少量贝壳、钙质结核，厚度约 5.7 m，层底高程 -35.1 ~ -36.9 m。

综观各地层的岩性特征，同一时代、成因类型的地层中具有相变，每一小层中以某种岩性为主，间夹有其他岩性等层。

区内浅层地下水为孔隙潜水，主要受大气降水补给，以蒸发形式排泄。地下水位受地形起伏及岩性影响而变化，埋深一般在 0.5 ~ 1.2 m，受季节影响略有变化。渗透试验表明，第一陆相层黏土、粉质黏土和第一海相层淤泥质黏土、粉质黏土，黏质粉土的渗透系数为 $A \times 10^{-4} \sim A \times 10^{-6}$ cm/s，均属弱透水层。水化学类型为 Cl - Na 型，局部为 Cl - Na · Mg 型和 Cl · $HCO_3$ - Na · Mg 型。仅在塘沽开发区地下水对混凝土具中等结晶类腐蚀。其他地区地下水一般对混凝土不具腐蚀性。

## 二、海岸带软土工程地质特性

### (一)软土物理力学特性

本区工业与民用建筑对地基影响深度一般为 20 ~ 30 m，高层及特种工程建筑物地基影响深度达 40 ~ 50 m，影响地层主要是第四系全新统和上更新统上部各土层。分析各土层综合测试指标可以看出，第四系全新统第一陆相层黏土，粉质黏土和第一海相层淤泥质黏土、粉质黏土表现为高含水量、高孔隙比、高压缩性、低强度的特性与软土特征一致，而其下伏的第四系全新统第二陆相层及上更新统陆海相层，虽沉积时代、成因类型不同，但其含水量、孔隙比、压缩性等物性指标均较上部地层为低，且随着深度增加，物性指标($\omega$、$e$、$I_L$)具有数值减小的趋势。统计结果还表明，各土层的物性指标($\omega$、$e$、$r$、$I_P$、$I_L$)的变异系数多在 0.1 ~ 0.3。变异性属低—中等；而力学特性指标($a_{v_{1-2}}$、$E_s$、$q_u$、$C_u$)的变异系数一般较高，多大于 0.3，变异性属高—很高。这反映了同一沉积时代，同一成因类型的地层中，岩性相变对物性指标的影响不大，而对其力学特性将有较大影响。

### (二)软弱层划分及软土持力层

海岸带浅部地层主要岩土参数 $\omega$、$e$、$I_L$ 等具有自上而下逐渐变小的特点，它反映了岩土工程特性的变化分布规律，是评价地基土强度的依据。同时，各土层地基承载力还取决于岩土的岩性结构特征。上述参数由于岩性不同而往往导致各土层强度及承载力的显著不同。可以看出各土层由于岩性结构、物性特征及相应物性指标的变化，构成海岸带天然地基承载力具有下部土层高于上部土层的总趋势。根据各土层的物性指标，标准贯入击数，静力触探和旁压试验成果，各地层的工程地质特征及其评价和地基承载力标准值$f_k$参见表3-12。

从工程地质分层可以看出，各土层的岩土工程特性与成因类型及形成条件密切相关。各陆相层系河流相冲积物，土层物理力学性质较好，构成海岸带的主要持力层。新近沉积物（杂填土、素填土、冲填土）及第一海相层，岩土工程特性差，是本区的主要软弱层及可能的主要液化层。

**表3-12　工程地质特征及评价**

| 地层代号 | 地层岩性 | 地基承载力标准值$f_k$（kPa） | 工程地质特征及其评价 |
|---|---|---|---|
| $rQ_4^4$ | 人工填土 | 40～70 | 欠固结，不均匀，多呈软塑—流塑状，低强度，为不良工程地质层 |
| $alQ_4^3$ | 黏土、粉质黏土 | 90～100 | 可塑—软塑状，中—高压缩性，中强度，为一般工程地质层，可作低层建筑物地基持力层 |
| $mQ_4^2$ | 淤泥质黏土<br>淤泥质粉质黏土 | 60～80 | 软塑—流塑状，高压缩性，低强度，属软弱地层，为不良工程地质层 |
| $alQ_4^1$ | 粉质黏土<br>粉　土<br>粉　砂 | 140～160<br>180～230<br>260 | 可塑状，中密—密实，中压缩性，中—高强度，为良好工程地质层，多作为桩基持力层 |
| $alQ_3^2$ | 粉质黏土 | 180 | 可塑状，中压缩性，高强度，为较良好工程地质层，可作为高层及特种工程建筑物桩基持力层 |
| $mQ_3^2$ | 黏质粉土 | 230 | |

## 三、地震效应

### （一）场地土及场地类别

1976年7月的唐山7.8级强烈地震，严重危及天津滨海地区，根据震后塘沽、汉沽、灯河、大港等地现场调查及唐山地震烈度分布图等有关资料，天津海岸带震害在同一地震烈度区内较周围地区高1度，局部地区可达2度，形成宁河—汉沽高烈度异常区。宁河、汉沽地震基本烈度为Ⅷ度，向南为Ⅶ度。

根据现场剪切波速实测资料，埋深30.0 m范围内场地土剪切波速厚度加权平均值$V_{sm}$＝162～178 m/s，场地覆盖层厚度按大于60 m，依据《天津市沿海地区建筑地基基础设计规范》判定，场地类别为Ⅲ类。埋深15.0 m范围内的第一陆相层和第一海相层，$V_{sm}$均小于114 m/s，依据《建筑抗震设计规范》判定为软弱场地土。

### （二）场地液化判别

场地埋深15.0 m范围内不存在大面积分布的饱和粉土和砂土层，仅局部分布粉土、粉砂透镜体。地震烈度Ⅶ度区的塘沽、大港，利用实测剪切波速对埋深30.0 m范围内的粉土和粉砂层进行液化判别，实测剪切波速($V_{si}$)多大于临界剪切波速($V_{scri}$)，反映出地震液化可能性较小。液化点的液化指数一般在0.83～4.55，液化等级为Ⅰ～Ⅲ，液化程度属轻微—中等；地震烈度Ⅷ度区的宁河、汉沽，据标准贯入试验，饱和粉土和粉砂层多存在液化可能性。

**(三)震陷**

震陷是指在地震作用下软弱土层塑性区的扩大或强度降低而使建筑物或地面产生的附加下沉。1976年唐山地震在天津海岸带造成的软土地基上建筑物的普遍震陷量为10～30 cm，平均15.5 cm，自然地面震陷约8 cm，对于深基础(桩基)的影响较小。

**(四)场地土的卓越周期**

场地土的卓越周期利用剪切波速加权平均值法计算

$$T = \frac{4H}{V_{sm}} \tag{3-1}$$

式中 $T$——场地土的卓越周期，s；

$H$——覆盖层总厚度，m；

$V_{sm}$——剪切波速厚度加权平均值，m/s。

若覆盖层厚度取60 m，据实测剪切波速资料，一般$V_{sm}$=235～255 m/s，则场地土的卓越周期$T$=1.02～0.94 s。

**(五)闸坝土基有关重要参数取值问题**

1.力学参数取值

由于土基和土工建筑物的破坏绝大多数属于剪切破坏，而土的抗剪强度取决于颗粒之间黏结强度，并随剪切面上的有效应力大小而改变。土的抗剪强度不仅与土的颗粒粗细、形状、矿物成分、含水量、孔隙比等组成条件有关，也与受剪时土的排水条件、剪切速率及原始结构应力等环境有关。考虑到水工建筑物对地基土体的滑动面加载破坏过程是渐进破坏以及变形的不均匀性对强度的影响，其平均强度低于峰值强度，因此以试验峰值强度的小值平均值或屈服强度作为标准值。当采用有效应力进行稳定计算时采用三轴试验的平均值作标准值。当采用结构可靠度分项系数及极限状态设计时，以概率分布的0.1分位值作标准值。

当以总应力进行地基稳定分析时，分别考虑下述情况：①地基为黏性土质且排水条件差时，采用饱和快剪和三轴不固结不排水剪切强度；②地基黏性土层薄而其上下土层透水性较好或采取排水措施，采用饱和固结快剪或三轴固结不排水剪切强度；③地基土层能自由排水，透水性良好，不容易产生孔隙水压力，采用慢剪强度或三轴固结排水剪切强度；④地基土采用总应力动力分析时，采用总应力强度，采用动三轴测定的动剪切强度。对于软土采用流变强度作为标准值。

闸坝基础底面的抗剪强度取值：①对黏性土地基，摩擦系数标准值采用饱和固结快剪的90%，凝聚力标准值采用20%～30%；②对砂性土地基，摩擦系数标准值采用试验值的85%～90%，不计凝聚力。

2.渗变参数取值

土体或软弱层带在渗流作用下失去承载能力或渗流阻力时的渗透变形属于渗透破

坏。从渗透变形发生、发展直至破坏,都有一定的比降区间和量变历程。确定不同土体的允许渗透比降,采用工程措施,就能防止渗透变形的发生。渗透变形通常分为机械和化学渗透变形两大类。机械渗透变形又分为管涌、流土、接触冲刷和接触流失4种。一般根据土的级配,用其中土的细料含量判定渗透变形的类别,通过试验测定其渗透破坏比降或根据半理论、半经验公式进行估算。允许比降等于破坏比降除以安全系数。一般情况流土破坏的威力最大,安全系数多用2,特别重要的工程用2.5;管涌取1.5。黏性土的渗透变形只有流土型,其抗渗比降和地层结构、分散性、物理性及耐水性有关,因此临界比降的试验值,远比现场观测值要大。

## 四、水闸堤坝的渗流安全评价

### (一)渗流安全评价的目的

渗流对任何挡水建筑物都是一种积极的破坏因素。对挡水工程而言,渗透水流除浸湿土壤降低其强度指标外,当渗透力达到一定程度时将导致坝坡滑动、防渗体被击穿、地基出现管涌、流土等重大渗流事故,直接威胁工程的运行安全。有侵蚀性的渗流水还会对建筑物和地基的可溶物质造成侵害。此外,过大的渗漏损失也将减少工程效益。因此,在每一工程设计中,均需对未来的渗流趋势作出估计和预先采取一定措施进行渗流控制。

然而工程投入运用后,工程的实际渗流状态是否安全,原设计施工的渗流控制措施是否有效和能否按原设计条件安全运行,这就是已建工程渗流安全评价必须回答的主要问题。

### (二)渗流安全评价的任务

(1)复核工程防渗与排水设施是否完善,其设计、施工(含基础处理)是否满足现行有关规范要求。

(2)检查工程运行中发生过何种渗流异常现象,判断是否影响工程安全。

(3)分析工程现状条件下各防渗和排水设施的工作性态,并预测它们在未来高水位运行时的渗流安全性。

(4)分析现存渗流安全问题的原因和可能产生的危害,乃至提出运行控制或处理措施的建议。

### (三)渗流安全评价的必备资料

(1)运行及监测方面。包括有关渗流压力、渗流量和水质的监测资料(包括观测设施的平、剖面布置和各种原因量的全部观测数据),及相关部位的变形观测资料;有关渗流异常情况的检查报告或记录,以及重大渗流事故及其处理情况等。

(2)工程地质方面。包括工程区的工程地质和水文地质勘探报告和试验资料(含必要的平、剖面图),应能提供各岩土层的物质组成(物理和力学指标、颗粒级配等)、接触关系、渗透特性及抵抗各类渗透变形的强度指标。

(3)建筑物结构方面。主要挡水建筑物的竣工技术总结报告或技施设计报告(含必要图件),应能提供防渗与排水的设计分析或有关说明,纵、横剖面图(含工程体及地基的料物种类分区及其渗透特性),防渗体和排水体的形式、细部结构及其与相邻料物的接触过渡关系,设计预计的渗流压力分布和各料物的允许抗渗比降、浸润线位置等。

(4)施工及验收方面。应能提供基础与岸坡的处理及其实际完成情况和质量;防渗工程与排水设施的实际完成情况和质量（其中均含施工中的设计变更）；以及施工中发现的重大渗流隐患及其处理措施。

**（四）渗流安全评价方法**

渗流安全评价的主要方法有现场检查法、监测资料分析法、计算分析（或模型试验）法与经验类比法以及专题研究论证等。

1. 现场检查法

检查工程现场，当发现有以下现象时可认为大坝的渗流状态不安全或有严重隐患：①通过坝基、坝体以及坝端岸坡的渗流量在相同条件下不断增大；渗漏水出现浑浊或可疑物质；出水位置升高或移动等。②土石坝的上、下游坝坡湿软、塌陷、出水；坝趾区严重冒水翻砂、松软隆起或塌陷；库内有波涡漏水、铺盖有严重塌坑、裂缝等。③坝体与坝端岸坡、混凝土墙（板）、输水管（洞）壁等接合部严重漏水，且水质浑浊。④渗流压力和渗流量同时增大，或突然改变其与库水位的既往关系，在相同情况下有较大增长。

因为这些现象多为渗流事故的先兆，任其发展可导致工程局部乃至整体失事。应从速作进一步定性、定量的检查分析，查找原因，采取对策。在未得定论之前，应控制运行。

2. 观测资料分析法

就建筑物的力学作用机理而言，工程投入运行后的实际状态尤如1:1的试验模型。因而，用原体渗流观测数据（经整理分析认为是可用的）作渗流安全的定量评价，对已建工程是最接近实际、最具说服力的方法，应当首先选用，并将其分析结果与各种设计或试验给定的警戒值（如各种允许比降、扬压力、安全系数等）相比较，以判断工程渗流的安危程度。

例如：对第二章第一节所述现象，表明渗流场介质在工程当前的运行条件下所承受的渗透力已超过（或达到）其极限平衡状态。这时，需用其有关的观测数据计算出它的实有抗渗强度——即破坏比降；再对此值考虑一定的安全系数后作为该工程的允许比降，重新核算其渗流安全性，并采取相应的控制或补救措施。对尚未发生前述现象者，需分别通过渗流压力和渗流量的观测资料进行分析评价。

1）渗流压力分析评价

根据观测资料，复核工程有关部位实际（包括推算至未来高水位情况）的渗透比降$J$，与其允许值$[J]$相比较，并结合工程的具体特点（如反滤层的设计、施工情况等）和运行工况等作全面论证。若渗流压力和渗流量在相同原因量作用下保持稳定或随时间变小时，可判定渗流状态安全。其中：①被复核对象的允许渗透比降$[J]$，一般应由原设计或地勘部门根据专项试验、计算或规范提供。否则，对大型和重要工程需由补充勘探、试验确定；对一般中小工程可结合具体情况采用规范标准或参考经验数据；②未来高水位情况的推算，可视具体条件分别选用统计模型法、反演模型法、计算分析（或模型试验）法等。

2）渗流量的分析评价

渗流量在监视工程的渗流安全和发现渗流险情等方面是最敏感、最具综合性的因素。但往往设计参数与实际情况存在较大差异，故其绝对值的大小并没有严格的评判标准。因此，在渗流安全评价中，渗流量观测资料分析应着重其当前观测值与历史显现值的相对变化、渗漏水的水质和携出物含量及其与库水相比的相对变化情况，再结合渗流压力分析，综合评价大坝的渗流安全。若在相同水位下渗流量和渗流压力同时增大，携出物增多,则表示渗流状况向不利安全的方向发展。

3)计算分析(或模型试验)法与经验类比法

当缺少实测资料时,应根据工程的具体情况、地质结构和有关渗透参数,用设计计算分析法或模型试验法,以及经验类比法判断工程渗流的安危程度。

4)专题研究论证法

当不具备前述所需资料时,应对现场补做必要的勘探、试验和原体观测,乃至特需的试验,进行专题研究论证,方能对工程的渗流安全性作出确切评价。

**(五)坝体渗流安全评价**

除应复核堤坝防渗性能是否满足规范要求、坝体实际浸润线和下游坝坡渗出段高程是否高于设计值外,还需注意坝内有无分散性土料和砂砾料夹层、横向或水平裂缝、松软结合带或渗漏通道等。如发现实际浸润线高于设计值,需重新核算坝坡的抗滑稳定性。

防渗体(心墙、斜墙、铺盖、各种面板等)除应复核防渗体的防渗性能是否满足规范要求、心墙和斜墙的上下游侧有无合格的过渡保护层以及水平防渗铺盖的底部垫层或天然砂砾石层能否起保护作用外,还应通过观测资料分析复核防渗体在现状运行条件下有无失效(或隐患),并预测防渗体在未来高水位运行条件下的抗渗稳定性。

透水区(上、下游坝壳及各类排水体等)组合坝的透水区应由强透水料筑成,应复核其透水性能是否满足设计要求,还应复核上游坝坡在库水骤降情况下的抗滑稳定性和下游坝坡出逸段(区)的渗透稳定性,下游坡渗出段的贴坡保护层需满足反滤层的设计要求。

过渡区界于坝体粗、细填料之间的过渡区以及棱体排水、褥垫排水和贴坡排水等,应复核反滤层设计的保土条件和排水条件是否合格、有无漏做,以及运行中有无明显集中渗流和大量固体颗粒被带出等异常现象。其安全控制标准,不论是用天然砂砾料还是用人造土工织物,最宜由专项试验提供;当缺少判别标准时,需由补充试验或经验类比法确定。

埋设于坝内的涵管的渗流安全评价,重点是注意其内、外水压力和库水的渗流压力对外围结合带有无接触冲刷的渗透稳定问题,如管身有无漏水,管内有无土粒沉积,土体与涵管结合带是否有水流渗出,有无反滤保护等。

利用上述定性、定量判别结果,并结合实际渗流情况作全面、具体分析,对大坝渗流安全进行结论性综合评价。综合评价的分级原则如下:

(1)当各种岩土材料的实际渗流比降小于规范允许下限,坝基扬压力小于设计值,且运行中无渗流异常征兆时,可认为该工程的渗流性态是安全的。

(2)当各种岩土材料的实际渗流比降大于规范允许下限,但未超过其上限或同类工程的经验安全值;坝基扬压力不超过设计值,或虽有一定渗流异常但不影响正常运用时,可认为该工程的渗流性态基本安全。

(3)当各种岩土材料的实际渗流比降大于规范或经验类比的上限或破坏值,坝基扬压力大于设计值,或工程已出现严重渗流异常现象时,可认为该工程的渗流性态不安全。

## 五、对软土地基工程处理对策研究

**(一)据建筑物要求选择持力层**

天津海岸带兴建的工业与民用建筑地基影响深度一般为 20 ~ 30 m,高层及特种工程建筑地基影响深度可达40～50 m,影响地层主要是第四系全新统陆海相层和上更新统上部陆海相层,工程处理对策应结合建筑物要求和各土层物理力学物质特性进行。

建筑物的使用功能不同,决定其兴建规模,对地基基础的要求不同。①对于低层(2～3层)建筑物,地基影响深度浅,以采用浅层天然地基为佳,即充分利用第一陆相层(上部持力层),浅基础可采用钢筋混凝土条形基础或筏片基础。②对于多层(4～7层)建筑物,地基影响深度加大,上部持力层一般难以满足建筑物对基础的要求或以第二陆相层(下部持力层)作为基础持力层,基础形式亦作相应的变化。③对于高层(8层以上)或特种工程建筑物,地基影响深度大,对持力层要求提高,可选用下部持力层或更深层位作为基础持力层,基础形式以桩基为好。

**(二)根据土层物理力学特性确定工程处理对策**

对于低层建筑物上部持力(第一陆相层)的土层特性,强度一般即可满足要求,而对于多层、高层建筑物,则上部持力层不能满足建筑物对地基的要求,而其下伏的第一海相层淤泥质黏土、粉质黏土具有天然含水量高、天然孔隙比大、抗剪强度低、高压缩性、弱渗透性的特性,在外荷载作用下地基承载力低、变形大,且存在不均匀变形,变形稳定历时较长的特点,为典型的软土地层。建筑物荷载较大,对地基要求较高时,以避开不利地层为主,选用桩基础穿透第一海相层,以下部持力层(第二陆相层)作为地基持力层为宜,同时加强承台与桩顶衔接的强度,提高基础刚度,以减少第一海相层淤泥质土产生震陷时带来的不利影响。

针对部分建筑物,上部荷载较小,对地基要求较低,上部持力层又不能满足要求,可结合土层物理力学特性,以降低含水量、减小孔隙比,提高地基承载力、减小沉降量,增加稳定性为目的,对天然地基进行必要的加固处理。实践中选用粉体(水泥)喷射搅拌法加固软土地基,取得良好的效果。一般粉喷桩径$\phi$为500 mm,处理深度7～12 m为佳,水泥掺入比15%～20%,可使复合地基承载力标准值达到120～140 kPa。另外,采用塑料带排水法加固软土地基,在大津港保税区亦取得良好效果。

**(三)桩基础评价**

对于多层、高层建筑物,浅基础一般不能满足设计要求,多考虑采用桩基础。海岸带埋深22～25 m(标高－18～－21 m)以下的粉土、粉砂及砂性较大的粉质黏土,土的物理力学性质较好,是建筑物较为理想的桩端持力层。根据各土层的物性指标及现场测试(静力触探、标准贯入试验、旁压试验)成果分析,给出海岸带各土层的桩基参数(见表3-13)及不同桩型,断面尺寸估算的单桩承载力标准值(见表3-14)。

海岸带软土处于欠固结状态,当地面有大面积堆载时,土层产生排水固结,软土沉降变形将对桩基产生负摩擦力,关于负摩擦力的计算和取值可参考有关规范确定。

## 六、平原区某大型水闸工程地质

**(一)地质概况**

水闸工程位于冲海积平原区,地势低平,地面高程2～6 m。闸位处河道宽450～460 m,河床高程－1.15～－3.18 m,两岸地面高程1～3 m。

**表 3-13　桩基参数**

| 地层代号 | 地层岩性 | 桩型 | | | | | |
|---|---|---|---|---|---|---|---|
| | | 沉管灌注桩 | | 钻孔灌注桩 | | 预制桩 | |
| | | $q_s$（kPa） | $q_p$（kPa） | $q_s$（kPa） | $q_p$（kPa） | $q_s$（kPa） | $q_p$（kPa） |
| $\mathrm{rQ}_4^{4}$ | 人工填土 | | | | | | |
| $\mathrm{alQ}_4^{3}$ | 黏土、粉质黏土 | 18～20 | | 18～20 | | 15～18 | |
| $\mathrm{mQ}_4^{2}$ | 淤泥质黏土、淤泥质粉质黏土 | 8～10 | | 8～10 | | 8～10 | |
| | 黏质粉土 | 18～20 | | 15～20 | | 15～20 | |
| $\mathrm{alQ}_4^{1}$ | 粉质黏土 | 18～20 | | 20～25 | | 25～30 | |
| | 黏质粉土、砂质粉土 | 20～25 | 1 000～1 200 | 25～30 | 400～500 | 30～35 | 1 500～1 800 |
| | 粉砂 | 30 | 1 200～1 500 | 30 | 500～650 | 35 | 1 800～2 000 |
| $\mathrm{alQ}_3^{2}$ | 粉质黏土 | | | | | | 2 000 |

**表 3-14　单桩承载力标准值**

| 桩长（m） | 单桩承载力标准值 $R_k$（kN） | | | | | |
|---|---|---|---|---|---|---|
| | 沉管灌注桩 | | 钻孔灌注桩 | | 预制桩 | |
| | 桩径（m） | $R_k$ | 桩径（m） | $R_k$ | 桩径（m） | $R_k$ |
| 24～28 | 0.50 | 600～850 | 0.5 | 500～650 | 0.45×0.45 | 700～900 |

闸址揭露的第四系地层为海陆交互相堆积物，显示本地区在第四纪曾经历多次海进海退过程。有研究者根据沿海分布的贝壳堤推断，工程所在的天津塘沽区成陆时间不长，大体上是在1 000年前后才逐渐成为陆地。由此可见本区全新统滨海相淤泥、淤泥质土形成时间是不长的，固结程度低，性状比较差在所难免。至于河道中堆积的新近沉积层（$Q_4^{3N}$），其形成于1971年河道形成以后，仅有数十年的时间，性状要更差一些。滨海地区号称"九河下梢"，历史上黄河也曾袭夺海河水道入海，两河携带的泥沙是全新统陆相堆积物的主要来源。

闸址区90 m深度范围内均为第四系松散层，按成因、岩性和工程地质特征分为十大层15小层，部分地层分布及岩性见表3-15及图3-2。

闸址地震动峰值加速度为0.2 *g*，相当于地震基本烈度Ⅷ度。钻孔的剪切波测试结果，20 m深度范围地基土等效剪切波速为124～131 m/s，90 m深度内地层剪切波速均小于500 m/s。据此判定场地类别为Ⅳ类，场地土类型为软弱土。两个90 m的深孔剪切波测试成果见图3-3。

表 3-15　闸基地层

| 地层单元 | 分层代号 | 层底高程（m） | 厚度（m） | 土层特征 |
| --- | --- | --- | --- | --- |
| 人工堆积（$mlQ$） | | 1.3～-0.3 | 1.3～3.5 | 左岸为素填土，右岸为杂填土，分布于河堤 |
| 新近沉积层（$Q_4^{3N}$） | | 1.6～-7.1 | 1.0～7.0 | 淤泥，高压缩性，标贯自沉 |
| 第一陆相层（$alQ_4^3$） | Ⅰ | 0.5～-1.1 | 0.3～2.4 | 黏土，局部为淤泥质黏土，软塑—流塑状，标贯1击，高压缩性，极微透水性 |
| 第一海相层（$mQ_4^2$） | $Ⅱ_1$ | -2.7～-10.2 | 1.0～4.1 | 淤泥夹壤土，流塑状，标贯自沉，高压缩性土 |
| | $Ⅱ_2$ | -1.1～-11.2 | 1～11 | 淤泥质黏土、淤泥质壤土夹黏土、淤泥、壤土和砂壤土，流塑状，标贯1.5～2.4击，高压缩性，极微透水 |
| | $Ⅱ_3$ | -14.9～-17.2 | 1.2～12.5 | 壤土夹淤泥质壤土、黏土、砂壤土和粉砂，富含贝壳碎片。流塑～软塑状，不均一，标贯7.4击。中等压缩性，弱透水性 |
| 第二、三陆相层（$alQ_4^1+alQ_3^e$） | $Ⅲ_1$ | -27.5～-31.4 | 11.4～16.3 | 壤土夹砂壤土、黏土及粉砂。壤土为软塑—可塑状，标贯11.7击，中等压缩性，弱透水性 |
| | $Ⅲ_2$ | -28.5～-32.4 | 0.2～4.4 | 砂壤土夹壤土、黏土、极细砂。砂壤土中密—密实，标贯27.5击，中等压缩性，弱透水性 |
| | $Ⅲ_3$ | -30.1～-33.0 | 2.0～3.8 | 粉细砂夹砂壤土、壤土，密实，标贯31.3击 |
| 第二海相层（$mcQ_3^d$） | $Ⅳ_1$ | -30.1～-41.1 | 1.8～9.3 | 砂壤土夹壤土、黏土、细砂。砂壤土呈中密—密实状，标贯37.1击，中等压缩性，弱透水性 |
| | $Ⅳ_2$ | -37.7～-41.5 | 1.3～10.7 | 细砂夹砂壤土、壤土薄层，细砂，密实，标贯38.9击，中等透水性；砂壤土、壤土中等压缩性 |
| 第四陆相层（$alQ_3^c$） | Ⅴ | -52.69 | 11.6 | 壤土、砂壤土、粉细砂，相变频繁。壤土标贯25击，粉细砂、砂壤土标贯40击 |
| 第三海相层（$mQ_3^b$） | Ⅵ | -59.59～-64.86 | 9～10 | 砂壤土、粉砂、壤土夹有黏土 |
| 第五陆相层（$alQ_3^a$） | Ⅶ | -73.78～-78.86 | 12.0～14.0 | 壤土，可塑—硬塑状，中等压缩性土 |
| 第四海相层（$mcQ_2^3$） | Ⅷ | | | 细砂、壤土夹砂壤土，中等压缩性土，该层未揭穿 |

闸址地下水埋藏较浅，地下水水位高程 -0.45～1.28 m，略高于河水位，地下水补给河水。河水与地下水化学类型均属于 $Cl^- - K^+ + Na^+$ 型，矿化度分别为 10.64～31.33 g/L 和 20.94～44.33 g/L，均为高矿化度咸水。

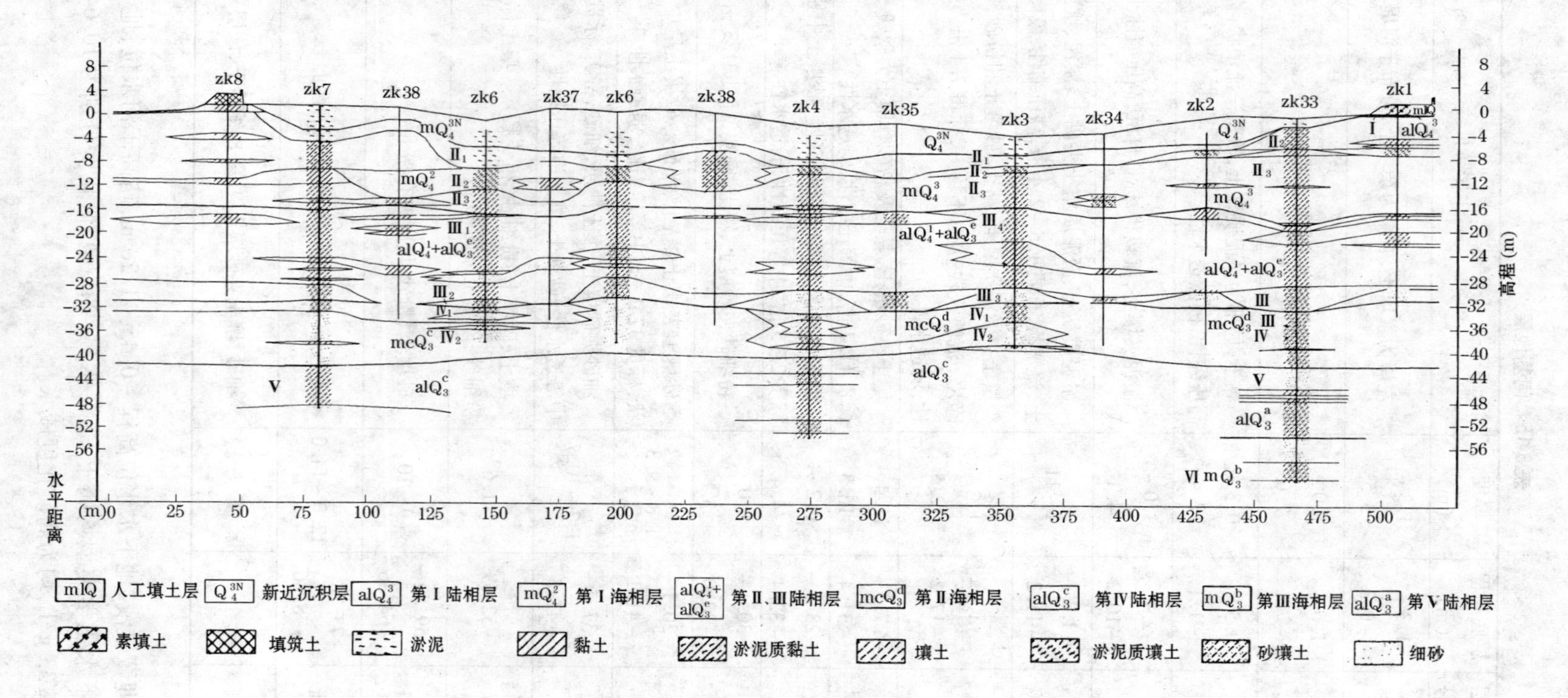
zk8
zk7
zk38
zk6
zk37
zk6
zk38
zk4
zk35
zk3
zk34
zk2
zk33
zk1
高程 (m)
水平距离 (m)
mlQ 人工填土层
新近沉积层
第Ⅰ陆相层
第Ⅰ海相层
第Ⅱ、Ⅲ陆相层
第Ⅱ海相层
第Ⅳ陆相层
第Ⅲ海相层
第Ⅴ陆相层
素填土
填筑土
淤泥
黏土
淤泥质黏土
壤土
淤泥质壤土
砂壤土
细砂

图 3-2 闸轴线地质剖面

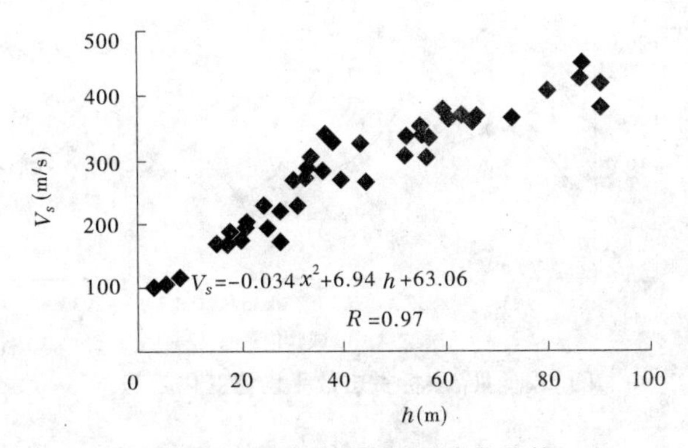


**图 3-3　剪切波速随深度变化趋势**

## (二)闸基主要工程地质问题及评价

1. 地基沉降与不均匀沉降问题

受动荡的沉积环境影响,闸址地层无论在剖面还是平面上岩性及其分布的变化都比较大,土质很不均匀。剖面上表现为随深度的增加伴随海陆相的交替,同一沉积相又形成差异明显的不同岩性层。尤其是有较多的透镜体状夹层分布,如相对稳定的$Ⅲ_1$ 壤土层,其中壤土占73%,砂壤土夹层占12%,黏土和粉细砂夹层分别占8%、7%。此外,各层的厚度也不稳定,顶底面高程起伏较大。在平面上的变化表现为不同区域相近高程岩性有差异甚至相变,这在$Ⅱ_3$ 层以上和$Ⅲ_1$ 层以下范围表现的较为明显。

闸基范围较大,各岩性层本身的均匀性对分析评价也很重要。从各地层标贯击数随深度、位置变化,以及部分地层湿密度、孔隙比、压缩系数和压缩模量的变异系数统计成果来看,各岩性层本身整体上是相对均匀的。抗剪强度等力学试验数据较离散,主要是由于微细层理较发育,并发育一些岩性变化较大的薄夹层,这在$Ⅱ_3$ 层以上各层表现的更为明显,但平剖面方向上无明显的区域性差别和趋势性变化。见图 3-4、图 3-5。

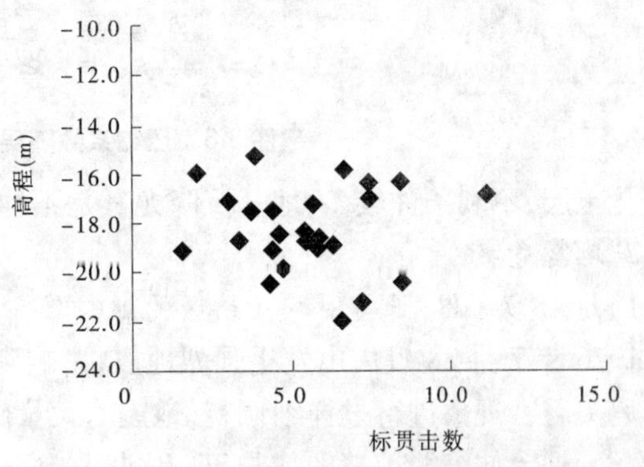


**图 3-4　$Ⅲ_1$ 层标贯击数随高程变化趋势**

闸基土体压缩性除各地层之间有明显的不同外,还有以下两点明显特征:一是随深度的增加压缩性逐渐降低;二是大体以$Ⅲ_1$ 为界,其上部地层大部分为高压缩性土,以下地层以中等压缩性为主。见图 3-6。

从以上分析情况来看,闸基地层岩性及分布变化大、上部地层具有高压缩性且不均匀、饱和软土层欠固结等不利条件,是控制闸基沉降和不均匀沉降问题的主要地质因素。采用浅基础不仅承载能力不足,沉降和不均匀沉降问题也将是非常突出的。在荷载大、对变形要求高以及深部存在良好桩基持力层的条件下,采用桩基础是适宜的。

护坦等建筑物荷载虽然不大,但地基持力层以淤泥和淤泥质土为主,且下部存在较厚

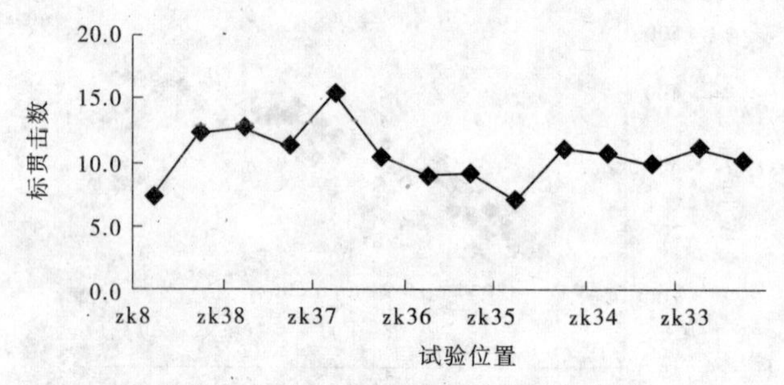


图 3-5　Ⅲ$_1$ 层标贯击数平均值变化趋势

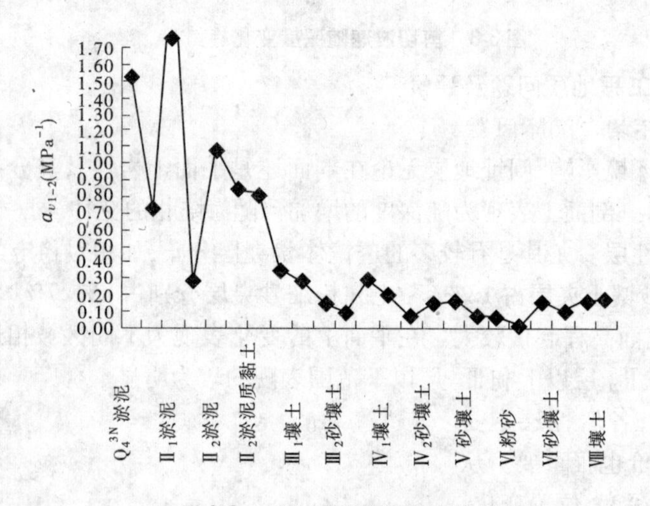


图 3-6　压缩系数随层位变化趋势

的液化土层，不利条件较多，地基沉降尤其是不均匀沉降是消能建筑物的一个主要问题。

2. 地震危害

1）唐山“7·28”地震对塘沽地区的影响

1976 年 7 月 28 日唐山发生强烈地震，影响到塘沽地区，烈度为Ⅷ度。有关部门曾对新港码头震害现象进行过详细调查，地震时大量码头叉桩和桩头裂缝或破碎，地面多处喷砂、裂缝，桩台伸缩缝被挤密或拉开；码头平均下沉 5.7 cm，最大 7.2 cm；岸坡平均下沉 13 cm，并向海移动，有一处震后发生滑坡。一系列破坏现象，是饱和砂土、少黏性土液化和饱和软土震陷共同作用的结果。

2）闸址砂土及少黏性土液化问题

闸址区地震基本烈度为Ⅷ度，地基土液化是本工程的一个主要工程地质问题。液化判别结果见表 3-16。

不同方法的液化判别结果是相近的，也与历史调查资料相吻合。Ⅱ$_1$ 壤土、Ⅱ$_2$ 砂壤土、Ⅱ$_3$ 砂壤土和Ⅱ$_3$ 粉砂夹层在Ⅷ度地震时为液化土。Ⅱ$_3$ 层壤土 96 组颗粒分析成果，黏粒含量小于 18% 的土样 58 组，占总数的 60%，综合判定其在Ⅷ度地震时为部分液化土。

Ⅲ$_1$ 层壤土 181 组颗粒分析成果中，黏粒含量小于 18% 的 14 组，占总数的 8%，综合判定其Ⅷ度地震时仅局部液化。Ⅲ$_1$ 层顶部有 1～2 m 厚的全新统壤土（$alQ_4^1$）为少黏性土，液化点主要在该位置，这与“全新统砂土和少黏性土大部分是液化土”的宏观规律相吻合。Ⅲ$_1$ 层中下部为上更新统地层（$alQ_3^e$），是不液化的。

表 3-16　闸基土砂土及少黏性土液化判别成果

| 层位 | 岩性 | 黏粒含量＜18%样品所占比例 | 剪切波判别 | 动三轴判别 | 标贯判别 | 综合结论 |
|---|---|---|---|---|---|---|
| | | | | | 液化段次/测试段次 | |
| Ⅱ$_2$ | 砂壤土 | | 液化 | | 1/ | 液化 |
| Ⅱ$_3$ | 壤土 | 60% | 液化 | 液化 | 54/58 | 液化 |
| | 砂壤土 | | 液化 | | 18/19 | 液化 |
| | 粉砂 | | 液化 | | 2/2 | 液化 |
| Ⅲ$_1$ | 壤土 | 8% | 不液化 | 部分液化 | 13/14 | 顶部局部液化 |

注：标贯测试段次是指黏粒含量少于18%的部分。

3）淤泥、淤泥质土震陷问题

震陷是土体强度因震动突然降低造成荷载超出其承载能力的一种剪切破坏现象。试验研究结果表明，在相当于Ⅷ度地震条件下，塘沽新港地区饱和软黏土动强度比静强度低10%～30%。7·28地震调查时发现，在荷载接近淤泥、淤泥质土承载力时沉陷与破坏明显严重，也验证了以上试验和认识。

新港距离本闸址不远，浅部分布的 $Q_4$ 海相层的成因、岩性和性状相近，两者具有可比性。比较新港地区“7·28”地震时的地基液化和震陷表现，推断防潮闸工程地基分布的厚层 $Q_4$ 淤泥和淤泥质土，在Ⅷ度地震条件下可能会有数厘米至十余厘米的震陷量，会造成采用桩基的闸室底板脱空和桩基出现负摩擦力，采用浅基础的消能建筑物会出现明显沉陷与不均匀沉陷问题。

3．河水和地下水腐蚀性

水的腐蚀性判别按《水利水电工程地质勘察规范》（GB 50287—99）要求进行，主要结论为：河水中$SO_4^{2-}$含量886.63～1 286.24 mg/L，对普通水泥具结晶类硫酸盐型强腐蚀；高潮期河水$HCO_3^-$含量为0.84～1.03 mmol/L，$Mg^{2+}$含量为1 018.62～1 026.16 mg/L，对混凝土具有溶出型和硫酸镁型弱腐蚀性。地下水中侵蚀性 $CO_2$ 含量为10.82～21.65 mg/L，对混凝土具有弱腐蚀性；$SO_4^{2-}$含量为1 098.93～1 361.17 mg/L，对普通水泥具结晶类硫酸盐型强腐蚀。

有两点值得说明，一是《水利水电工程地质勘察规范》（GB 50287—99）中没有硫酸根离子含量大于1 000 mg/L时对普通水泥的腐蚀程度判定标准，参考《岩土工程勘察规范》（GB 50021—2001）的有关规定判定为强腐蚀。二是规范说明中规定的应用条件较苛刻，即要求符合“混凝土一侧承受静水压力，另一侧暴露于大气中，最大作用水头与混凝土壁厚之比大于5”。对于水闸而言，水头较低，很难完全满足这一应用要求。

对于滨海地区来说，地下水、地表水水质一般比较差，腐蚀现象是客观存在的。但对低水头水闸工程大体积混凝土腐蚀性评价标准如何掌握需要研究，以便在保证工程寿命和安全的前提下，尽量降低投资。

## （三）工程勘察与评价

1. 勘察布置借鉴地区勘察经验

闸基地质条件复杂，且闸室采用桩基础形式，对勘察精度要求高。尤其是桩端持力层岩性、层顶面高程和各地层厚度、分布的变化及砂性土透镜体的存在与否，直接影响到桩型、桩长的选择和施工难度，是必须要查清楚的。因此，本工程初设阶段勘探点布置在符合《水利水电工程地质勘察规范》（GB 50287—99）要求的前提下，借鉴了《岩土工程技术规范》（GB 50021—2001）的勘察精度要求，即闸室部位勘探点密度大体控制在 30 m 左右。另外，地基承载力和桩基承载力确定也借鉴了《岩土工程技术规范》（GB 50021—2001）的经验，以其推荐的物性参数与承载力经验关系作为确定承载力指标的主要依据。为保证成果的可靠性，对于地基承载力、桩基承载力、压缩模量等关键指标的确定及液化的判别，均采用了室内试验与原位测试相结合及两种以上的勘察评价方法，以便相互验证和补充。

2. 原位测试应用与比较

地基承载力的确定，主要采用了物性指标经验法、标贯击数经验法、静力触探法和十字板法 4 种方法。根据岩性的适宜性，一类岩性以一种方法为主体，其他方法予以验证和复核。不同方法确定的地基承载力基本值见表 3-17。

表 3-17　闸址地基承载力计算成果

| 层位 | 岩性 | 含水率（%） | 孔隙比 | 液性指数 | 标贯击数 | 地基承载力基本值（kPa） | | | |
|---|---|---|---|---|---|---|---|---|---|
| | | | | | | 十字板 | 静力触探 | 标贯 | 物性 |
| $Q_4^{3N}$ | 淤泥 | 71.0 | 2.1 | 1.85 | 自沉 | 46 | | | 37 |
| $Ⅱ_1$ | 淤泥 | 61.0 | 1.7 | 1.52 | 自沉 | 63 | | | 50 |
| $Ⅱ_2$ | 淤泥质壤土 | 41.1 | 1.1 | 1.59 | 2.5 | 88 | 84 | 80 | 80 |
| $Ⅱ_3$ | 壤土 | 28.7 | 0.8 | 1.03 | 5.6 | 80 | 137 | 140 | 120 |
| $Ⅲ_1$ | 壤土 | 25.3 | 0.7 | 0.55 | 7.2 | | 142 | 190 | 180 |
| $Ⅲ_2$ | 砂壤土 | 23.9 | 0.7 | 1.10 | 18.4 | | | 460 | 172 |
| $Ⅲ_3$ | 粉细砂 | 21.0 | 0.7 | | 22.4 | | | 290 | |
| $Ⅳ_1$ | 砂壤土 | 19.1 | 0.6 | 0.75 | 37.1 | | | 680 | 260 |

注：试验指标均为平均值。

淤泥质土、砂壤土、壤土、黏土层，地基承载力主要依据天津市地方标准《岩土工程技术规范》中推荐的物性指标与承载力的经验关系来确定，其他方法作为复核验证手段。其中，淤泥质土、壤土、黏土层 4 种方法确定的地基承载力基本值中，除十字板成果偏低外，物性指标法、标贯法和静力触探 3 种方法成果具有很好的一致性。砂壤土标贯法确定的承载力基本值明显偏大，可能与砂壤土层埋藏深而钻杆较长及孔壁稳定性差造成缩孔、孔底沉淀难以控制，导致测试误差较大有关系。

淤泥和淤泥质土欠固结，强度低，灵敏度高，取样试验困难，因此地基承载力主要依据现场十字板试验成果确定，地基承载力基本值按公式 $R=2C_u$ 计算。与其他方法取得的承载力基本值指标相比较，按该公式计算得到的承载力指标一般是偏大的，按 60% ~ 70% 进行折减后使用较为合理。

砂性土地基承载力采用标准贯入试验成果确定，根据贯入击数与承载力关系提出承载力基本值。

# 第四章　天津平原水利枢纽工程地质实录

## 第一节　永定新河防潮闸工程地质

### 一、工程概况及工程勘察

永定新河位于天津市的北侧，是天津市北部的防洪屏障。河道开挖于1971年，西起天津市北辰区的屈家店，东至塘沽区的北塘镇，流入渤海，全长66 km。它沿途纳入机场排水河、北京排污河、潮白新河和蓟运河等，是海河流域北系永定河、北运河、潮白河和蓟运河的共同入海尾闾河道。永定新河自建成以来，受潮汐水流影响，河道淤积严重，行洪能力下降。为恢复河道原设计行洪能力，需对河道进行治理。

永定新河治理一期工程即建闸部分清淤，其主要内容为：对52+980挡潮埝以下河道进行清淤；在河口63+041处新建防潮闸一座，拒海沙于河口之外，避免其继续淤积闸上河道；在闸下永定新河右岸新建码头一座，以解决未建闸前停泊在闸址上游的鱼船停靠问题；对桩号59+600~62+177长2 577 m的永定新河右堤进行筑堤；根据防潮闸布置需要，新建闸前左、右岸引堤工程。

防潮闸拟建于北塘镇东侧永定新河近入海口处河道上，位于河道桩号63+041附近。右岸码头位于北塘港和华盛拆船厂之间，为高桩梁板式顺岸结构，长650 m，宽30 m，紧邻右岸海挡布置，见图4-1。

该工程论证工作始于20世纪80年代，主选闸址勘察设计于1999年开始，初步设计至2006年完成，工程于2007年正式开工。

工程区地震烈度高，地层为第四系海陆交替沉积的松散堆积物。上部地层以淤泥和淤泥质土等软土为主，具有厚度大、层次复杂、横向变化大以及工程地质性状差等不良特性，此外地基局部存在可液化土层。

勘察工作分别采用钻探、原位测试（标贯、十字板、剪切波）、取样试验等手段，对工程区进行详细调查。

闸址区内布置14条勘探剖面（含原断面勘探点加密），长度分别为：垂直河流方向516~552 m，顺河方向302~383 m。共布置37个钻孔，钻孔间距18.0~80.0 m，其中2个控制性钻孔孔深92.0 m，3个孔深60.0 m，一般钻孔孔深30~50 m。

右岸码头，布置3条纵向勘探剖面，剖面间距20~33 m，钻孔间距25~80 m；垂直海挡方向布置12条横向勘探剖面，剖面间距33~60 m，钻孔间距为13~60 m，控制性钻孔孔深92.0 m，一般单孔孔深35~45 m。

在勘察中，对主要工程地质问题，如基础承载力、抗滑稳定性、沉陷和不均匀沉陷、淤

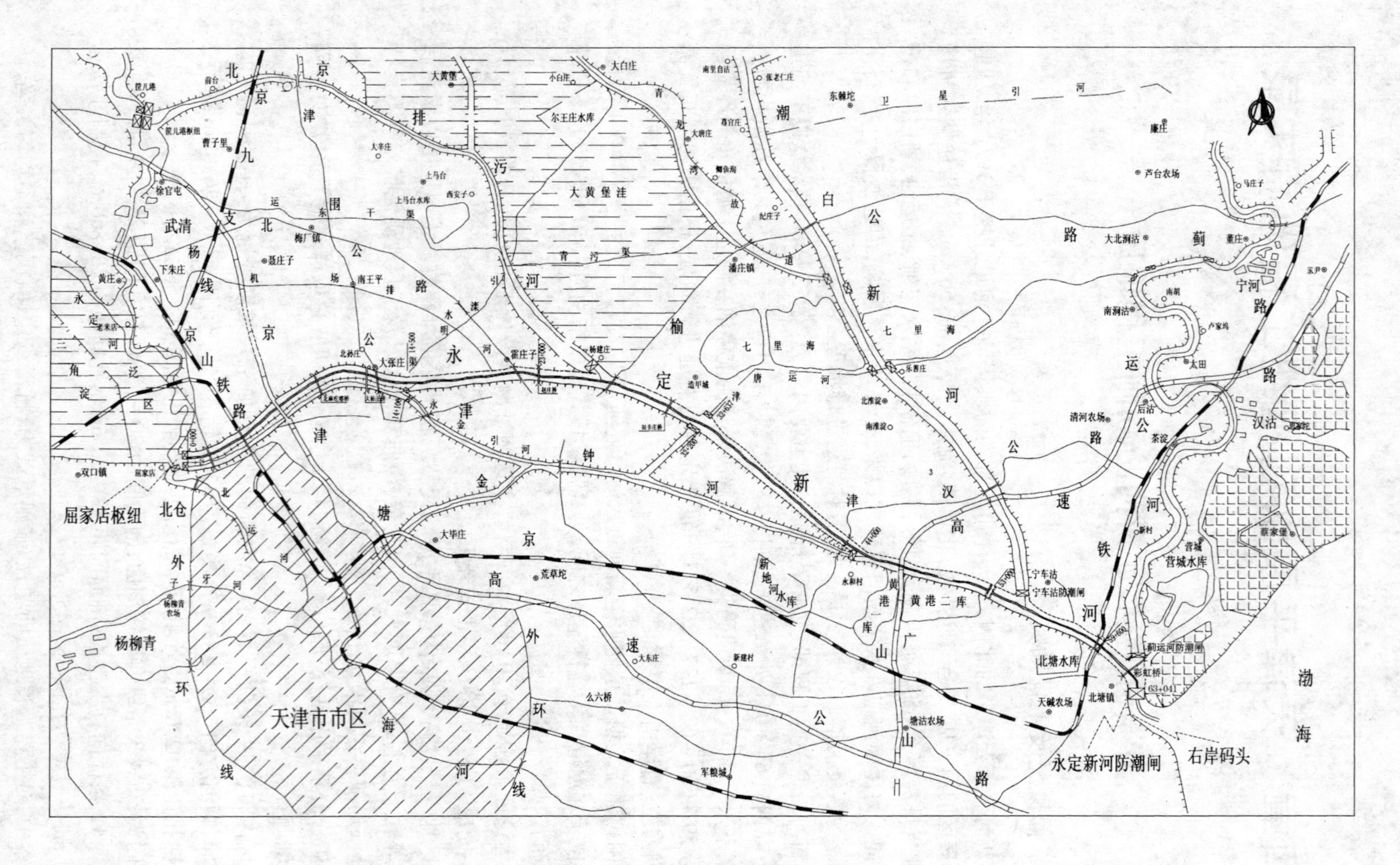


图 4-1 永定新河防潮闸工程位置示意

泥和淤泥质地层震陷、边坡稳定、环境水的腐蚀性等问题进行了深入分析和研究。论证方法以综合分析为主，将原位测试和室内物性、力学试验相结合进行系统分析。根据建筑物特点和工程地质条件，勘察成果提出了各土层物理力学指标建议值、建议开挖边坡及基础处理措施等，如建议闸基和码头基础采用桩基础及桩端持力层层位；并论述浅部淤泥层的特性和处理措施等。

## 二、地质概况

工程区位于海积冲积平原，地貌特征为滨海低地、泻湖洼地和海滩，地势低平。河流两侧广泛分布着鱼塘和洼地。永定新河在中闸位处流向南东，经蓟运河河口和彩虹大桥转为近南北向流经下闸位，并于设计码头部位复转为南东向进入渤海。

在最大勘探深度（92 m）范围内均为第四系更新统和全新统松散堆积物，按成因类型和埋藏深度分为10大层，即新近沉积层、人工堆积层、第Ⅰ陆相层、第Ⅰ海相层、第Ⅱ、Ⅲ陆相层、第Ⅱ海相层、第Ⅳ陆相层、第Ⅲ海相层、第Ⅴ陆相层和第Ⅳ海相层。

工程区地下水按埋藏条件分为孔隙潜水和承压水。孔隙潜水赋存于第Ⅰ陆相层和第Ⅰ海相层壤土及砂壤土中。第Ⅱ、Ⅲ陆相层及其以下的极细砂、砂壤土层中的地下水具微承压性。钻孔水位与初见水位接近，或略高出初见水位。两岸地下水埋藏较浅，地下水与海水关系密切，水质与海水接近，均为高矿化度咸水。

工程区位于华北沉降带的东北部，属新华夏系第二沉降带北塘拗陷构造范围。自中生代晚期至第三纪以来，由于强烈的垂直差异运动，华北平原沉积了很厚的第三系及第四系地层。该区具有基岩埋藏深，第四系松散堆积物厚度大，地震活动性强的特点。

根据资料记载，宁河1976年11月15日发生6.9级地震，霸州—西河闸间1973年9月21日发生4.5级地震，通州1976年9月28日发生4.2级地震，平谷1977年1月4日发生4.0级地震，以上地震影响到工程区烈度不超过Ⅶ度；1976年7月28日唐山丰南发生7.8级地震，影响到工程区烈度为Ⅷ度。

依据1∶400万《中国地震动参数区划图》（GB 18306—2001），闸址区及右岸码头地震动峰值加速度均为0.2$g$，相当于地震基本烈度Ⅷ度，见图4-2。

使用DZQ24型工程地震仪和DJS－J35井中检波器在钻孔中进行剪切波测试，测试方法为单孔检层法，使用叩板震源，共完成了7个钻孔的剪切波测试，其中3孔深度为90 m。各孔20 m深度范围地基土等效剪切波波速为124～131 m/s，小于140 m/s，90 m深度内地层剪切波波速均小于500 m/s，场地覆盖层厚度按大于90 m计。据此判定场地类别为Ⅳ类，场地土类型为软弱土。场地判别标准及测试成果如表4-1所示，两个90 m的深孔剪切波测试成果见图4-3。

**表4-1　场地类别判定标准**

| 等效剪切波波速 $V_{sc}$ 范围 (m/s) | 场地覆盖层厚度 $d_{0V}$ (m) | | |
|---|---|---|---|
| | Ⅱ | Ⅲ | Ⅳ |
| $500 \geq V_{sc} > 250$ | $d_{0V} \geq 9$ | — | — |
| $250 \geq V_{sc} > 140$ | $3 < d_{0V} \leq 50$ | $d_{0V} > 50$ | — |
| $V_{sc} \leq 140$ | $3 < d_{0V} \leq 9$ | $9 < d_{0V} \leq 80$ | $d_{0V} > 80$ |

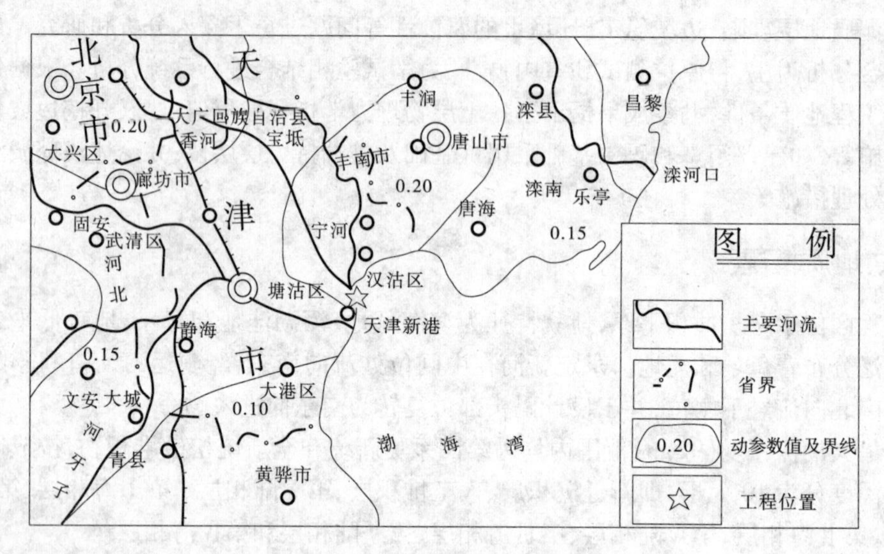


图 4-2 地震动参数区划图略图

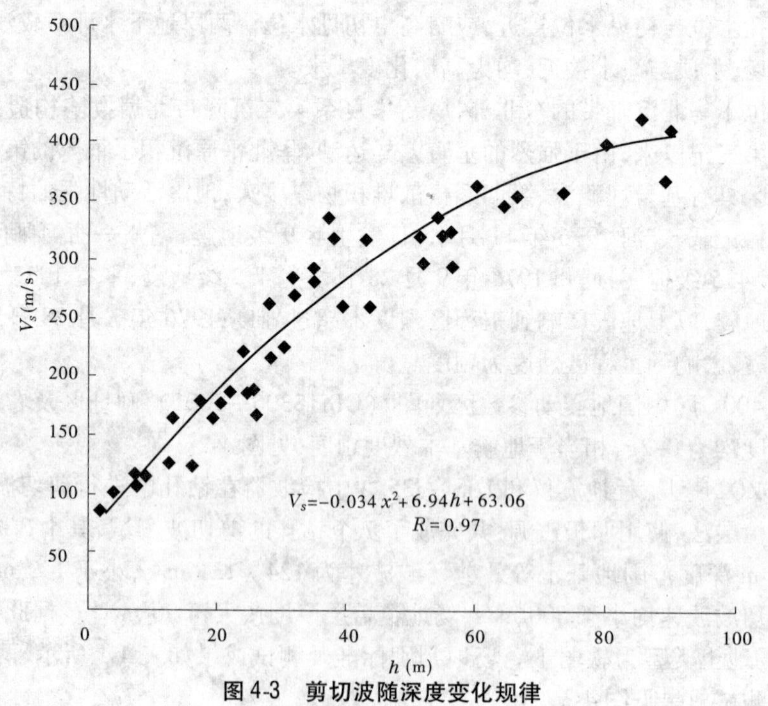


图 4-3 剪切波随深度变化规律

永定新河防潮闸濒临渤海，河道水位受潮汐水流控制。根据距北塘 15 km 的海河口观测资料，历年最高高潮位平均 2.44 m，最低低潮位平均 -2.79 m。

本区地下水按埋藏条件分为两种类型：孔隙潜水和承压水。孔隙潜水赋存于第Ⅰ陆相层和第Ⅰ海相层壤土及砂壤土中，接受大气降水和地下水的侧向补给。承压水赋存于第Ⅱ、Ⅲ陆相层及其以下的极细砂、砂壤土和壤土层中。土体的透水性不均一，第Ⅱ陆相层顶部的黏性土透水性弱，受其阻隔，其下含水层具微承压性。

钻孔稳定水位与初见水位接近，或略高出初见水位。两岸地下水埋藏较浅，水位略高于河水位，地下水补给河水。近岸地下水受潮水影响较大，地下水与河水关系较密切。地下水与海水水质接近，均为高矿化度咸水，水化学类型属于 $Cl^- - K^+ + Na^+$ 型水。

## 三、闸址工程地质

### (一)工程地质条件

永定新河防潮闸主槽闸位位于蓟运河口下游 1 km，桩号 63 + 041。防潮闸推荐采用 20 孔 PHC 管桩基础方案。单孔净宽 15 m，共布置 20 孔。其中深孔 8 孔，底板高程 -6.0 m，浅孔 12 孔，底板高程 -1.0 m。闸室上游布置混凝土铺盖、护坦和干砌石护砌，总长 85 m。闸下布置消能防冲设施长 125 m，防潮闸顺水流方向总长 239 m。

主槽建闸下闸位位于蓟运河河口下游 1 km 处，上距彩虹大桥 0.4 ~ 0.7 km，下距渤海 2 km。该段河流近南北向，两堤间河道宽度 450 ~ 460 m，为复式结构，河槽偏向右岸。近年来河道淤积严重，1995 年河槽宽 350 ~ 360 m，河底高程 -3.2 ~ -5.6 m。2005 年河槽宽 170 ~ 240 m，主流线高程 -2.8 ~ -3.9 m。左侧漫滩宽 170 ~ 210 m，右侧漫滩宽 0 ~ 110 m，顶部高程 0.2 ~ 1.6 m。高潮期水位浸入漫滩至河堤(防浪墙)脚下。

左岸河堤较平坦，高程 3 ~ 4 m，宽约 10 m。右岸北塘镇地势平缓，高程 2 ~ 3.5 m，岸边筑有浆砌石防浪墙。

闸址区在勘探深度 92 m 范围内，均为第四系更新统和全新统海陆交互相松散堆积物。按成因类型和埋藏深度，分为十大层 15 小层。

1. 人工堆积(mlQ)

左岸分布于河堤及池塘边，为原地开挖素填土，主要由褐黄色及灰色黏土和壤土组成。右岸近岸处主要为杂填土，由黏土、壤土混杂砖块、碎石组成。层厚 1.30 ~ 3.50 m，层底高程 1.29 ~ -0.25 m。

2. 新近沉积层($Q_4^{3N}$)

淤泥：灰色，分布于河槽中，孔隙比平均值 2.057；压缩系数平均值 1.518 $MPa^{-1}$，属于高压缩性土。标准贯入自沉，层厚 1.00 ~ 7.00 m，层底高程 1.56 ~ -7.11 m。

3. 第Ⅰ陆相层($alQ_4^3$)

第Ⅰ陆相层：主要为黏土、局部为淤泥质黏土，褐黄—灰黄色，软塑—流塑状，土质较均匀。该层分布于沿河两岸，孔隙比平均值 1.049；压缩系数平均值 0.706 $MPa^{-1}$，属于高压缩性土；渗透系数平均值 $K = 6.0 \times 10^{-8}$ cm/s，属于极微透水。层厚 0.30 ~ 2.40 m，层底高程 0.48 ~ -1.11 m。标准贯入击数平均值 1 击。

4. 第Ⅰ海相层($mQ_4^2$)

第Ⅰ海相层($mQ_4^2$)，按岩性可分为 3 小层。

(1) $Ⅱ_1$ 层：主要为淤泥，局部夹壤土透镜体，灰—深灰色，广布整个河道。标准贯入自沉，孔隙比平均值 1.714；压缩系数平均值 1.437 $MPa^{-1}$，属于高压缩性土；层厚 0.70 ~ 9.85 m，层底高程 -1.80 ~ -14.40 m。

(2) $Ⅱ_2$ 层：主要为淤泥质黏土、淤泥质壤土，分布厚度不稳定，夹有黏土、淤泥、壤土和砂壤土透镜体。

淤泥质黏土为灰色、深灰色，主要分布于两岸。孔隙比平均值1.372；压缩系数平均值0.971 $MPa^{-1}$，属于高压缩性土；渗透系数平均值$K=2.2\times10^{-6}$ cm/s，属于极微—微透水；标准贯入击数平均值1.5击。层厚0.70~11.00 m；层底高程-3.12~-12.86 m。

淤泥质壤土为灰—深灰色，主要分布于河床部位。孔隙比平均值1.127；压缩系数平均值0.849 $MPa^{-1}$，属于高压缩性土；渗透系数$K=6.9\times10^{-7}$ cm/s，属于极微透水；标准贯入击数平均值2.4击。层厚0.5~7.50 m；层底高程-3.51~-15.38 m。

(3) $Ⅱ_3$层：以壤土为主，夹砂壤土、黏土及淤泥质壤土和粉砂，富含贝壳碎片。

壤土为灰—深灰色，流塑—软塑状，不均一。孔隙比平均值0.802；压缩系数平均值0.318 $MPa^{-1}$，属于中等压缩性土；平均渗透系数$K=1.2\times10^{-5}$ cm/s，属于弱透水；标准贯入击数平均值7.4击。层厚0.40~11.70 m，层底高程-4.31~-18.20 m。

砂壤土为浅灰色，稍密，孔隙比平均值0.682；压缩系数平均值0.183 $MPa^{-1}$，属于中等压缩性土；平均渗透系数$K=1.2\times10^{-4}$ cm/s，属于弱—中等透水；标准贯入击数平均值9.9击。层厚0.50~9.30 m，层底高程-7.10~-17.70 m。

淤泥质壤土为灰—深灰色，孔隙比为1.000；压缩系数平均值0.754 $MPa^{-1}$，属于高压缩性土；标准贯入击数平均值3.8击。层厚0.60~1.80 m，层底高程-10.10~-14.75 m。

粉(细)砂为灰色，稍密。标准贯入击数平均值5.5击。层厚0.30~1.20 m，层底高程-4.91~-11.39 m。

5. 第Ⅱ、Ⅲ陆相层($alQ_4^1+alQ_3^e$)

第Ⅱ、Ⅲ陆相层($alQ_4^1+alQ_3^e$)，按岩性可分为3小层。

(1) $Ⅲ_1$层：以壤土为主，夹砂壤土和黏土及粉砂透镜体，广布整个闸基。该层顶部普遍分布一层泥炭，厚度0.1~0.2 m。

壤土为灰黄、黄褐色，软塑—可塑状，局部富含姜石。孔隙比平均值0.707；压缩系数平均值0.29 $MPa^{-1}$，属于中等压缩性土；渗透系数平均值$K=1.1\times10^{-5}$ cm/s，属于弱透水；标准贯入击数平均值11.7击；易溶盐含量平均值0.34%。层厚0.30~13.60 m，层底高程-16.0~-31.44 m。

(2) $Ⅲ_2$层：砂壤土夹壤土、黏土、极细砂。壤土，呈软塑—可塑状；极细砂密实。该层岩性复杂，相变较大。

砂壤土为灰黄、黄色，稍密—密实。孔隙比平均值0.656；压缩系数平均值0.100 $MPa^{-1}$，属于中等压缩性土；渗透系数平均值$K=2.3\times10^{-5}$ cm/s，属于弱透水；易溶盐含量平均值3.72%；标准贯入击数9~50击，平均值27.5击。层厚0.20~5.90 m，层底高程-28.46~-32.44 m。

壤土为灰黄、黄色，可塑状。孔隙比平均值0.736；压缩系数平均值0.310 $MPa^{-1}$，属于中等压缩性土。层厚1.00~6.10 m，层底高程-27.46~-31.14 m。

(3) $Ⅲ_3$层：粉(极细)砂局部夹少量砂壤土、壤土透镜体。呈灰黄、黄褐色，密实，水平向多呈透镜体状分布。孔隙比0.651；标准贯入击数平均值31.3击。层厚1.0~4.0 m，层底高程-30.12~-32.95 m。

壤土为灰黄、黄色。孔隙比平均值0.745；压缩系数平均值0.306 $MPa^{-1}$，属于中等压缩性土；渗透系数$K=1.3\times10^{-7}$~$4.3\times10^{-7}$ cm/s，属于极微透水。层厚0.30 m，层底高程-30.46 m。

6. 第Ⅱ海相层($mcQ_3^d$)

第Ⅱ海相层($mcQ_3^d$)按岩性可分为2小层。

(1)$Ⅳ_1$层:砂壤土夹壤土、黏土和细砂。该层岩性多相变。

砂壤土为灰黄、黄色,稍密状。孔隙比平均值0.559;压缩系数平均值0.130 $MPa^{-1}$,属于中等压缩性土;渗透系数平均值$5.2\times10^{-5}$ cm/s,属于弱透水;标准贯入击数平均值37.1击。该层分布不稳定,层厚0.50~7.0 m,层底高程-32.4~-41.09 m。

壤土为灰黄、黄色,孔隙比平均值0.660;压缩系数平均值0.220 $MPa^{-1}$,属于中等压缩性土;标准贯入击数平均值32.2击。层厚0.70~2.50 m,层底高程-31.82~-36.11 m。

黏土为灰—灰黄色,可塑状。层厚0.20~1.00 m,层底高程-38.09~-38.41 m。该层呈透镜状分布。

细砂为灰—灰黄色,较密实。层厚0.60~3.00 m,层底高程-30.90~-34.35 m。该层呈透镜状分布。标准贯入击数平均值36.2击。

(2)$Ⅳ_2$层:细砂、极细砂夹砂壤土、壤土薄层,灰色—灰黄色,密实。

细砂、极细砂为灰色—灰黄色,密实。孔隙比平均值0.610;压缩系数平均值0.10 $MPa^{-1}$,属于中等压缩性土;渗透系数平均值$K=7.0\times10^{-4}$ cm/s,属于中等透水;标准贯入击数平均值38.9击。层厚0.5~7.30 m,层底高程-33.49~-41.47 m。

壤土为灰黄、黄色,呈可塑 硬塑状。孔隙比平均值0.638;压缩系数平均值0.189 $MPa^{-1}$,属于中等压缩性土;标准贯入击数平均值30.2击。层厚0.30~5.00 m,层底高程-32.55~-41.81 m。

砂壤土为灰黄、黄色,稍密状。孔隙比平均值0.562;压缩系数平均值0.16 $MPa^{-1}$,属于中等压缩性土;标准贯入击数平均值45击。层厚0.2~3.00 m,层底高程-34.66~-42.06 m。

7 第Ⅳ陆相层($alQ_3^c$)

Ⅴ层:岩性以壤土、砂壤土、粉细砂为主,黄 褐黄色。水平向多相变。

壤土为软塑—可塑状,局部含有姜石,孔隙比平均值0.595;压缩系数平均值0.185 $MPa^{-1}$,属于中等压缩性土;标准贯入击数25击。层厚0.4~6.50 m,层底高程-38.40~-53.11 m。

粉细砂较密实,孔隙比平均值0.619;压缩系数平均值0.078 $MPa^{-1}$,属于低压缩性土;标准贯入击数平均值40.1击。层厚0.5~12.2 m,层底高程-44.69~-52.58 m。

砂壤土孔隙比平均值0.600;压缩系数平均值0.084 $MPa^{-1}$,属于低压缩性土;标准贯入击数平均值40.6击。层厚0.9~18.5 m,层底高程-36.36~-56.73 m。

8. 第Ⅲ海相层($mQ_3^b$)

Ⅵ层:主要为砂壤土、粉砂、壤土、夹有黏土。

砂壤土为灰—浅灰色,较密实—密实。孔隙比平均值0.608;压缩系数平均值0.115 $MPa^{-1}$,属于中等压缩性土。层厚1.1~2.9 m,层底高程-59.59~-64.86 m。

壤土为灰—浅灰色,多呈硬塑状。孔隙比平均值0.611;压缩系数平均值0.184 $MPa^{-1}$,属于中等压缩性土。层厚0.5~3.1 m,层底高程-55.08~-57.58 m。

粉砂为灰—浅灰色,密实。天然含水率平均值19.7%;孔隙比平均值0.583;压缩系数平均值0.041 $MPa^{-1}$,属于低压缩性土。层厚0.5~4.2 m,层底高程-54.58~-61.78 m。

黏土为灰—浅灰色,多为硬塑状。孔隙比平均值0.931;压缩系数平均值0.278

MPa$^{-1}$,属于中等压缩性土。层厚 0.6 ~ 2.6 m,层底高程 -53.18 ~ -63.76 m。

9. 第Ⅴ陆相层($alQ_3^a$)

Ⅶ层:浅灰、灰黄色,以壤土(局部夹黏土)为主,呈可塑—硬塑状。

壤土孔隙比平均值 0.593;压缩系数平均值 0.200 MPa$^{-1}$,属于中等压缩性土;标准贯入击数平均值 36 击。层厚 12.0 ~ 14.0 m,层底高程 -73.78 ~ -78.86 m。

黏土孔隙比平均值 0.961;塑性指数平均值 24.2;压缩系数平均值 0.190 MPa$^{-1}$,属于中等压缩性土。层厚 1.0 m,分布底高程 -73.02 m。

10. 第Ⅳ海相层($mcQ_3^b$)

Ⅷ层:灰、灰白色,岩性为细砂、壤土夹砂壤土。该层未揭穿。

细砂孔隙比平均值 0.576;压缩系数平均值 0.109 MPa$^{-1}$,属中等压缩性土。

壤土孔隙比平均值 0.586;塑性指数平均值 12.4;压缩系数平均值 0.143 MPa$^{-1}$,属于中等压缩性土。

砂壤土孔隙比平均值 0.579;压缩系数平均值 0.097 MPa$^{-1}$,属于低压缩性土。

闸址地质纵剖面和闸轴线地质剖面见图 4-4 和图 4-5。

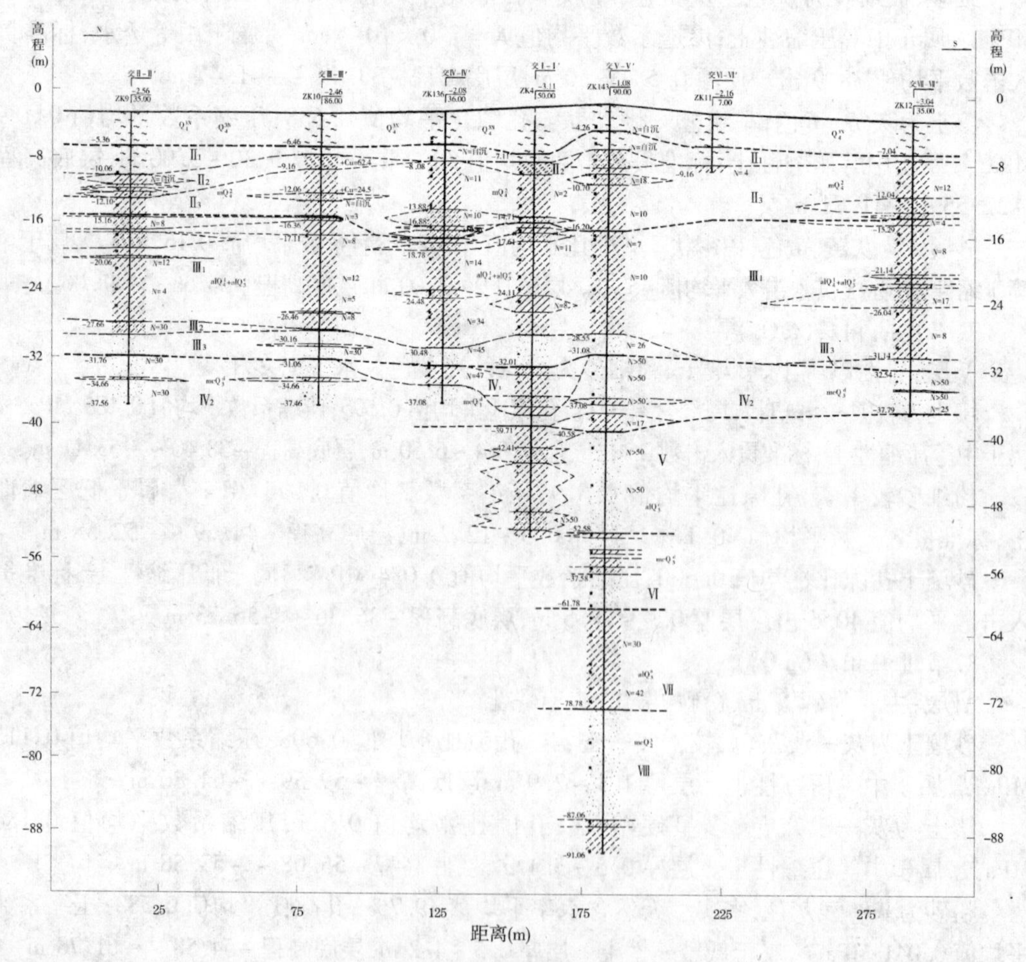


图 4-4 闸址地质纵剖面

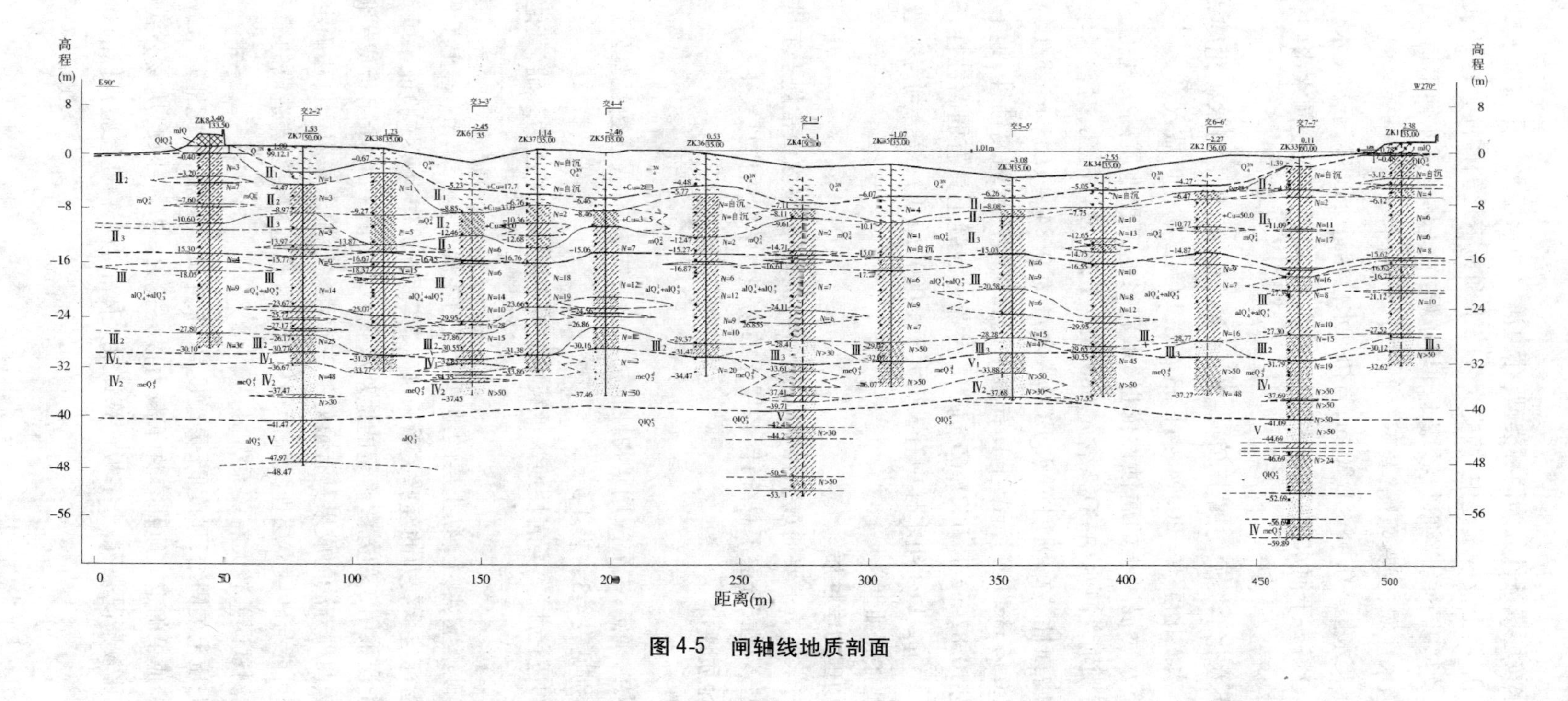
高程
(m)
E 90°
W 270°
8
0
-8
-16
-24
-32
-40
-48
-56
ZK8
ZK7
ZK38
ZK6
ZK37
ZK5
ZK36
ZK4
ZK35
ZK3
ZK34
ZK2
ZK33
ZK1
交2-2'
交3-3'
交4-4'
交1-1'
交5-5'
交6-6'
交7-7'
0
50
100
150
200
250
300
350
400
450
500
距离(m)

图 4-5　闸轴线地质剖面

本区地下水按埋藏条件分为两种类型：孔隙潜水和承压水。孔隙潜水赋存于第Ⅰ陆相层和第Ⅰ海相层壤土及砂壤土中，接受大气降水和地下水的侧向补给。承压水赋存于第Ⅱ、Ⅲ陆相层及其以下的极细砂、砂壤土和壤土层中，土体的透水性不均一，第Ⅱ陆相层顶部的黏性土透水性弱，受其阻隔，其下含水层具微承压性。

钻孔终孔稳定水位 -0.45 ~ 1.28 m，与初见水位相近，或略高于初见水位。两岸地下水埋藏较浅，水位略高于河水位，地下水补给河水。近岸地下水受潮水影响较大，地下水与河水关系较密切。

河水与地下水化学类型均属于 $Cl^- - K^+ + Na^+$ 型水，其中河水矿化度 $M = 10.64 \sim 31.33$ g/L，地下水矿化度 $M = 20.94 \sim 44.33$ g/L，均为高矿化度咸水。

河水及地下水对混凝土的腐蚀性依据《水利水电工程地质勘察规范》（GB50287—99）附录 G 进行判别。河水中 $SO_4^{2-}$ 含量 886.63 ~ 1 286.24 mg/L，对普通水泥具有结晶类硫酸盐型强腐蚀性。高潮期河水 $HCO_3^-$ 含量为 0.84 ~ 1.03 mmol/L，$Mg^{2+}$ 含量为 1 018.62 ~ 1 026.16 mg/L，对混凝土具有溶出型和硫酸镁型弱腐蚀性；地下水中侵蚀性 $CO_2$ 含量分别为 10.82 mg/L 和 21.65 mg/L，后者对混凝土具有弱腐蚀性，$SO_4^{2-}$ 含量为 249.76 ~ 1 361.17 mg/L（4 组水样中有 3 组大于 1 000 mg/L），综合判定对普通水泥具有结晶类硫酸盐型强腐蚀性。

### （二）土的物理力学性质

土的物理力学性质主要通过钻孔中取原状样、扰动样，室内做常规土工试验得到。依据地层成因类型、岩性，分层汇总统计，各层土的物理力学性质详见表 4-2。

### （三）工程地质评价

#### 1. 地基承载力

地基承载力的确定，主要采用了物性指标经验公式法、标贯击数经验公式法和十字板法 3 种方法，分别见表 4-3 ~ 表 4-5。

根据岩性的适宜性，一类岩性地基承载力的确定以一种方法为基础，其他方法予以验证和复核。

淤泥质土、砂壤土、壤土、黏土层的地基承载力主要依据天津市《岩土工程技术规范》中推荐的物性指标与承载力的经验关系来确定，其他方法作为复核验证手段。其中，淤泥质土、壤土、黏土层采用 3 种方法确定的地基承载力基本值中，除十字板成果偏低外，物性指标法和标贯法两种方法的成果具有很好的一致性。砂壤土采用标贯法确定的承载力基本值明显偏大，可能与砂壤土层埋藏深而钻杆较长及孔壁稳定性差造成的缩孔、孔底沉淀难以控制，导致测试误差较大有关系。

淤泥和淤泥质土欠固结，强度低，灵敏度高，取样试验困难，因此地基承载力主要依据现场十字板试验成果确定。地基容许承载力按公式 $R = 2C_u$ 计算，从该公式计算结果与物性、标贯成果比较情况来看，十字板计算结果大体相当于物性经验指标的 0.7 ~ 1 倍，是基本合理的。

表 4-2　闸址土工试验成果统计

| 地层代号 | 层号 | 岩性 | 数据类型 | 天然基本物理性质 |  |  |  |  |  | 界限含水率 |  | 塑性指数 $I_P$ | 液性指数 $I_L$ | 颗粒组成(%) |  |  |  | 渗透系数 |  |
|---|---|---|---|---|---|---|---|---|---|---|---|---|---|---|---|---|---|---|---|
|  |  |  |  | 含水率 (%) | 比重 $G_s$ | 湿密度 $\rho$ (g/cm³) | 干密度 $\rho_d$ (g/cm³) | 饱和度 $S_r$ (%) | 孔隙比 $e$ | 液限 $W_L$ (%) | 塑限 $W_P$ (%) |  |  | 0.5~0.1 mm | 0.1~0.05 mm | 0.05~0.005 mm | <0.005 mm | 垂直 $K_{20}$ | 水平 $K_{20}$ |
| $Q_4^{3N}$ |  | 淤泥 | 组数 | 32 | 36 | 36 | 36 | 36 | 36 | 36 | 36 | 36 | 36 | 28 | 28 | 28 | 28 | 4 | 6 |
|  |  |  | 平均值 | 73.8 | 2.7 | 1.6 | 0.9 | 97.8 | 2.057 | 53.0 | 26.9 | 26.1 | 1.8 | 0.1 | 0.4 | 59.6 | 39.9 | 0.0 | 0.0 |
| $alQ_4^3$ | Ⅰ | 黏土 | 组数 | 2 | 2 | 2 | 2 | 2 | 2 | 2 | 2 | 2 | 2 |  |  | 2 | 2 |  | 1 |
|  |  |  | 平均值 | 38.1 | 2.7 | 1.8 | 1.3 | 99.1 | 1.049 | 44.2 | 22.4 | 21.8 | 0.7 |  |  | 55.1 | 44.9 |  | $6.0\times10^{-8}$ |
| $mQ_4^2$ | Ⅱ₁ | 淤泥 | 组数 | 50 | 52 | 52 | 52 | 52 | 52 | 51 | 51 | 51 | 51 | 43 | 43 | 43 | 43 | 7 | 2 |
|  |  |  | 平均值 | 60.0 | 3.6 | 2.6 | 2.0 | 96.0 | 2.607 | 49.1 | 26.1 | 24.0 | 2.4 | 0.4 | 4.3 | 53.8 | 41.5 | 0.7 | 0.4 |
|  | Ⅱ₂ | 淤泥质壤土 | 组数 | 24 | 24 | 24 | 24 | 24 | 24 | 24 | 24 | 24 | 24 | 22 | 22 | 22 | 22 | 2 | 2 |
|  |  |  | 平均值 | 40.7 | 2.7 | 1.8 | 1.3 | 97.7 | 1.115 | 34.0 | 19.8 | 14.2 | 1.5 | 3.2 | 18.6 | 45.4 | 32.8 | $6.9\times10^{-7}$ | $7.7\times10^{-7}$ |
|  |  | 淤泥质黏土 | 组数 | 35 | 35 | 35 | 35 | 35 | 35 | 33 | 33 | 33 | 32 | 30 | 30 | 30 | 30 | 4 | 2 |
|  |  |  | 平均值 | 48.8 | 2.7 | 1.7 | 1.2 | 97.6 | 1.354 | 45.4 | 23.9 | 21.5 | 1.2 | 0.5 | 7.0 | 48.0 | 44.5 | $2.2\times10^{-6}$ | 0.0 |
|  |  | 黏土 | 组数 | 6 | 6 | 6 | 6 | 6 | 6 | 6 | 6 | 6 | 6 | 6 | 6 | 6 | 6 | 1 |  |
|  |  |  | 平均值 | 37.1 | 3.2 | 2.4 | 1.9 | 83.0 | 1.884 | 39.9 | 21.5 | 19.2 | 1.6 | 4.5 | 10.6 | 47.6 | 37.3 | $5.0\times10^{-1}$ |  |
|  | Ⅱ₃ | 壤土 | 组数 | 103 | 102 | 102 | 102 | 102 | 102 | 105 | 105 | 105 | 101 | 96 | 96 | 96 | 96 | 22 | 8 |
|  |  |  | 平均值 | 28.9 | 2.7 | 1.9 | 1.5 | 96.0 | 0.810 | 28.6 | 18.5 | 10.1 | 1.0 | 9.6 | 29.7 | 39.4 | 21.3 | $1.2\times10^{-5}$ | $2.2\times10^{-6}$ |
|  |  | 砂壤土 | 组数 | 10 | 10 | 10 | 10 | 10 | 10 | 9 | 9 | 9 | 9 | 10 | 10 | 10 | 10 | 4 |  |
|  |  |  | 平均值 | 23.2 | 2.7 | 2.0 | 1.6 | 93.8 | 0.665 | 24.8 | 19.2 | 5.6 | 0.7 | 19.3 | 43.3 | 25.1 | 12.3 | 0.0 |  |
|  |  | 黏土 | 组数 | 6 | 6 | 6 | 6 | 6 | 6 | 6 | 6 | 6 | 6 | 7 | 7 | 7 | 7 | 1 |  |
|  |  |  | 平均值 | 36.4 | 2.7 | 1.8 | 1.2 | 94.0 | 1.048 | 42.5 | 23.9 | 18.7 | 0.7 | 1.3 | 8.3 | 49.4 | 41.0 | $4.7\times10^{-5}$ |  |

续表 4-2

| 地层代号 | 层号 | 岩性 | 数据类型 | 天然基本物理性质 | | | | | | 界限含水率 | | 塑性指数 $I_P$ | 液性指数 $I_L$ | 颗粒组成(%) | | | | 渗透系数 | |
|---|---|---|---|---|---|---|---|---|---|---|---|---|---|---|---|---|---|---|---|
| | | | | 含水率(%) | 比重 $G_s$ | 湿密度 $\rho$ (g/cm³) | 干密度 $\rho_d$ (g/cm³) | 饱和度 $S_r$ (%) | 孔隙比 $e$ | 液限 $W_L$ (%) | 塑限 $W_P$ (%) | | | 0.5~0.1 mm | 0.1~0.05 mm | 0.05~0.005 mm | <0.005 mm | 垂直 $K_{20}$ | 水平 $K_{20}$ |
| $alQ_4^1$ + $alQ_3^e$ | Ⅲ$_1$ | 壤土 | 组数 | 201 | 196 | 196 | 196 | 196 | 196 | 202 | 202 | 203 | 198 | 181 | 181 | 181 | 181 | 35 | 15 |
| | | | 平均值 | 25.4 | 2.7 | 2.0 | 1.6 | 97.4 | 0.709 | 30.9 | 18.8 | 12.0 | 0.5 | 3.3 | 19.0 | 51.5 | 26.2 | $1.1\times10^{-5}$ | $8.6\times10^{-7}$ |
| | | 砂壤土 | 组数 | 1 | 1 | 1 | 1 | 1 | 1 | 1 | 1 | 1 | 1 | 3 | 3 | 3 | 3 | | |
| | | | 平均值 | 26.1 | 2.7 | 2.0 | 1.6 | 100.0 | 0.706 | 26.6 | 20.8 | 5.8 | 0.9 | 50.5 | 20.4 | 18.6 | 10.5 | | |
| | Ⅲ$_2$ | 壤土 | 组数 | 2 | 2 | 2 | 2 | 2 | 2 | 2 | 2 | 2 | 2 | 2 | 2 | 2 | 2 | | |
| | | | 平均值 | 24.4 | 2.7 | 2.0 | 1.6 | 90.0 | 0.736 | 29.1 | 21.4 | 7.8 | 0.4 | 9.2 | 37.4 | 38.5 | 15.0 | | |
| | | 砂壤土 | 组数 | 17 | 12 | 12 | 12 | 12 | 12 | 15 | 15 | 15 | 10 | 30 | 30 | 30 | 30 | 6 | |
| | | | 平均值 | 23.0 | 2.7 | 2.0 | 1.6 | 92.3 | 0.656 | 25.0 | 19.6 | 5.4 | 0.7 | 32.9 | 38.6 | 19.8 | 8.7 | $2.3\times10^{-5}$ | |
| | Ⅲ$_3$ | 壤土 | 组数 | 3 | 3 | 3 | 3 | 3 | 3 | 3 | 3 | 3 | 3 | | 3 | 3 | 3 | 2 | |
| | | | 平均值 | 26.4 | 2.8 | 2.0 | 1.6 | 97.4 | 0.745 | 32.1 | 20.3 | 11.8 | 0.5 | | 13.3 | 62.2 | 24.6 | $2.8\times10^{-7}$ | |
| | | 粉砂 | 组数 | 2 | 1 | 1 | 1 | 1 | 1 | | | | | 7 | 7 | 7 | 7 | 1 | |
| | | | 平均值 | 21.0 | 2.7 | 2.0 | 1.6 | 92.5 | 0.651 | | | | | 47.6 | 32.6 | 13.6 | 6.2 | $3.6\times10^{-5}$ | |
| $mcQ_3^d$ | Ⅳ$_1$ | 壤土 | 组数 | 3 | 3 | 3 | 3 | 3 | 3 | 3 | 3 | 3 | 3 | 4 | 4 | 4 | 4 | | |
| | | | 平均值 | 24.0 | 2.7 | 2.0 | 1.6 | 99.1 | 0.660 | 29.5 | 18.5 | 11.0 | 0.5 | 12.1 | 20.1 | 47.3 | 20.5 | | |
| | | 砂壤土 | 组数 | 17 | 15 | 15 | 15 | 15 | 15 | 6 | 6 | 6 | 4 | 32 | 32 | 32 | 32 | 4 | 1 |
| | | | 平均值 | 19.1 | 2.7 | 2.1 | 1.7 | 90.0 | 0.559 | 23.2 | 17.5 | 5.7 | 0.8 | 54.9 | 21.6 | 18.3 | 8.2 | $5.2\times10^{-5}$ | $2.5\times10^{-6}$ |
| | Ⅳ$_2$ | 壤土 | 组数 | 9 | 9 | 9 | 9 | 9 | 9 | 9 | 9 | 9 | 9 | 12 | 12 | 12 | 12 | 1 | |
| | | | 平均值 | 21.8 | 2.7 | 2.0 | 1.7 | 93.0 | 0.638 | 30.4 | 19.0 | 11.4 | 0.3 | 8.5 | 18.4 | 46.8 | 26.3 | $1.7\times10^{-7}$ | |
| | | 砂壤土 | 组数 | 2 | 2 | 2 | 2 | 2 | 2 | 1 | 1 | 1 | 1 | 3 | 3 | 3 | 3 | 1 | |
| | | | 平均值 | 20.3 | 2.7 | 2.1 | 1.7 | 97.5 | 0.562 | 23.3 | 16.6 | 6.7 | 0.6 | 63.4 | 21.9 | 9.7 | 5.0 | $1.5\times10^{-6}$ | |
| | | 细砂 | 组数 | 17 | 12 | 12 | 12 | 12 | 12 | 2 | 2 | 2 | | 25 | 25 | 25 | 25 | 4 | |
| | | | 平均值 | 20.8 | 2.7 | 2.0 | 1.7 | 89.1 | 0.610 | 26.7 | 16.0 | 10.8 | | 71.6 | 15.9 | 8.6 | 3.9 | $7.0\times10^{-4}$ | |

续表 4-2

| 地层代号 | 层号 | 岩性 | 数据类型 | 天然基本物理性质 | | | | | | 界限含水率 | | 塑性指数 $I_P$ | 液性指数 $I_L$ | 颗粒组成(%) | | | | 渗透系数 | |
|---|---|---|---|---|---|---|---|---|---|---|---|---|---|---|---|---|---|---|---|
| | | | | 含水率(%) | 比重 $G_s$ | 湿密度 $\rho$ (g/cm³) | 干密度 $\rho_d$ (g/cm³) | 饱和度 $S_r$ (%) | 孔隙比 $e$ | 液限 $W_L$ (%) | 塑限 $W_P$ (%) | | | 0.5~0.1 mm | 0.1~0.05 mm | 0.05~0.005 mm | <0.005 mm | 垂直 $K_{20}$ | 水平 $K_{20}$ |
| $alQ_3^c$ | V | 壤土 | 组数 | 4 | 4 | 4 | 4 | 4 | 4 | 5.0 | 5 | 5 | 2 | 11 | 11 | 11 | 11 | | |
| | | | 平均值 | 19.2 | 2.70 | 2.02 | 1.70 | 85.7 | 0.595 | 26.0 | 16.3 | 9.7 | 0.7 | 41.3 | 21.8 | 20.2 | 16.6 | | |
| | | 砂壤土 | 组数 | 5 | 5 | 5 | 5 | 5 | 5 | 3 | 3 | 3 | 3 | 9 | 9 | 9 | 9 | 1 | 2 |
| | | | 平均值 | 21.4 | 2.69 | 2.01 | 1.7 | 91.5 | 0.629 | 24.7 | 17.4 | 7.2 | 0.5 | 66.2 | 19.2 | 8.1 | 6.5 | $1.6\times10^{-6}$ | 0.0 |
| | | 细砂 | 组数 | 8 | 6 | 6 | 6 | 6 | 6 | | | | | 8 | 8 | 8 | 8 | 1 | |
| | | | 平均值 | 19.81 | 2.69 | 1.97 | 1.67 | 30.38 | 0.619 | | | | | 88.8 | 8.3 | 1.7 | 1.2 | $1.3\times10^{-3}$ | |
| $mQ_3^b$ | VI | 粉砂 | 组数 | 3 | 3 | 3 | 3 | 3 | 3 | | | | | 3 | 3 | 3 | 3 | | |
| | | | 平均值 | 19.7 | 2.7 | 2.0 | 1.7 | 90.6 | 0.583 | | | | | 69.8 | 18.6 | 6.9 | 4.6 | | |
| | | 壤土 | 组数 | 4 | 4 | 4 | 4 | 4 | 4 | 3 | 3 | 3 | 3 | 4 | 4 | 4 | 4 | 2 | |
| | | | 平均值 | 21.0 | 2.7 | 2.0 | 1.7 | 93.1 | 0.611 | 20.0 | 18.9 | 11.0 | 0.2 | 12.0 | 33.6 | 31.5 | 22.9 | $2.6\times10^{-6}$ | |
| | | 砂壤土 | 组数 | 3 | 3 | 3 | 3 | 3 | 3 | | | | | 3 | 3 | 3 | 3 | 1 | |
| | | | 平均值 | 14.8 | 2.7 | 1.9 | 1.7 | 66.0 | 0.608 | | | | | 76.6 | 12.4 | 4.9 | 6.1 | $9.5\times10^{-7}$ | |
| | | 黏土 | 组数 | 3 | 3 | 3 | 3 | 3 | 3 | 3 | 3 | 3 | 3 | | | 3 | 3 | $1.03\times10^{-6}$ | |
| | | | 平均值 | 32.7 | 2.7 | 1.9 | 1.4 | 96.3 | 0.931 | 48.4 | 27.3 | 21.1 | 0.3 | | | 44.8 | 55.2 | $1.0\times10^{-6}$ | |
| $alQ_3^a$ | VII | 黏土 | 组数 | 1 | 1 | 1 | 1 | 1 | 1 | 1 | 1 | 1 | 1 | | | 1 | 1 | 1 | |
| | | | 平均值 | 35.3 | 2.74 | 1.89 | 1.4 | 100 | 0.961 | 51.6 | 27.4 | 24.2 | 0.33 | | | 63.0 | 37.0 | 24h 不透水 | |
| | | 壤土 | 组数 | 14 | 14 | 13 | 13 | 13 | 13 | 14 | 14 | 14 | 14 | 11 | 11 | 11 | 11 | 3 | |
| | | | 平均值 | 20.9 | 2.7 | 2.1 | 1.7 | 95.1 | 0.593 | 28.9 | 16.9 | 12.0 | 0.3 | 8.8 | 13.4 | 47.8 | 30.0 | $6.5\times10^{-8}$ | |
| $mcQ_3^b$ | VIII | 砂壤土 | 组数 | 1 | 1 | 1 | 1 | 1 | 1 | 1 | 1 | 1 | 1 | 1 | 1 | 1 | 1 | | |
| | | | 平均值 | 18.6 | 2.69 | 2.02 | 1.70 | 86.4 | 0.579 | 21.3 | 16.9 | 4.4 | 0.39 | 62.2 | 21.6 | 11.0 | 5.2 | | |
| | | 壤土 | 组数 | 1 | 1 | 1 | 1 | 1 | 1 | 1 | 1 | 1 | 1 | 1 | 1 | 1 | 1 | 1 | |
| | | | 平均值 | 16.2 | 2.71 | 2.14 | 1.84 | 93.1 | 0.472 | 21.9 | 12.5 | 9.4 | 0.39 | 31.7 | 14.5 | 30.7 | 23.1 | $9.4\times10^{-6}$ | |

续表 4-2

| 地层代号 | 层号 | 岩性 | 数据类型 | 直剪（自然快） | | 直剪（饱和快） | | 直剪（饱固快） | | 三轴（饱和UU） | | 三轴（CU′） | | | | 压缩性（天然快速） | | 压缩性（天然常规） | |
|---|---|---|---|---|---|---|---|---|---|---|---|---|---|---|---|---|---|---|---|
| | | | | | | | | | | 总应力 | | 总应力 | | 有效应力 | | | | | |
| | | | | 凝聚力 $C$（kPa） | 摩擦角 $\varphi$（°） | 凝聚力 $C$（kPa） | 摩擦角 $\varphi$（°） | 凝聚力 $C$（kPa） | 摩擦角 $\varphi$（°） | 凝聚力 $C$（kPa） | 摩擦角 $\varphi$（°） | 凝聚力 $C$（kPa） | 摩擦角 $\varphi$（°） | 凝聚力 $C'$（kPa） | 摩擦角 $\varphi'$（°） | 压缩系数 $a_{v1-2}$（MPa） | 压缩模量 $E_{s1-2}$（MPa） | 压缩系数 $a_{v1-2}$（MPa） | 压缩模量 $E_{s1-2}$（MPa） |
| $Q_4^{3N}$ | | 淤泥 | 组数 | 3 | 3 | 4 | 4 | 4 | 4 | 8 | 8 | 4 | 4 | 4 | 4 | 12 | 12 | 11 | 11 |
| | | | 平均值 | 3.2 | 1.6 | 5.3 | 0.9 | 5.8 | 24.3 | 9.6 | 0.8 | 24.3 | 10.3 | 18.3 | 18.2 | 1.5 | 2.0 | 1.5 | 2.1 |
| $alQ_4^3$ | Ⅰ | 黏土 | 组数 | | | | | | | 1 | 1 | 1 | 1 | 1 | 1 | 1 | 1 | 1 | 1 |
| | | | 平均值 | | | | | | | 32.2 | 0.1 | 0.8 | 20.7 | 10.5 | 30.1 | 0.7 | 2.9 | 0.6 | 3.7 |
| $mQ_4^2$ | $Ⅱ_1$ | 淤泥 | 组数 | 7 | 7 | 4 | 4 | 5 | 5 | 16 | 16 | 9 | 9 | 9 | 9 | 26 | 26 | 6 | 6 |
| | | | 平均值 | 10.6 | 1.3 | 4.4 | 5.4 | 7.2 | 20.5 | 9.5 | 2.1 | 20.6 | 14.2 | 19.0 | 23.5 | 2.2 | 2.9 | 1.9 | 2.5 |
| | $Ⅱ_2$ | 淤泥质壤土 | 组数 | 2 | 2 | 3 | 2 | 3 | 2 | 3 | 3 | 4 | 4 | 4 | 4 | 5 | 5 | 7 | 7 |
| | | | 平均值 | 14.5 | 4.6 | 14.7 | 22.4 | 32.4 | 23.2 | 13.9 | 2.7 | 10.2 | 19.8 | 7.7 | 31.4 | 0.8 | 3.0 | 0.6 | 3.9 |
| | | 淤泥质黏土 | 组数 | 4 | 4 | 1 | 1 | 4 | 4 | 7 | 7 | 8 | 8 | 8 | 8 | 9 | 9 | 10 | 10 |
| | | | 平均值 | 6.5 | 4.7 | 5.0 | 0.3 | 11.2 | 19.0 | 14.5 | 2.2 | 15.0 | 16.3 | 11.1 | 27.5 | 0.8 | 3.1 | 1.0 | 2.5 |
| | | 黏土 | 组数 | | | | | 1 | 1 | 2 | 2 | 1 | 1 | 1 | 1 | 3 | 3 | 1 | 1 |
| | | | 平均值 | | | | | 0.6 | 11.5 | 14.2 | 0.9 | 2.0 | 10.4 | 1.8 | 16.3 | 1.2 | 4.1 | 0.9 | 2.0 |
| | $Ⅱ_3$ | 壤土 | 组数 | 17 | 17 | 8 | 8 | 18 | 17 | 29 | 29 | 21 | 21 | 21 | 21 | 56 | 56 | 9 | 9 |
| | | | 平均值 | 23.1 | 26.9 | 15.4 | 19.5 | 15.8 | 26.8 | 30.8 | 11.2 | 47.5 | 27.2 | 33.5 | 31.6 | 0.3 | 7.8 | 0.3 | 8.7 |
| | | 砂壤土 | 组数 | 1 | 1 | | | 1 | 1 | 2 | 2 | 4 | 4 | 4 | 4 | 4 | 4 | | |
| | | | 平均值 | 36.6 | 26.7 | | | 5.0 | 33.4 | 38.5 | 29.3 | 39.4 | 33.2 | 16.1 | 36.2 | 0.2 | 12.4 | | |
| | | 黏土 | 组数 | | | 1 | 1 | | | 1 | 1 | 1 | 1 | 1 | 1 | 3 | 3 | 1 | 1 |
| | | | 平均值 | | | 77.0 | 13.2 | | | 31.9 | 1.5 | 12.4 | 14.3 | 5.8 | 30.3 | 0.9 | 2.5 | 0.7 | 2.9 |

续表 4-2

| 地层代号 | 层号 | 岩性 | 数据类型 | 直剪(自然快) | | 直剪(饱和快) | | 直剪(饱固快) | | 三轴(饱和UU) | | 三轴(CU) | | | | 压缩性(天然快速) | | 压缩性(天然常规) | |
|---|---|---|---|---|---|---|---|---|---|---|---|---|---|---|---|---|---|---|---|
| | | | | | | | | | | 总应力 | | 总应力 | | 有效应力 | | | | | |
| | | | | 凝聚力 $C$ (kPa) | 摩擦角 $\varphi$ (°) | 凝聚力 $C$ (kPa) | 摩擦角 $\varphi$ (°) | 凝聚力 $C$ (kPa) | 摩擦角 $\varphi$ (°) | 凝聚力 $C$ (kPa) | 摩擦角 $\varphi$ (°) | 凝聚力 $C$ (kPa) | 摩擦角 $\varphi$ (°) | 凝聚力 $C'$ (kPa) | 摩擦角 $\varphi'$ (°) | 压缩系数 $a_{v1-2}$ (MPa) | 压缩模量 $E_{s1-2}$ (MPa) | 压缩系数 $a_{v1-2}$ (MPa) | 压缩模量 $E_{s1-2}$ (MPa) |
| $alQ_4^1 + alQ_3^e$ | Ⅲ₁ | 壤土 | 组数 | 30 | 30 | 18 | 18 | 24 | 24 | 40 | 40 | 41 | 41 | 41 | 41 | 88 | 88 | 27 | 27 |
| | | | 平均值 | 34.2 | 14.8 | 26.0 | 18.3 | 20.2 | 24.4 | 42.7 | 6.0 | 42.2 | 22.5 | 29.0 | 30.0 | 0.3 | 6.6 | 0.3 | 6.3 |
| | | 砂壤土 | 组数 | | | | | | | | | 1 | 1 | 1 | 1 | 1 | 1 | | |
| | | | 平均值 | | | | | | | | | 113.0 | 17.3 | 19.0 | 33.7 | 0.2 | 10.6 | | |
| | Ⅲ₂ | 壤土 | 组数 | | | 1 | 1 | | | | | | | | | 1 | 1 | | |
| | | | 平均值 | | | 37.0 | 20.9 | | | | | | | | | 0.3 | 5.9 | | |
| | | 砂壤土 | 组数 | 2 | 2 | | | | | 3 | 3 | 3 | 3 | 3 | 3 | 8 | 8 | 3 | 3 |
| | | | 平均值 | 30.9 | 32.1 | | | | | 72.5 | 33.9 | 47.3 | 39.4 | 38.8 | 40.5 | 0.1 | 17.3 | 0.1 | 14.8 |
| | Ⅲ₃ | 壤土 | 组数 | | | | | | | 1 | 1 | 1 | 1 | 1 | 1 | 1 | 1 | | |
| | | | 平均值 | | | | | | | 35.0 | 1.6 | 26.0 | 25.6 | 23.0 | 31.0 | 0.3 | 5.9 | | |
| | | 粉砂土 | 组数 | 1 | 1 | | | | | | | | | | | | | | |
| | | | 平均值 | 2.1 | 36.9 | | | | | | | | | | | | | | |
| $mcQ_3^d$ | Ⅳ₁ | 壤土 | 组数 | 2 | 2 | | | | | | | 1 | 1 | 1 | 1 | 3 | 3 | | |
| | | | 平均值 | 14.1 | 35.1 | | | | | | | 58.8 | 19.2 | 44.0 | 27.3 | 0.2 | 8.7 | | |
| | | 砂壤土 | 组数 | 6 | 6 | | | | | 4 | 4 | 1 | 1 | 1 | 1 | 10 | 10 | 2 | 2 |
| | | | 平均值 | 23.8 | 37.3 | | | | | 24.2 | 25.3 | 14.0 | 36.6 | 11.0 | 36.9 | 0.1 | 19.7 | 0.1 | 12.7 |
| | Ⅳ₂ | 壤土 | 组数 | 4 | 4 | | | | | 2 | 2 | 2 | 2 | 2 | 2 | 7 | 7 | | |
| | | | 平均值 | 47.8 | 20.7 | | | | | 61.8 | 3.5 | 65.3 | 18.1 | 44.0 | 26.3 | 0.2 | 9.0 | | |
| | | 砂壤土 | 组数 | 1 | 1 | | | | | | | | | | | 1 | 1 | | |
| | | | 平均值 | 63.5 | 3.1 | | | | | | | | | | | 0.2 | 9.7 | | |
| | | 细砂 | 组数 | 4 | 4 | | | | | 3 | 3 | 2 | 2 | 2 | 2 | 8 | 8 | | |
| | | | 平均值 | 32.6 | 37.1 | | | | | 72.0 | 33.4 | 14.3 | 37.3 | 10.8 | 38.5 | 0.1 | 17.3 | | |

续表 4-2

| 地层代号 | 层号 | 岩性 | 数据类型 | 直剪（自然快） | | 直剪（饱和快） | | 直剪（饱固快） | | 三轴（饱和UU） | | 三轴（CU′） | | | | 压缩性（天然快速） | | 压缩性（天然常规） | |
|---|---|---|---|---|---|---|---|---|---|---|---|---|---|---|---|---|---|---|---|
| | | | | | | | | | | 总应力 | | 总应力 | | 有效应力 | | | | | |
| | | | | 凝聚力 $C$（kPa） | 摩擦角 $\varphi$（°） | 凝聚力 $C$（kPa） | 摩擦角 $\varphi$（°） | 凝聚力 $C$（kPa） | 摩擦角 $\varphi$（°） | 凝聚力 $C$（kPa） | 摩擦角 $\varphi$（°） | 凝聚力 $C$（kPa） | 摩擦角 $\varphi$（°） | 凝聚力 $C'$（kPa） | 摩擦角 $\varphi'$（°） | 压缩系数 $a_{v1-2}$（MPa） | 压缩模量 $E_{s1-2}$（MPa） | 压缩系数 $a_{v1-2}$（MPa） | 压缩模量 $E_{s1-2}$（MPa） |
| $alQ_3^c$ | Ⅴ | 壤土 | 组数 | 1 | 1 | 1 | 1 | | | | | | | | | 3 | 3 | | |
| | | | 平均值 | 59.5 | 13.8 | 24.4 | 34.2 | | | | | | | | | 0.2 | 9.4 | | |
| | | 砂壤土 | 组数 | 2 | 2 | | | | | 3 | 3 | | | | | 2 | 2 | 2 | 2 |
| | | | 平均值 | 22.4 | 34.6 | | | | | 29.9 | 24.4 | | | | | 0.1 | 19.8 | 0.2 | 15.1 |
| | | 细砂 | 组数 | 1 | 1 | | | | | 2 | 2 | 1 | 1 | 1 | 1 | 5 | 5 | | |
| | | | 平均值 | 23.84 | 36.50 | | | | | 55.50 | 36.90 | 3.50 | 44.40 | 2.35 | 44.70 | 0.08 | 21.35 | | |
| $mQ_3^b$ | Ⅵ | 粉砂 | 组数 | 2 | 2 | | | | | 1 | 1 | | | | | 1 | 1 | | |
| | | | 平均值 | 43.3 | 36.2 | | | | | 16.5 | 40.5 | | | | | 0.0 | 39.2 | | |
| | | 壤土 | 组数 | 2 | 2 | | | | | 1 | 1 | | | | | 2 | 2 | | |
| | | | 平均值 | 57.2 | 16.3 | | | | | 37.3 | 13.9 | | | | | 0.2 | 10.3 | | |
| | | 砂壤土 | 组数 | 1 | 1 | | | | | 1 | 1 | | | | | 3 | 3 | | |
| | | | 平均值 | 32.2 | 31.8 | | | | | 6.5 | 38.6 | | | | | 0.1 | 16.1 | | |
| | | 黏土 | 组数 | | | | | | | 1 | 1 | | | | | 3 | 3 | | |
| | | | 平均值 | | | | | | | 116.8 | 4.5 | | | | | 0.3 | 7.1 | | |
| $alQ_3^a$ | Ⅶ | 黏土 | 组数 | | | | | | | | | | | | | 1 | 1 | | |
| | | | 平均值 | | | | | | | | | | | | | 0.19 | 10.32 | | |
| | | 壤土 | 组数 | 6 | 6 | | | | | 4 | 4 | 1 | 1 | 1 | 1 | 6 | 6 | | |
| | | | 平均值 | 55.0 | 15.0 | | | | | 85.6 | 7.2 | 96.0 | 21.0 | 90.5 | 23.7 | 0.2 | 8.9 | | |
| $mcQ_3^b$ | Ⅷ | 砂壤土 | 组数 | 1 | 1 | | | | | | | | | | | 1 | 1 | | |
| | | | 平均值 | 35.00 | 34.6 | | | | | | | | | | | 0.097 | 16.3 | | |
| | | 壤土 | 组数 | | | | | | | | | | | | | | | | |
| | | | 平均值 | | | | | | | | | | | | | | | | |

**表 4-3　地基土的承载力基本值分层统计**

| 层位 | 层号 | 岩性 | 含水率(%) | 孔隙比 | 液性指数 | 统计组数 $n$ | 承载力基本值(kPa) |
|---|---|---|---|---|---|---|---|
| $mQ_4^2$ | Ⅱ$_1$ | 淤泥 | 62.8 | 1.766 | 1.60 | 50 | 52 |
| | Ⅱ$_2$ | 壤土 | 31.3 | 0.854 | 0.88 | 4 | 151 |
| | | 淤泥质壤土 | 42.7 | 1.172 | 1.66 | 23 | 84 |
| | | 淤泥质黏土 | 51.0 | 1.414 | 1.23 | 31 | 68 |
| | | 黏土 | 45.2 | 1.258 | 0.91 | 6 | 80 |
| | Ⅱ$_3$ | 粉砂 | 23.9 | 0.713 | | 1 | 215 |
| | | 壤土 | 29.5 | 0.826 | 1.23 | 97 | 127 |
| | | 砂壤土 | 25.2 | 0.716 | 1.39 | 11 | 155 |
| | | 淤泥质壤土 | 33.5 | | | 4 | 90 |
| | | 淤泥质黏土 | 47.5 | 1.000 | 1.32 | 1 | 76 |
| | | 黏土 | 43.8 | 1.254 | 0.86 | 7 | 84 |
| $alQ_4^1+alQ_3^d$ | Ⅲ$_1$ | 壤土 | 25.9 | 0.721 | 0.60 | 195 | 208 |
| | | 砂壤土 | 26.1 | 0.706 | 0.91 | 1 | 187 |
| | | 黏土 | | 0.945 | 0.4 | 5 | 217 |
| | Ⅲ$_2$ | 壤土 | 24.4 | 0.736 | 0.44 | 2 | 212 |
| | | 砂壤土 | 23.9 | 0.695 | 0.90 | 10 | 191 |
| | Ⅲ$_3$ | 壤土 | 26.4 | 0.745 | 0.52 | 3 | 203 |
| | | 极细(粉)砂 | 21.0 | 0.651 | | 1 | 250 |
| $mcQ_3^d$ | Ⅳ$_1$ | 砂壤土 | 20.2 | 0.598 | 0.75 | 4 | 275 |
| | | 壤土 | 24.0 | 0.660 | 0.50 | 3 | 229 |
| | Ⅳ$_2$ | 壤土 | 23.8 | 0.689 | 0.51 | 11 | 222 |
| | | 砂壤土 | 20.3 | 0.562 | 0.61 | 1 | 285 |
| | | 粉(细)砂 | 22.7 | 0.671 | | 12 | 248 |
| $alQ_3^e$ | Ⅴ | 壤土 | 19.2 | 0.595 | 0.72 | 4 | 223 |
| | | 砂壤土 | 20.1 | 0.600 | 0.53 | 4 | 280 |
| | | 粉(细)砂 | 21.6 | 0.656 | | 6 | 221 |
| | | 黏土 | 29.7 | 0.881 | 0.09 | 1 | 194 |

**表 4-4　标准贯入试验分层统计**

| 地层 | 层号 | 岩性 | 标贯平均击数 N′ | 承载力基本值（kPa） |
|---|---|---|---|---|
| $Q_4^{3N}$ | | 淤泥 | 0 | — |
| $mQ_4^2$ | Ⅱ$_1$ | 淤泥 | 0 | — |
| | Ⅱ$_2$ | 淤泥质壤土 | 2.5 | 80 |
| | | 砂壤土 | 4.2 | 130 |
| | | 淤泥质黏土 | 1.1 | — |
| | Ⅲ$_3$ | 壤土 | 5.6 | 160 |
| | | 砂壤土 | 6.4 | 180 |
| | | 淤泥质壤土 | 2.9 | 100 |
| $alQ_4^1$ + $alQ_3^e$ | Ⅲ$_1$ | 壤土 | 7.2 | 161 |
| | | 砂壤土 | 13.7 | 314 |
| | | 黏土 | 4.9 | 140 |
| | Ⅲ$_2$ | 极细砂 | 16.7 | 180 |
| | | 壤土 | 7.5 | 190 |
| | | 砂壤土 | 18.4 | 472 |
| | Ⅲ$_3$ | 极细砂 | 22.4 | 200 |
| | | 细砂 | 33.9 | 215 |
| $mcQ_3^d$ | Ⅳ$_1$ | 砂壤土 | 25.3 | 340 |
| | Ⅳ$_2$ | 极细砂 | 24.7 | 230 |
| | | 壤土 | 14 | 347 |
| | | 细砂 | >30 | 300 |
| $alQ^{c3}$ | Ⅴ | 砂壤土 | 24.6 | 230 |
| | | 壤土 | 14.9 | 352 |

**表 4-5　十字板试验分层统计**

| 地层 | 层号 | 岩性 | 十字板 | | 承载力基本值（kPa） |
|---|---|---|---|---|---|
| | | | 抗剪强度 $C_u$（kPa） | 灵敏度 $S_t$ | |
| $Q_4^{3N}$ | | 淤泥 | 23.0 | 1.69 | 46 |
| $mQ_4^2$ | Ⅱ$_1$ | 淤泥 | 31.8 | 1.39 | 62 |
| | Ⅱ$_2$ | 淤泥质壤土 | 43.9 | 5.14 | 88 |
| | Ⅲ$_3$ | 壤土 | 37.1 | 1.18 | 74 |

砂性土地基承载力采用标准贯入试验成果确定,根据贯入击数与承载力关系提出承载力基本值,经适当折减后确定为地基承载力建议值。

根据上述试验与分析成果,结合各土层的工程地质特征,确定了各土层的允许承载力指标建议值,详见表4-6。

2. 地基沉降与不均匀沉降问题

受沉积环境影响,闸址地层无论在剖面上还是平面上岩性及其分布的变化都比较大,土质很不均匀。剖面上表现为随深度的增加伴随海陆相的交替,同一沉积相又形成差异明显的不同岩性层。在剖面上的变化还表现为有较多的透镜体状夹层分布,如相对稳定的$Ⅲ_1$ 壤土层,其中壤土占73%,砂壤土夹层占12%,黏土和粉细砂夹层分别占8%和7%。各层厚度也不稳定,顶、底面高程起伏较大。

在平面上,不同区域相近高程岩性有差异甚至相变,这在$Ⅱ_3$层以上和$Ⅲ_1$层以下范围表现的较为明显。

闸基土体压缩性除各地层有明显的不同外,还有以下两点明显特征:一是随深度的增加压缩性逐渐降低;二是大体以$Ⅲ_1$层为界,其上部地层大部分为高压缩性土,下部地层以中等压缩性土为主。

综合以上分析,闸基地层岩性变化大,上部土层欠固结并具有高压缩性,地基土沉降和不均匀沉降问题应予以重视。在荷载较大且对变形要求较高的情况下,采用桩基础是有效的解决办法。在采用桩基础后,上部的欠固结土、高压缩性土沉降或震陷可能造成闸底板脱空,故仍需采取适当的处理措施。

闸基沉降和不均匀沉降问题可能是一个长期过程,建议进行闸基变形监测,以便及时处理。

3. 地基土液化问题

闸址区地震基本烈度为Ⅷ度。在20 m深度范围内$Ⅱ_1$层的壤土、$Ⅱ_2$层砂壤土、$Ⅱ_3$层砂壤土、$Ⅲ_1$层砂壤土中的黏粒含量均少于18%,初判为可能液化土。$Ⅱ_3$层壤土96组颗粒分析成果,黏粒含量最大值43.2%、最小值7.7%、平均值21.3%;黏粒含量小于18%的土样58组,占总数的60%,为安全计,初判$Ⅱ_3$层壤土为部分可能液化土。$Ⅲ_1$层壤土,共181组颗粒分析成果,黏粒含量最大值43.8%,最小值5.3%,平均值26.2%;其中黏粒含量小于18%的14组,占总数的8%,据此初步判定$Ⅲ_1$层壤土在Ⅷ度地震时局部可能液化。

对初判为可液化土层依据《水利水电工程地质勘察规范》(GB 50287—99)中附录N标准贯入锤击数法进行液化复判,深度15~20 m范围依据《建筑抗震设计规范》(GB 50011—2001)进行复判。

复判结果如下:

(1)$Ⅱ_1$壤土、$Ⅱ_2$砂壤土,各有1段次标贯试验,均液化;综合判定本层在Ⅷ度地震时为液化土。

(2)$Ⅱ_3$壤土中黏粒含量小于18%的土层中共58段次标贯试验成果中有54段次液化,液化段次占总数的93%;考虑到该层颗粒分析试验成果中黏粒含量小于18%的占总数的60%,综合判定本层在Ⅷ度地震时为部分液化土。

表 4-6　下闸位主槽闸址主要地质参数建议值

| 地层编号 | 岩性 | 层底高程（m） | 湿密度（$g/cm^3$） | 干密度（$g/cm^3$） | 压缩模量（MPa） | 承载力（kPa） | 自然快剪 |  | 固结快剪 |  | 三轴 CU 有效应力 |  | 混凝土预制桩 |  | 钻孔灌注桩 |  | 允许水力坡降 |  | 渗透系数（cm/s） |
|---|---|---|---|---|---|---|---|---|---|---|---|---|---|---|---|---|---|---|---|
|  |  |  |  |  |  |  | $C$（kPa） | $\varphi$（°） | $C$（kPa） | $\varphi$（°） | $C'$（kPa） | $\varphi'$（°） | 桩端阻力极限值（kPa） | 桩周摩阻力极限值（kPa） | 桩端阻力极限值（kPa） | 桩周摩阻力极限值（kPa） | 水平 | 出口 |  |
| $Q_4^{3N}$ | 淤泥 | 1.56 ~ -7.11 | 1.56 | 0.90 | 1 |  | 4 | 1 |  |  |  |  |  |  |  |  |  |  |  |
| Ⅰ | 黏土 | 0.48 ~ -1.11 | 1.84 | 1.34 | 2.5 | 65 | 9 | 4 | 12 | 12 | 13 | 17 |  |  | — | — | — | — | — |
| $Ⅱ_1$ | 淤泥 | -1.8 ~ -14.4 | 1.63 | 1.01 | 1.5 | — | 5 | 1.5 | — | — |  |  |  |  | — | — | — | — | — |
| $Ⅱ_2$ | 淤泥质黏土 | -3.12 ~ -15.38 | 1.72 | 1.16 | 2 | 50 | 7 | 3 | 9 | 9 | 9 | 16 |  | 10 |  | 8 | 0.30 | 0.55 | $1.0\times10^{-6}$ |
|  | 淤泥质壤土 |  | 1.81 | 1.28 | 2.5 | 60 | 6 | 4 | 8 | 11 | 8 | 18 |  | 12 |  | 10 | 0.25 | 0.50 | $3.0\times10^{-6}$ |
| $Ⅱ_3$ | 壤土 | -4.31 ~ -18.20 | 1.94 | 1.51 | 5 | 90 | 8 | 5 | 10 | 16 | 12 | 21 |  | 18 |  | 16 | 0.30 | 0.55 | $5.7\times10^{-5}$ |
|  | 砂壤土 | -7.10 ~ -17.70 | 1.99 | 1.61 | 6 | 100 | 4 | 10 | 5 | 20 | 7 | 24 |  | 35 |  | 30 | 0.15 | 0.4 | $1.0\times10^{-4}$ |
| $Ⅲ_1$ | 壤土 | -16.0 ~ -31.44 | 2.01 | 1.60 | 5 | 130 |  |  | 12 | 17 | 15 | 24 |  | 45 |  | 42 | 0.30 | 0.55 | $1.9\times10^{-5}$ |
| $Ⅲ_2$ | 砂壤土 | -24.2 ~ -33.35 | 2.00 | 1.64 | 8 ~ 10 | 140 |  |  | 6 | 23 | 8 | 26 | 2 300 | 57 | 750 | 50 | 0.20 | 0.45 | $1.0\times10^{-4}$ |
|  | 壤土 | -27.46 ~ -31.14 | 1.96 | 1.58 | 5 | 170 |  |  | 13 | 18 | 15 | 24 |  | 55 |  | 45 | 0.22 | 0.55 | $7.0\times10^{-5}$ |
| $Ⅲ_3$ | 极细（粉）砂 | -30.12 ~ -32.95 | 2.0 | 1.60 | 10 ~ 11 | 260 |  |  |  | 25 |  | 30 | 2 600 | 65 | 750 | 60 |  |  | $4.0\times10^{-4}$ |
|  | 壤土 | -30.46 | 1.99 | 1.58 | 5 | 180 |  |  | 13 | 18 | 16 | 24 |  | 60 |  | 50 |  |  | $5.0\times10^{-6}$ |
| $Ⅳ_1$ | 砂壤土 | -32.4 ~ -41.09 | 2.06 | 1.74 | 10 ~ 12 | 210 |  |  | 6 | 23 | 9 | 28 | 2 600 | 67 | 850 | 62 |  |  | $1.0\times10^{-4}$ |
|  | 壤土 | -31.82 ~ -36.11 | 2.00 | 1.64 | 5 ~ 7 | 185 |  |  | 13 | 18 | 18 | 24 |  | 65 |  | 60 |  |  | $3.0\times10^{-5}$ |
| $Ⅳ_2$ | 粉（细）砂 | -33.49 ~ -41.19 | 2.00 | 1.68 | 12 ~ 14 | 280 |  |  |  | 25 |  | 30 | 3 000 | 70 | 870 | 62 |  |  | $4.0\times10^{-4}$ |

(3) $\mathrm{II}_3$ 砂壤土，共 19 段次标贯试验成果中有 18 段次液化，液化段次占总数的 95%，综合判定本层在Ⅷ度地震时为液化土。

(4) $\mathrm{II}_3$ 粉砂，2 段次标贯试验全部液化，综合判定本层在Ⅷ度地震时为液化土。

(5) $\mathrm{III}_1$ 砂壤土，19 段次标贯试验中有 12 段次液化，液化段次占总数的 65%，综合判定本层在Ⅷ度地震时为部分液化土。

(6) $\mathrm{III}_1$ 壤土，黏粒含量小于 18% 的土层中共 14 段次标贯试验有 13 段次液化，液化点位置多在本层顶部（液化点多分布在高程 -18.5 ~ -19 m 以上），平面分布分散。考虑到颗粒分析试验成果中黏粒含量小于 18% 的仅占总数的 8%，综合判定本层在Ⅷ度地震时为局部液化土。

4. 淤泥、淤泥质土震陷问题

震陷是土体强度因震动突然降低而造成荷载超出其承载能力的一种剪切破坏现象。试验研究结果表明，在相当于Ⅷ度地震条件下，塘沽新港地区饱和软黏土动强度比静强度低 10% ~30%。"7·28"地震调查时发现，在荷载接近淤泥、淤泥质土承载力时沉陷与破坏明显严重，也验证了以上试验和认识。

新港距离本闸址不远，与浅部分布的 $Q_4$ 海相层的成因、岩性和性状相近，两者具有可比性。比较新港地区"7·28"地震时的地基液化和震陷表现，推断防潮闸工程地基分布的厚层 $Q_4$ 淤泥和淤泥质土，在Ⅷ度地震条件下可能会有数厘米到十余厘米的震陷量，会造成采用桩基的闸室底板脱空和桩基出现负摩擦力，采用浅基础的消能建筑物会出现明显沉陷与不均匀沉陷问题。

5. 渗透变形问题

闸址区上部主要为淤泥、淤泥质壤土、淤泥质黏土，为流塑状软土。按照《水利水电工程地质勘察规范》(GB 50287—99)判别，土的渗透变形以流土型为主，局部为管涌型土，建议以流土破坏形式对闸基进行复核，其允许水力坡降及渗透系数建议值按表 4-6 考虑。

6. 抗滑稳定问题

闸基地层尤其是上部第Ⅰ海相层顶部分布的淤泥、淤泥质黏土及淤泥质壤土呈层状或夹层状，分布范围大，抗剪强度普遍较低，设计时应进行闸基抗滑稳定核算。依据现场原位测试及土体物理力学试验成果，确定了各层土体抗剪强度指标，详见表 4-6。

7. 基坑开挖与基础处理

闸基部位埋深 15 m 范围内分布有新近沉积层和第Ⅰ海相层，自上而下依次为淤泥、淤泥质黏土和淤泥质壤土、壤土等软土层。

淤泥层具有高含水率、高压缩性、低强度等不良工程地质特性，建议清除。对以下淤泥质土等软弱土体进行换填或采取加固处理等工程措施。

基坑边坡土体含水率高，总体透水性较弱，但土层分布不均匀，局部砂壤土透镜体分布段可能产生较大水流，应注意由此带来的涌水和渗透变形问题，做好基坑排水。基坑土体力学强度低，边坡稳定问题较为突出。建议 $\mathrm{II}_2$ 淤泥质土开挖边坡 1:6，其下 $\mathrm{II}_3$ 壤土层开挖边坡 1:5 ~1:6，设计上应对边坡稳定性进行分析核算。

闸室部位拟采用桩基，从闸基土层的结构及其物理力学性质来看，桩端持力层宜选择在第Ⅱ、Ⅲ陆相层$Ⅲ_2$、$Ⅲ_3$层的砂壤土、极细砂或细砂层中;考虑到地层分布的变化及性状的不均一性,桩端应进入持力层一定深度。

参照《岩土工程技术规范》(DB 29－20—2000)土层液性指数、孔隙比、含水率等指标与极限桩周土摩阻力及极限桩端承载力的经验关系,确定各土层极限桩周土摩阻力标准值及极限桩端承载力标准值,见表4-6。

上部淤泥、淤泥质土层为欠固结土(主要为$Q_4^{3N}$及部分$mQ_4^2$),并存在液化土层,应考虑在地震等工况下的震陷、桩侧负摩擦力和闸底板脱空问题。闸基地层岩性多变,性状不一,应注意不均匀沉降问题。

采用预制桩处理地基,应注意岩性分布及土层密实情况,尤其是砂壤土、砂层分布对沉桩的影响。并应进行现场桩基检测,单桩承载力以现场载荷试验为准。

**(四)翼墙工程地质**

在水闸两岸布置直立式翼墙。翼墙采用空箱式,墙顶高程4.0 m,墙底高程－1.0 m。翼墙与防潮闸同处于相同的地质单元上,地层分布及物理力学性质见闸址区有关图表。

主要工程地质问题包括:基础土体承载力低;土体分布不均匀,且物理力学性质差异较大,沉降和不均匀沉降问题突出;上部软弱土体分布范围大,抗剪强度普遍较低;第Ⅰ海相层砂壤土透镜体为液化土,壤土为部分液化土,第Ⅱ陆相层上部砂壤土为部分液化土。

淤泥层具有高含水率、高压缩性、低强度等不良工程地质特性,建议清除。对以下淤泥质土等软弱土体进行换填或采取加固处理等工程措施。

基坑边坡土体分布不均匀,局部砂壤土透镜体分布段可能出现较大水流,应注意由此带来的涌水和渗透变形问题。基坑土体力学强度低,边坡稳定问题较为突出,设计上应对边坡稳定性进行分析核算。

基础形式宜采用桩基,从翼墙位置所处土层的结构及其物理力学性质来看,桩端持力层宜选择在陆相层$Ⅲ_2$、$Ⅲ_3$层的砂壤土、极细砂或细砂层中为宜;水平向岩性变化较大,故桩端应进入持力层一定深度。上部为中高压缩性土,表层有一定厚度的欠固结土(淤泥、淤泥质土),并存在液化土层,应考虑在地震等工况下的震陷、桩侧负摩擦力和底板脱空问题。建议进行地基变形监测。

**(五)消能防冲建筑物工程地质**

防潮闸闸室上游接混凝土防渗铺盖、混凝土透水护坦和浆砌石护底。闸室下游接钢筋混凝土护坦、浆砌石护底、干砌石护底和防冲槽。防潮闸顺水流方向总长239 m。

持力层主要为淤泥及淤泥质土,分布范围广,厚度不均,具有欠固结、低密度、低强度、高压缩性、高含水率、局部具有高灵敏度等不良特征,而消能建筑物基础面积又较大,因此地基变形及不均匀变形问题突出,必须充分注意。

淤泥层具有高含水率、高压缩性、低强度等不良工程地质特性,建议清除。对以下淤泥质土等软弱土体进行换填或采取加固处理等工程措施。

基坑边坡土体总体透水性较弱,但土层分布不均匀,局部砂壤土透镜体分布段可能产生较大水流,应注意由此带来的涌水和渗透变形问题,做好基坑排水。基坑土体力学强度低,边坡稳定问题较为突出。建议$Ⅱ_2$淤泥质土开挖边坡1∶6,其下$Ⅱ_3$壤土层1∶5～1∶6,上部淤泥层按1∶10考虑。

地基地质条件复杂，存在沉降和不均匀沉降、地震液化、震陷、抗浮等工程地质问题，必须采取有效工程处理措施，并建议进行地基沉降变形监测。

## 四、右岸码头工程地质

### （一）工程地质条件

拟建码头位于北塘港煤码头下游，塘沽拆船厂与华盛拆船厂之间，永定新河在此间由南北向转为南东向流入渤海湾，于右岸形成凹岸，设计码头即位于凹岸处。码头结构形式为高桩梁板形顺岸式。

该河段右岸建有海挡，顶面宽 4 m 左右，其中下游段铺设有混凝土路面。海挡迎水坡设有浆砌石护坡，坡脚抛有块石。海挡设有浆砌石防浪墙，墙宽 50 ~ 80 cm。海挡东侧 50 m 范围内水下地形为缓坡段，高程 0 ~ -4 m；50 ~ 150 m 范围内水下地形较缓，高程 -4 m 左右。

码头地基勘探深度（92 m）范围内揭露地层均为第四系全新统及上更新统松散堆积物，按成因类型可划分为新近沉积物、人工堆积物、第Ⅰ陆相层、第Ⅰ海相层、第Ⅱ、Ⅲ陆相层、第Ⅱ海相层、第Ⅳ陆相层、第Ⅲ海相层、第Ⅴ陆相层和第Ⅳ海相层，共十大层 19 小层。各土层物理力学试验成果如表 4-7 所示。

### （二）工程地质评价

1. 地基承载力

采用标准贯入试验和土的物性试验指标确定地基土承载力，取值方法同闸址区，建议值见表 4-8。

2. 地基沉降

码头地基各土层中，新近沉积层、第Ⅰ海相层中的$Ⅱ_1$层、$Ⅱ_2$层、$Ⅱ_3$层为高压缩性土，其余各土层为中等压缩性土。顺河向平面上同一高程岩性多变，高程 -7 m 以上多为淤泥质土，具有高含水率、高压缩性。在剖面上，由于各土层厚度变化较大，透镜体发育，因此地基存在沉降和不均匀沉降问题，工程设计时予以考虑。土的物理力学指标见表 4-8，码头地质横剖面和纵部面见图 4-6 和图 4-7。

3. 地震液化

$Ⅱ_3$层砂壤土、$Ⅱ_4$层砂壤土、$Ⅱ_5$层砂壤土、$Ⅲ_1$层砂壤土黏粒含量小于 18%，初判在地震烈度Ⅷ度时可能液化。$Ⅱ_3$层壤土，72 组颗粒分析成果，黏粒含量最大值 41.7%，最小值 2.7%，平均值 20.8%；黏粒含量小于 18% 有 39 组，占总数的 54%，初判$Ⅱ_3$层壤土在地震烈度为Ⅷ度时部分可能液化。$Ⅲ_2$层壤土，112 组颗粒分析成果，黏粒含量最大值 41.3%，最小值 4.0%，平均值 26.1%，黏粒含量小于 18% 有 28 组，占总数的 25%，初判$Ⅲ_2$层壤土在地震烈度Ⅷ度时局部可能液化。

对上述初判可能液化的土层采用标准贯入锤击数法进行复判，复判结果如下：

（1）$Ⅱ_3$层壤土，黏粒含量小于 18% 的 37 段次试验中有 24 段次液化，液化段次占总段次的 54%，考虑到颗粒分析试验成果中黏粒含量小于 18% 的样品约占总数的 54%，综合判定$Ⅱ_3$层壤土在地震烈度Ⅷ度时为部分液化土。

（2）$Ⅱ_3$层砂壤土，7 段次中有 4 段次液化，液化段次占该层总段次的 57.1%，综合判

表 4-7　右岸码头土工试验成果统计

| 地层代号 | 层号 | 岩性 | 数据类型 | 天然基本物理性质 | | | | | | 界限含水率 | | 塑性指数 $I_P$ | 液性指数 $I_L$ | 颗粒组成(%) | | | | 渗透系数 | |
|---|---|---|---|---|---|---|---|---|---|---|---|---|---|---|---|---|---|---|---|
| | | | | 含水率(%) | 比重 $G_s$ | 湿密度 $\rho$ (g/cm³) | 干密度 $\rho_d$ (g/cm³) | 饱和度 $S_r$ (%) | 孔隙比 $e$ | 液限 $W_L$ (%) | 塑限 $W_P$ (%) | | | > 0.1 mm | 0.1 ~ 0.05 mm | 0.05 ~ 0.005 mm | < 0.005 mm | 垂直 $K_{20}$ (cm/s) | 水平 $K_{20}$ (cm/s) |
| $Q_4^{3N}$ | | 淤泥 | 组数 | 8 | 8 | 8 | 8 | 8 | 8 | 8 | 8 | 8 | 8 | | | 6 | 6 | 2 | |
| | | | 平均值 | 66.3 | 2.76 | 1.62 | 0.98 | 98.35 | 1.836 | 53.1 | 27.3 | 25.8 | 1.54 | | | 56.6 | 43.4 | $1.6\times10^{-6}$ | |
| $alQ_4^3$ | Ⅰ | 黏土 | 组数 | 5 | 5 | 5 | 5 | 5 | 5 | 6 | 6 | 6 | 5 | | 4 | 4 | 4 | | 2 |
| | | | 平均值 | 29.6 | 2.74 | 1.89 | 1.46 | 92.3 | 0.878 | 41.0 | 23.2 | 17.8 | 0.37 | | 6.1 | 54.8 | 39.1 | | $4.7\times10^{-6}$ |
| | | 壤土 | 组数 | 2 | 2 | 2 | 2 | 2 | 2 | 2 | 2 | 2 | 2 | | | 1 | 1 | | |
| | | | 平均值 | 27.8 | 2.72 | 1.89 | 1.48 | 90.4 | 0.839 | 39.0 | 23.0 | 16.0 | 0.30 | | | 61.6 | 38.4 | | |
| | Ⅱ₁ | 黏土 | 组数 | 3 | 3 | 3 | 3 | 3 | 3 | 3 | 3 | 3 | 3 | | 2 | 2 | 2 | | 1 |
| | | | 平均值 | 36.0 | 2.72 | 1.88 | 1.38 | 98.7 | 0.967 | 39.8 | 22.0 | 17.8 | 0.79 | | 6.6 | 55.6 | 37.8 | | $9.7\times10^{-7}$ |
| | | 壤土 | 组数 | 6 | 6 | 6 | 6 | 6 | 6 | 6 | 6 | 6 | 6 | 4 | 4 | 4 | 4 | 1 | |
| | | | 平均值 | 32.6 | 2.74 | 1.87 | 1.42 | 94.9 | 0.939 | 36.8 | 21.7 | 15.0 | 0.73 | 0.8 | 13.8 | 49.7 | 35.8 | $1.3\times10^{-6}$ | |
| | Ⅱ₂ | 淤泥质黏土 | 组数 | 16 | 16 | 16 | 16 | 16 | 16 | 19 | 19 | 19 | 15 | 19 | 19 | 19 | 19 | 1 | 1 |
| | | | 平均值 | 49.3 | 2.75 | 1.76 | 1.18 | 98.3 | 1.338 | 45.7 | 24.6 | 21.1 | 1.19 | 1.4 | 9.9 | 44.9 | 43.9 | $2.3\times10^{-6}$ | $6.4\times10^{-6}$ |
| | | 淤泥质壤土 | 组数 | 12 | 12 | 12 | 12 | 12 | 12 | 13 | 13 | 13 | 12 | 13 | 13 | 13 | 13 | 1 | |
| | | | 平均值 | 39.7 | 2.72 | 1.81 | 1.30 | 97.1 | 1.102 | 32.6 | 18.6 | 14.0 | 1.48 | 10.9 | 22.0 | 34.7 | 32.4 | $2.0\times10^{-6}$ | |
| $mQ_4^2$ | Ⅱ₃ | 壤土 | 组数 | 76 | 74 | 74 | 74 | 74 | 74 | 78 | 78 | 78 | 73 | 72 | 72 | 72 | 72 | 10 | 3 |
| | | | 平均值 | 28.1 | 2.71 | 1.93 | 1.51 | 94.7 | 0.801 | 27.9 | 17.8 | 10.0 | 1.01 | 7.7 | 34.6 | 36.9 | 20.8 | $3.1\times10^{-5}$ | $7.8\times10^{-6}$ |
| | | 黏土 | 组数 | 1 | 1 | 1 | 1 | 1 | 1 | 2 | 2 | 2 | 1 | | 1 | 1 | 1 | | 1 |
| | | | 平均值 | 42.4 | 2.73 | 1.70 | 1.19 | 90.0 | 1.287 | 49.0 | 28.1 | 21.0 | 0.50 | | 17.7 | 46.7 | 35.6 | | $5.7\times10^{-6}$ |
| | | 砂壤土 | 组数 | 11 | 11 | 11 | 11 | 11 | 11 | 10 | 10 | 10 | 10 | 8 | 8 | 8 | 8 | 1 | 1 |
| | | | 平均值 | 24.1 | 2.70 | 1.96 | 1.57 | 91.5 | 0.713 | 24.2 | 18.3 | 5.9 | 1.00 | 9.7 | 51.5 | 18.4 | 10.4 | 0.0 | $3.1\times10^{-4}$ |
| | Ⅱ₄ | 砂壤土 | 组数 | 4 | 4 | 4 | 4 | 4 | 4 | 7 | 7 | 7 | 4 | 5 | 5 | 5 | 5 | | |
| | | | 平均值 | 25.0 | 2.69 | 1.96 | 1.57 | 93.4 | 0.723 | 25.4 | 18.5 | 7.0 | 0.76 | 24.6 | 26.6 | 29.0 | 19.8 | | |
| | Ⅱ₅ | 黏土 | 组数 | 1 | 1 | 1 | 1 | 1 | 1 | 1 | 1 | 1 | 1 | | | 1 | 1 | 1 | 1 |
| | | | 平均值 | 33.2 | 2.72 | 1.86 | 1.40 | 95.3 | 0.948 | 44.0 | 26.2 | 17.8 | 0.39 | | | 56.2 | 43.8 | | $2.5\times10^{-8}$ |
| | | 砂壤土 | 组数 | 15 | 15 | 15 | 15 | 15 | 15 | 15 | 15 | 15 | 14 | 14 | 14 | 14 | 14 | 8 | |
| | | | 平均值 | 22.8 | 2.70 | 2.01 | 1.64 | 94.4 | 0.651 | 24.4 | 18.3 | 6.1 | 0.83 | 24.0 | 36.7 | 25.8 | 13.5 | $2.6\times10^{-5}$ | |
| | | 壤土 | 组数 | 22 | 22 | 22 | 22 | 22 | 22 | 19 | 19 | 19 | 19 | 19 | 19 | 19 | 19 | 1 | 4 |
| | | | 平均值 | 29.6 | 2.70 | 1.93 | 1.49 | 96.3 | 0.816 | 29.9 | 19.2 | 10.7 | 1.05 | 7.6 | 17.6 | 50.6 | 24.2 | $1.3\times10^{-6}$ | $2.5\times10^{-5}$ |

续表 4-7

| 地层代号 | 层号 | 岩性 | 数据类型 | 天然基本物理性质 | | | | | | 界限含水率 | | 塑性指数 $I_P$ | 液性指数 $I_L$ | 颗粒组成(%) | | | | 渗透系数 | |
|---|---|---|---|---|---|---|---|---|---|---|---|---|---|---|---|---|---|---|---|
| | | | | 含水率(%) | 比重 $G_s$ | 湿密度 $\rho$ ($g/cm^3$) | 干密度 $\rho_d$ ($g/cm^3$) | 饱和度 $S_r$ (%) | 孔隙比 $e$ | 液限 $W_L$ (%) | 塑限 $W_P$ (%) | | | >0.1 mm | 0.1~0.05 mm | 0.05~0.005 mm | <0.005 mm | 垂直 $K_{20}$ (cm/s) | 水平 $K_{20}$ (cm/s) |
| $alQ_4^1+alQ_3^e$ | Ⅲ$_1$ | 砂壤土 | 组数 | 11 | 11 | 11 | 11 | 11 | 11 | 12 | 12 | 12 | 11 | 13 | 13 | 13 | 13 | | 3 |
| | | | 平均值 | 24.0 | 2.71 | 1.98 | 1.60 | 93.6 | 0.693 | 24.4 | 18.8 | 5.6 | 0.90 | 11.4 | 49.4 | 27.1 | 12.1 | | $1.4\times10^{-4}$ |
| | | 壤土 | 组数 | 1 | 1 | 1 | 1 | 1 | 1 | 1 | 1 | 1 | 1 | 1 | 1 | 1 | 1 | 1 | |
| | | | 平均值 | 21.6 | 2.73 | 2.09 | 1.72 | 100 | 0.588 | 29.8 | 17.5 | 12.3 | 0.33 | 3.0 | 13.7 | 46.6 | 36.7 | $5.7\times10^{-8}$ | |
| | Ⅲ$_2$ | 壤土 | 组数 | 103 | 101 | 101 | 101 | 101 | 101 | 114 | 114 | 114 | 100 | 61 | 98 | 112 | 112 | 14 | 3 |
| | | | 平均值 | 24.4 | 2.72 | 2.02 | 1.62 | 96.8 | 0.681 | 29.4 | 17.9 | 11.5 | 0.58 | 4.1 | 21.5 | 48.3 | 26.1 | $1.8\times10^{-6}$ | $4.2\times10^{-6}$ |
| | | 黏土 | 组数 | 6 | 6 | 6 | 6 | 6 | 6 | 6 | 6 | 6 | 6 | 5 | 5 | 5 | 5 | 1 | |
| | | | 平均值 | 38.6 | 2.74 | 1.91 | 1.38 | 98.8 | 0.987 | 45.4 | 25.7 | 19.7 | 0.65 | 0.2 | 6.0 | 51.4 | 42.4 | $3.2\times10^{-8}$ | |
| | | 细砂 | 组数 | 1 | 1 | 1 | 1 | 1 | 1 | | | | | 1 | 1 | 1 | 1 | 1 | |
| | | | 平均值 | 15.4 | 2.71 | 1.98 | 1.72 | 72 | 0.579 | | | | | 39.8 | 33.1 | 12.5 | 9.6 | $5.9\times10^{-6}$ | |
| | Ⅲ$_3$ | 砂壤土 | 组数 | 18 | 15 | 15 | 15 | 15 | 15 | 16 | 16 | 16 | 15 | 18 | 18 | 18 | 18 | 1 | 2 |
| | | | 平均值 | 22.0 | 2.70 | 2.03 | 1.67 | 94.75 | 0.623 | 22.70 | 17.69 | 5.01 | 0.77 | 36.9 | 32.1 | 20.8 | 10.2 | $1.0\times10^{-6}$ | $1.0\times10^{-4}$ |
| | | 壤土 | 组数 | 2 | 2 | 2 | 2 | 2 | 2 | 3 | 3 | 3 | 2 | 2 | 2 | 2 | 2 | 1 | |
| | | | 平均值 | 23 | 2.72 | 1.99 | 1.62 | 92.1 | 0.681 | 30.5 | 19.5 | 11.0 | 0.46 | 4.2 | 25.2 | 54.6 | 16.0 | $2.3\times10^{-5}$ | |
| | | 细砂 | 组数 | 3 | 2 | 2 | 2 | 2 | 2 | | | | | 3 | 3 | 3 | 3 | | |
| | | | 平均值 | 17.9 | 2.69 | 2.09 | 1.80 | 86.9 | 0.497 | | | | | 73.4 | 12.3 | 7.5 | 6.7 | | |
| | Ⅲ$_4$ | 壤土 | 组数 | 7 | 7 | 7 | 7 | 7 | 7 | 10 | 10 | 10 | 7 | 9 | 9 | 9 | 9 | 1 | 1 |
| | | | 平均值 | 24.2 | 2.71 | 2.01 | 1.62 | 95.6 | 0.680 | 30.1 | 18.4 | 11.7 | 0.48 | 6.4 | 17.8 | 50.9 | 24.9 | $3.4\times10^{-8}$ | $2.5\times10^{-6}$ |
| | | 细砂 | 组数 | 2 | 1 | 1 | 1 | 1 | 1 | | | | | 2 | 2 | 2 | 2 | | |
| | | | 平均值 | 20.15 | 2.69 | 2.01 | 1.71 | 81.9 | 0.571 | | | | | 73.2 | 16.05 | 6.95 | 3.15 | | |
| | | 砂壤土 | 组数 | 1 | | | | | | | | | 1 | 1 | 1 | 1 | 1 | | |
| | | | 平均值 | 25.8 | 2.72 | 2.02 | 1.61 | 100.0 | 0.694 | 25.0 | 19.4 | 5.6 | 1.14 | 5.7 | 29.1 | 50.1 | 15.1 | | |
| | Ⅲ$_5$ | 砂壤土 | 组数 | 1 | 1 | 1 | 1 | 1 | 1 | 3 | 3 | 3 | 1 | 3 | 3 | 3 | 3 | | |
| | | | 平均值 | 25.8 | 2.72 | 2.02 | 1.61 | 100.0 | 0.694 | 25.5 | 19.2 | 5.9 | 1.14 | 9.8 | 30.6 | 44.1 | 15.4 | | |

续表 4-7

| 地层代号 | 层号 | 岩性 | 数据类型 | 天然基本物理性质 | | | | | | 界限含水率 | | 塑性指数 $I_P$ | 液性指数 $I_L$ | 颗粒组成(%) | | | | 渗透系数 | |
|---|---|---|---|---|---|---|---|---|---|---|---|---|---|---|---|---|---|---|---|
| | | | | 含水率(%) | 比重 $G_s$ | 湿密度 $\rho$ (g/cm$^3$) | 干密度 $\rho_d$ (g/cm$^3$) | 饱和度 $S_r$ (%) | 孔隙比 $e$ | 液限 $W_L$ (%) | 塑限 $W_P$ (%) | | | > 0.1 mm | 0.1 ~ 0.05 mm | 0.05 ~ 0.005 mm | < 0.005 mm | 垂直 $K_{20}$ (cm/s) | 水平 $K_{20}$ (cm/s) |
| $mcQ_3^d$ | Ⅳ$_1$ | 砂壤土 | 组数 | 5 | 5 | 4 | 4 | 4 | 4 | 2 | 2 | 2 | 2 | 5 | 5 | 5 | 5 | 2 | |
| | | | 平均值 | 17.7 | 2.70 | 1.99 | 1.69 | 80.0 | 0.605 | 22.1 | 15.4 | 6.7 | 0.63 | 60.3 | 14.0 | 15.1 | 10.4 | $5.3\times10^{-5}$ | |
| | | 壤土 | 组数 | 3 | 3 | 3 | 3 | 3 | 3 | 2 | 2 | 2 | 2 | 3 | 3 | 3 | 3 | 1 | |
| | | | 平均值 | 21.2 | 2.71 | 1.97 | 1.63 | 85.5 | 0.665 | 28.1 | 19.2 | 8.9 | 0.50 | 29.8 | 27.3 | 32.5 | 10.4 | $2.8\times10^{-6}$ | |
| | Ⅳ$_2$ | 细砂 | 组数 | 25 | 18 | 18 | 18 | 18 | 18 | 1 | 1 | 1 | | 26 | 26 | 26 | 26 | 6 | |
| | | | 平均值 | 19.7 | 2.70 | 1.99 | 1.68 | 83.0 | 0.607 | 23.6 | 19.8 | 3.8 | | 71.1 | 11.7 | 11.0 | 6.2 | $9.1\times10^{-5}$ | |
| | | 黏土 | 组数 | 1 | 1 | 1 | 1 | 1 | 1 | 1 | 1 | 1 | 1 | | | 1 | 1 | | |
| | | | 平均值 | 33.9 | 2.75 | 1.94 | 1.45 | 100.0 | 0.898 | 46.4 | 22.7 | 23.7 | 0.47 | | | 55.4 | 44.6 | | |
| | | 壤土 | 组数 | 5 | 5 | 5 | 5 | 5 | 5 | 5 | 5 | 5 | 5 | 3 | 3 | 3 | 3 | | |
| | | | 平均值 | 30.3 | 2.72 | 1.93 | 1.48 | 96.5 | 0.835 | 31.6 | 19.3 | 12.3 | 1.01 | 33.5 | 4.3 | 35.2 | 27.0 | | |
| $alQ_3^c$ | Ⅴ$_1$ | 壤土 | 组数 | 15 | 15 | 15 | 15 | 15 | 15 | 13 | 13 | 13 | 13 | 15 | 15 | 15 | 15 | 2 | |
| | | | 平均值 | 23.1 | 2.73 | 2.04 | 1.66 | 95.6 | 0.651 | 28.9 | 18.3 | 10.6 | 0.40 | 13.6 | 16.1 | 42.9 | 27.4 | $1.5\times10^{-6}$ | |
| | | 砂壤土 | 组数 | 2 | 2 | 2 | 2 | 2 | 2 | 2 | 2 | 2 | 2 | 2 | 2 | 2 | 2 | | |
| | | | 平均值 | 18.9 | 2.70 | 2.02 | 1.70 | 86.6 | 0.590 | 21.6 | 16.4 | 5.2 | 0.50 | 32.3 | 35.7 | 21.9 | 10.2 | | |
| | | 黏土 | 组数 | 2 | 2 | 2 | 2 | 2 | 2 | 2 | 2 | 2 | 2 | 2 | 2 | 2 | 2 | | |
| | | | 平均值 | 35.55 | 2.74 | 1.855 | 1.37 | 97.4 | 0.999 | 40.75 | 22.8 | 17.95 | 0.71 | 2.9 | 18.05 | 37.75 | 41.3 | | |
| | | 细砂 | 组数 | 4 | 4 | 4 | 4 | 4 | 4 | | | | | 4 | 4 | 4 | 4 | 1 | |
| | | | 平均值 | 19.2 | 2.69 | 2.03 | 1.70 | 89.2 | 0.584 | | | | | 79.5 | 13.7 | 4.2 | 2.7 | $8.8\times10^{-6}$ | |
| | Ⅴ$_2$ | 砂壤土 | 组数 | 2 | 2 | 2 | 2 | 2 | 2 | | | | | 2 | 2 | 2 | 2 | | |
| | | | 平均值 | 15.7 | 2.69 | 1.90 | 1.64 | 65.9 | 0.643 | | | | | 67.9 | 13.1 | 9.1 | 10.0 | | |
| $mQ_3^b$ | Ⅵ | 壤土 | 组数 | 2 | 2 | 2 | 2 | 2 | 2 | 2 | 2 | 2 | 2 | 2 | 2 | 2 | 2 | | |
| | | | 平均值 | 20.3 | 2.72 | 2.07 | 1.72 | 94.4 | 0.584 | 28.3 | 15.1 | 13.2 | 0.41 | 21.6 | 18.7 | 27.4 | 32.4 | | |
| $alQ_3^a$ | Ⅶ | 壤土 | 组数 | 7 | 7 | 7 | 7 | 7 | 7 | 7 | 7 | 7 | 7 | 7 | 7 | 7 | 7 | | |
| | | | 平均值 | 21.4 | 2.71 | 2.05 | 1.69 | 95.5 | 0.602 | 28.5 | 16.0 | 12.4 | 0.44 | 14.6 | 24.0 | 32.5 | 28.9 | | |
| $mcQ_2^3$ | Ⅷ | 砂壤土 | 组数 | 2 | | | | | | | | | | 2 | 2 | 2 | 2 | | |
| | | | 平均值 | 18.75 | | | | | | | | | | 53.7 | 34.1 | 8.8 | 3.4 | | |

续表 4-7

| 地层代号 | 层号 | 岩性 | 数据类型 | 直剪（自然快） | | 直剪（饱和快） | | 直剪（自然快） | | 三轴（饱和UU） | | 三轴（CU′） | | | | 压缩性（天然快速） | | 标贯击数 |
|---|---|---|---|---|---|---|---|---|---|---|---|---|---|---|---|---|---|---|
| | | | | | | | | | | 总应力 | | 总应力 | | 有效应力 | | | | |
| | | | | 凝聚力 $C$（kPa） | 摩擦角 $\varphi$（°） | 凝聚力 $C$（kPa） | 摩擦角 $\varphi$（°） | 凝聚力 $C$（kPa） | 摩擦角 $\varphi$（°） | 凝聚力 $C$（kPa） | 摩擦角 $\varphi$（°） | 凝聚力 $C$（kPa） | 摩擦角 $\varphi$（°） | 凝聚力 $C'$（kPa） | 摩擦角 $\varphi'$（°） | 压缩系数 $a_{v1-2}$（MPa） | 压缩模量 $E_{s1-2}$（MPa） | |
| $Q_4^{3N}$ | | 淤泥 | 组数 | | | | | 4 | 4 | 2 | 2 | | | | | 4 | 4 | 3 |
| | | | 平均值 | | | | | 4.4 | 3.9 | 4.4 | 3.5 | | | | | 1.75 | 1.66 | 0 |
| $alQ_4^3$ | Ⅰ | 黏土 | 组数 | | | | | | | 1 | 1 | 1 | 1 | 1 | 1 | 1 | 1 | 7 |
| | | | 平均值 | | | | | | | 25.7 | 2.5 | 11.0 | 19.3 | 22.0 | 23.7 | 0.46 | 4.01 | 2.7 |
| | | 壤土 | 组数 | 1 | 1 | | | | | | | | | | | 1 | 1 | 1 |
| | | | 平均值 | 16.1 | 1.0 | | | | | | | | | | | 0.55 | 3.47 | 1 |
| $mQ_4^2$ | Ⅱ$_1$ | 黏土 | 组数 | | | | | | | 1 | 1 | 1 | 1 | 1 | 1 | 1 | 1 | |
| | | | 平均值 | | | | | | | 10.0 | 5.8 | 22.9 | 19.1 | 17.9 | 29.5 | 0.56 | 3.54 | |
| | | 壤土 | 组数 | | | | | 1 | 1 | | | | | | | 6 | 6 | 1 |
| | | | 平均值 | | | | | 20.2 | 2.2 | | | | | | | 0.51 | 4.96 | 3 |
| | Ⅱ$_2$ | 淤泥质黏土 | 组数 | 1 | 1 | 2 | 2 | 4 | 4 | 6 | 6 | 2 | 2 | 2 | 2 | 12 | 12 | 12 |
| | | | 平均值 | 3.0 | 1.2 | 15.9 | 18.9 | 8.4 | 1.7 | 14.4 | 1.3 | 8.0 | 18.3 | 14.4 | 25.9 | 0.87 | 2.77 | 1 |
| | | 淤泥质壤土 | 组数 | | | 1 | 1 | 2 | 2 | 4 | 4 | 1 | 1 | 1 | 1 | 9 | 9 | 13 |
| | | | 平均值 | | | 13.0 | 15.5 | 13.2 | 24.3 | 15.4 | 1.8 | 3.5 | 31.4 | 2.0 | 34.8 | 0.68 | 3.26 | 1.2 |
| | Ⅱ$_3$ | 壤土 | 组数 | 3 | 3 | 2 | 2 | 22 | 22 | 13 | 13 | 14 | 14 | 13 | 13 | 38 | 38 | 68 |
| | | | 平均值 | 13.8 | 19.4 | 12.6 | 28.5 | 21.2 | 29.3 | 39.4 | 11.0 | 41.0 | 22.4 | 38.1 | 28.8 | 0.29 | 8.17 | 7.1 |
| | | 黏土 | 组数 | | | | | | | | | | | | | | | |
| | | | 平均值 | | | | | | | | | | | | | | | |
| | | 砂壤土 | 组数 | | | 1 | 1 | 4 | 4 | 3 | 3 | 1 | 1 | 1 | 1 | 5 | 5 | 8 |
| | | | 平均值 | | | 2.0 | 37.1 | 27.3 | 29.8 | 9.3 | 25.3 | 29.6 | 15.2 | 22.4 | 27.0 | 0.21 | 10.41 | 6.4 |
| | Ⅱ$_4$ | 砂壤土 | 组数 | 2 | 2 | 1 | 1 | | | | | | | | | 2 | 2 | 9 |
| | | | 平均值 | 12.1 | 23.3 | 6.2 | 34.2 | | | | | | | | | 0.38 | 6.22 | 7.9 |
| | Ⅱ$_5$ | 黏土 | 组数 | 1 | 1 | | | | | | | | | | | | | 1 |
| | | | 平均值 | 30.5 | 0.5 | | | | | | | | | | | | | 5 |
| | | 砂壤土 | 组数 | | | 1 | 1 | 2 | 2 | 3 | 3 | 3 | 3 | 3 | 3 | 6 | 6 | 14 |
| | | | 平均值 | | | 12.0 | 32.7 | 18.1 | 33.7 | 22.3 | 17.8 | 23.4 | 33.1 | 18.6 | 34.6 | 0.20 | 9.84 | 9.1 |
| | | 壤土 | 组数 | 4 | 4 | 2 | 2 | | | 6 | 6 | 3 | 3 | 3 | 3 | 6 | 6 | 12 |
| | | | 平均值 | 13.4 | 23.2 | 20.9 | 29.0 | | | 18.7 | 7.3 | 13.9 | 29.5 | 5.3 | 34.6 | 0.34 | 5.68 | 8.7 |

续表 4-7

| 地层代号 | 层号 | 岩性 | 数据类型 | 直剪(自然快) | | 直剪(饱和快) | | 直剪(自然快) | | 三轴(饱和UU) | | 三轴(CU′) | | | | 压缩性(天然快速) | | 标贯击数 |
|---|---|---|---|---|---|---|---|---|---|---|---|---|---|---|---|---|---|---|
| | | | | | | | | | | 总应力 | | 总应力 | | 有效应力 | | | | |
| | | | | 凝聚力 $C$ (kPa) | 摩擦角 $\varphi$ (°) | 凝聚力 $C$ (kPa) | 摩擦角 $\varphi$ (°) | 凝聚力 $C$ (kPa) | 摩擦角 $\varphi$ (°) | 凝聚力 $C$ (kPa) | 摩擦角 $\varphi$ (°) | 凝聚力 $C$ (kPa) | 摩擦角 $\varphi$ (°) | 凝聚力 $C'$ (kPa) | 摩擦角 $\varphi'$ (°) | 压缩系数 $a_{v1-2}$ (MPa) | 压缩模量 $E_{s1-2}$ (MPa) | |
| $alQ_4^1+alQ_3^e$ | $Ⅲ_1$ | 砂壤土 | 组数 | 1 | 1 | 2 | 2 | 4 | 4 | 1 | 1 | 2 | 2 | 2 | 2 | 4 | 4 | 13 |
| | | | 平均值 | 13.0 | 21.2 | 5.5 | 30.2 | 52.1 | 26.8 | 1.0 | 29.8 | 117.0 | 19.2 | 63.5 | 28.3 | 0.23 | 8.70 | 15.9 |
| | | 壤土 | 组数 | | | | | | | | | 1 | 1 | 1 | 1 | 1 | 1 | |
| | | | 平均值 | | | | | | | | | | | | | 0.27 | 5.88 | |
| | $Ⅲ_2$ | 壤土 | 组数 | 5 | 5 | 5 | 5 | 27 | 27 | 23 | 23 | 16 | 16 | 16 | 16 | 53 | 53 | 87 |
| | | | 平均值 | 12.3 | 14.6 | 15.7 | 22.0 | 25.4 | 16.9 | 32.4 | 8.3 | 42.9 | 28.9 | 33.3 | 32.7 | 0.35 | 7.51 | 12 |
| | | 黏土 | 组数 | | | | | 2 | 2 | 2 | 2 | | | | | 4 | 4 | 6 |
| | | | 平均值 | | | | | 29.8 | 2.6 | 37.1 | 0.6 | | | | | 0.36 | 5.96 | 13 |
| | | 细砂 | 组数 | | | | | 1 | 1 | | | | | | | 1 | 1 | 2 |
| | | | 平均值 | | | | | 45.4 | 32.7 | | | | | | | 0.09 | 16.91 | 18.5 |
| | $Ⅲ_3$ | 砂壤土 | 组数 | | | 1 | 1 | 2 | 2 | 5 | 5 | 3 | 3 | 3 | 3 | 6 | 6 | 20 |
| | | | 平均值 | | | 15.0 | 31.8 | 63.6 | 27.0 | 32.3 | 28.4 | 29.0 | 37.3 | 29.8 | 37.9 | 0.19 | 12.07 | 21 |
| | | 壤土 | 组数 | | | | | | | | | 1 | 1 | 1 | 1 | 2 | 2 | 1 |
| | | | 平均值 | | | | | | | | | 36.0 | 29.2 | 30.7 | 26.9 | 0.22 | 9.96 | 27 |
| | | 细砂 | 组数 | | | | | 1 | 1 | 1 | 1 | | | | | | | 2 |
| | | | 平均值 | | | | | 38.7 | 30.1 | 51.9 | 25.3 | | | | | | | 20.5 |
| | $Ⅲ_4$ | 壤土 | 组数 | | | 1 | 1 | | | 1 | 1 | 1 | 1 | | | 3 | 3 | 3 |
| | | | 平均值 | | | 3.9 | 31.6 | | | 36.2 | 4.9 | 53.8 | 1.5 | | | 0.26 | 8.55 | 12 |
| | | 细砂 | 组数 | | | | | | | | | | | | | 1 | 1 | 2 |
| | | | 平均值 | | | | | | | | | | | | | 0.11 | 14.94 | 50 |
| | | 砂壤土 | 组数 | | | | | 1.0 | 1.0 | | | | | | | 1 | 1 | 1 |
| | | | 平均值 | | | | | 3.7 | 32.9 | | | | | | | 0.21 | 8.19 | 23 |
| | $Ⅲ_5$ | 砂壤土 | 组数 | | | | | 1 | 1 | | | | | | | 1 | 1 | 1 |
| | | | 平均值 | | | | | 3.7 | 32.9 | | | | | | | 0.21 | 8.19 | 19 |

续表 4-7

| 地层代号 | 层号 | 岩性 | 数据类型 | 直剪(自然快) 凝聚力 $C$ (kPa) | 直剪(自然快) 摩擦角 $\varphi$ (°) | 直剪(饱和快) 凝聚力 $C$ (kPa) | 直剪(饱和快) 摩擦角 $\varphi$ (°) | 直剪(自然快) 凝聚力 $C$ (kPa) | 直剪(自然快) 摩擦角 $\varphi$ (°) | 三轴(饱和UU) 总应力 凝聚力 $C$ (kPa) | 三轴(饱和UU) 总应力 摩擦角 $\varphi$ (°) | 三轴(CU′) 总应力 凝聚力 $C$ (kPa) | 三轴(CU′) 总应力 摩擦角 $\varphi$ (°) | 三轴(CU′) 有效应力 凝聚力 $C'$ (kPa) | 三轴(CU′) 有效应力 摩擦角 $\varphi'$ (°) | 压缩性(天然快速) 压缩系数 $a_{v1-2}$ (MPa) | 压缩性(天然快速) 压缩模量 $E_{s1-2}$ (MPa) | 标贯击数 |
|---|---|---|---|---|---|---|---|---|---|---|---|---|---|---|---|---|---|---|
| $mcQ_3^d$ | Ⅳ$_1$ | 砂壤土 | 组数 | | | | | 1 | 1 | 2 | 2 | | | | | 1 | 1 | 4 |
| | | | 平均值 | | | | | 57.8 | 25.0 | 22.3 | 38.3 | | | | | 0.13 | 13.01 | 23 |
| | | 壤土 | 组数 | | | | | 2 | 2 | | | | | | | 2 | 2 | 1 |
| | | | 平均值 | | | | | 24.2 | 35.7 | | | | | | | 0.12 | 16.22 | 11 |
| | Ⅳ$_2$ | 细砂 | 组数 | | | | | 6 | 6 | 3 | 3 | 2 | 2 | 2 | 2 | 7 | 7 | 8 |
| | | | 平均值 | | | | | 28.4 | 33.5 | 151.8 | 26.9 | 85.5 | 35.9 | 90.3 | 35.7 | 0.39 | 13.68 | 25 |
| | | 黏土 | 组数 | | | | | | | 1 | 1 | | | | | 1 | 1 | |
| | | | 平均值 | | | | | | | 27.6 | 9.5 | | | | | 2.73 | 0.70 | |
| | | 壤土 | 组数 | | | | | 3 | 3 | | | 1 | 1 | 1 | 1 | 3 | 3 | 3 |
| | | | 平均值 | | | | | 43.6 | 8.8 | | | 57.5 | 18.5 | 39.2 | 25.9 | 0.38 | 4.99 | 24 |
| $Q_3^c al$ | Ⅴ$_1$ | 壤土 | 组数 | | | | | 6 | 6 | 2 | 2 | 1 | 1 | 1 | 1 | 9 | 9 | 5 |
| | | | 平均值 | | | | | 53.8 | 25.7 | 29.0 | 10.3 | 7.0 | 36.3 | 11.5 | 37.0 | 0.29 | 10.11 | 26.8 |
| | | 砂壤土 | 组数 | | | | | 1 | 1 | 1 | 1 | | | | | 1 | 1 | |
| | | | 平均值 | | | | | 29.3 | 34.4 | 6.5 | 41.6 | | | | | 0.09 | 17.74 | |
| | | 黏土 | 组数 | | | | | | | 1 | 1 | 1 | 1 | 1 | 1 | 2 | 2 | 1 |
| | | | 平均值 | | | | | | | 37.8 | 3.7 | 25.0 | 21.5 | 11.0 | 30.7 | 0.39 | 5.11 | 22 |
| | | 细砂 | 组数 | | | | | 1 | 1 | | | | | | | 2 | 2 | 4 |
| | | | 平均值 | | | | | 19.5 | 38.3 | | | | | | | 0.06 | 24.83 | 50 |
| | Ⅴ$_2$ | 砂壤土 | 组数 | | | | | | | | | | | | | 1 | 1 | |
| | | | 平均值 | | | | | | | | | | | | | 0.14 | 12.44 | |
| $mQ_3^b$ | Ⅵ | 壤土 | 组数 | | | | | 1 | 1 | | | | | | | 1 | 1 | |
| | | | 平均值 | | | | | 92.5 | 10.9 | | | | | | | 0.39 | 4.24 | |
| $alQ_3^a$ | Ⅶ | 壤土 | 组数 | | | | | 2 | 2 | 2 | 2 | | | | | 3 | 3 | |
| | | | 平均值 | | | | | 65.0 | 17.5 | 52.0 | 10.0 | | | | | 0.22 | 7.36 | |
| $mcQ_2^3$ | Ⅷ | 砂壤土 | 组数 | | | | | | | | | | | | | | | |
| | | | 平均值 | | | | | | | | | | | | | | | |

**表 4-8　右岸码头地质参数建议值**

| 层号 | 地层岩性 | 含水率（%） | 湿密度（g/cm³） | 干密度（g/cm³） | 孔隙比 | 压缩模量（MPa） | 地基承载力（kPa） | 自然快剪 | | 固结快剪 | | 三轴 CU 有效应力 | | 混凝土预制桩 | | 允许水力坡降 | | 渗透系数（cm/s） |
|---|---|---|---|---|---|---|---|---|---|---|---|---|---|---|---|---|---|---|
| | | | | | | | | $C$（kPa） | $\varphi$（°） | C（kPa） | $\varphi$（°） | $C'$（kPa） | $\varphi'$（°） | 桩端阻力极限值（kPa） | 侧摩阻力极限值（kPa） | 水平 | 垂直 | |
| Ⅰ | 黏土 | 29.6 | 1.89 | 1.46 | 0.878 | 3.5 | 80 | 9 | 4 | 14 | 13 | 15 | 17 | | | 0.35 | 0.6 | $5\times10^{-6}$ |
| $Ⅱ_1$ | 黏土 | 36.0 | 1.88 | 1.38 | 0.967 | 3 | 70 | 8 | 4 | 12 | 11 | 13 | 16 | | | 0.3 | 0.55 | $5\times10^{-6}$ |
| | 壤土 | 32.6 | 1.87 | 1.42 | 0.939 | 4 | 80 | 7 | 5 | 8 | 13 | 10 | 20 | | | 0.25 | 0.5 | $1\times10^{-5}$ |
| $Ⅱ_2$ | 淤泥质黏土 | 49.3 | 1.76 | 1.18 | 1.338 | 2.5 | 55 | 7 | 3 | 9 | 9 | 10 | 15 | | 5 | 0.3 | 0.5 | $6\times10^{-6}$ |
| | 淤泥质壤土 | 39.7 | 1.81 | 1.16 | 1.102 | 3.5 | 70 | 6 | 4 | 8 | 10 | 9 | 18 | | 8 | 0.2 | 0.4 | $1\times10^{-5}$ |
| $Ⅱ_3$ | 壤土 | 28.1 | 1.93 | 1.51 | 0.801 | 4 | 90 | 8 | 6 | 10 | 15 | 12 | 21 | | 15 | 0.25 | 0.5 | $3\times10^{-5}$ |
| | 砂壤土 | 24.1 | 1.96 | 1.57 | 0.723 | 5 | 100 | 4 | 9 | 5 | 19 | 6 | 24 | | 30 | 0.15 | 0.4 | $2\times10^{-4}$ |
| $Ⅱ_4$ | 砂壤土 | 25.0 | 1.96 | 1.57 | 0.723 | 6 | 110 | 4 | 9 | 5 | 19 | 7 | 24 | | 35 | 0.15 | 0.4 | $1\times10^{-4}$ |
| $Ⅱ_5$ | 壤土 | 29.6 | 1.93 | 1.49 | 0.816 | 4.5 | 100 | 8 | 6 | 10 | 16 | 12 | 22 | | 20 | 0.25 | 0.5 | $3\times10^{-5}$ |
| | 砂壤土 | 22.8 | 2.01 | 1.59 | 0.651 | 6 | 120 | 4 | 10 | 5 | 21 | 7 | 25 | | 38 | 0.15 | 0.4 | $1\times10^{-4}$ |
| $Ⅲ_1$ | 砂壤土 | 24.0 | 1.98 | 1.60 | 0.693 | 7 | 140 | | | 6 | 21 | 8 | 26 | | 42 | 0.2 | 0.45 | $6\times10^{-5}$ |
| $Ⅲ_2$ | 壤土 | 24.4 | 2.02 | 1.62 | 0.681 | 5.5 | 170 | | | 10 | 18 | 14 | 24 | 1 600 | 48 | 0.3 | 0.55 | $6\times10^{-6}$ |
| $Ⅲ_3$ | 砂壤土 | 22.0 | 2.03 | 1.67 | 0.623 | 8 | 180 | | | 7 | 24 | 9 | 27 | 1 900 | 55 | | | |
| | 粉(细)砂 | 17.9 | 2.09 | 1.80 | 0.497 | 8 | 230 | | | | 26 | | 30 | 2 600 | 65 | | | |
| $Ⅲ_4$ | 壤土 | 24.2 | 2.01 | 1.62 | 0.680 | 7 | 180 | | | 12 | 18 | 16 | 25 | 1 850 | 55 | | | |
| | 粉(细)砂 | 20.2 | 2.01 | 1.71 | 0.571 | 9 | 250 | | | | 26 | | 30 | 2 600 | 65 | | | |
| $Ⅲ_5$ | 砂壤土 | 25.8 | 2.02 | 1.61 | 0.694 | 8 | 180 | | | 7 | 24 | 11 | 28 | 2 600 | 60 | | | |
| $Ⅳ_1$ | 砂壤土 | 17.7 | 1.99 | 1.69 | 0.605 | 10 | 210 | | | 6 | 24 | 10 | 28 | 2 700 | 68 | | | |
| | 壤土 | 21.2 | 1.97 | 1.63 | 0.665 | 7 | 190 | | | 12 | 18 | 17 | 25 | 2 000 | 62 | | | |
| $Ⅳ_2$ | 细砂 | 19.7 | 1.99 | 1.68 | 0.607 | 12 | 270 | | | | 26 | | 31 | 3 100 | 70 | | | |
| | 壤土 | 30.3 | 1.93 | 1.48 | 0.835 | 7 | 190 | | | 12 | 18 | 18 | 24 | 2 300 | 65 | | | |

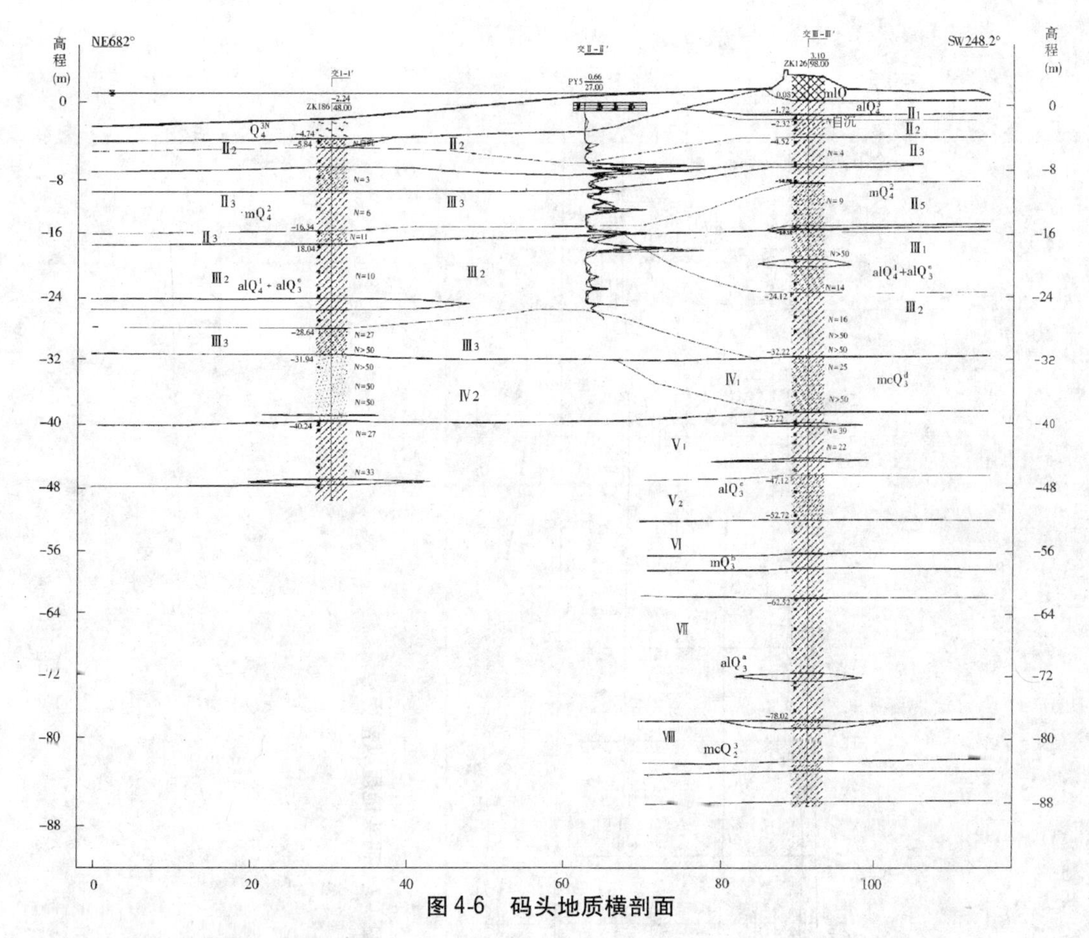


图 4-6　码头地质横剖面

定在地震烈度Ⅷ度时为部分液化土。

(3) $Ⅱ_3$ 层细砂,2 段次试验全部液化,综合判定在地震烈度Ⅷ度时为液化土。

(4) $Ⅱ_4$ 层砂壤土,3 段次试验中 2 段次液化,液化段次占总段次的 66.7%,综合判定在地震烈度Ⅷ度时为液化土。

(5) $Ⅱ_5$ 层砂壤土,13 段次试验中有 7 段次液化,液化段次占总段次的 53.8%,综合初判成果判定在地震烈度Ⅷ度时为液化土。

(6) $Ⅲ_1$ 层砂壤土,8 段次试验中有 2 段次液化,液化段次占总段次的 25%,综合判定在地震烈度Ⅷ度时为局部液化土。

(7) $Ⅲ_2$ 层壤土,黏粒含量小于 18% 的 27 段次试验中有 7 段次液化(液化点多分布于高程 -20 m 以上),液化段次占总段次的 25.9%。考虑到颗粒分析试验成果中黏粒含量小于 18% 的样品约占总数的 25%,综合判定 $Ⅲ_2$ 层壤土在地震烈度Ⅷ度时为局部液化土。

4. 基础处理

通过对码头地基各土层的结构及其物理力学性质分析,建议选择第Ⅱ、Ⅲ陆相层中下部作为桩端持力层。各土层桩侧摩阻力及桩端阻力建议值,见表 4-8。

码头地基土岩性及物理力学性质在平面和剖面上变化均较大,存在较为密实的砂壤土、粉(细)砂透镜体,应注意其对沉桩的影响。沿防浪墙分布有抛石等障碍物,迎水坡抛

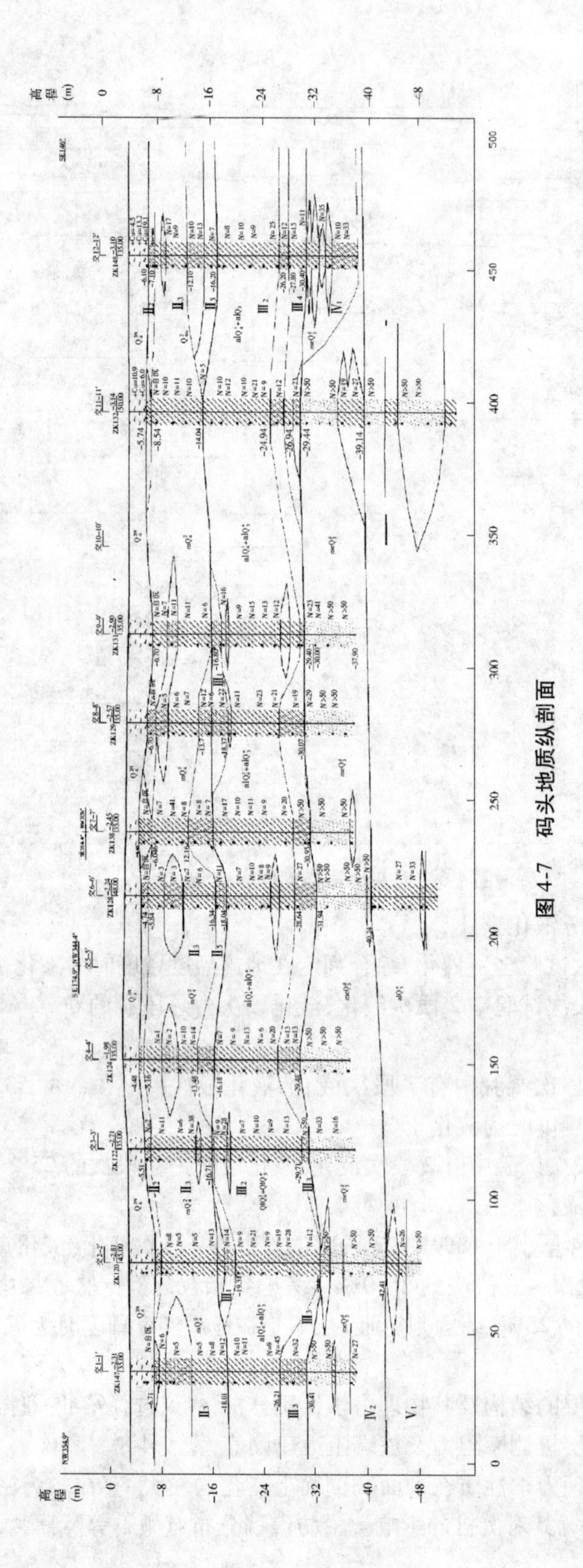

图 4-7　码头地质纵剖面

石宽度不等，一般为20m左右，对沉桩可能有一定影响。

应进行现场桩基质量检测，单桩承载力以现场载荷试验为准。

设计码头位于凹岸，为水流冲刷岸，淤积相对较轻。该处岸坡土体主要为第Ⅰ海相层，一般黏性土和淤泥质土，期间分布砂壤土透镜体，土层分布不均一，横向变化大。土体含水率高，力学强度低，边坡稳定问题较为突出。建议开挖边坡1∶5～1∶6，设计上应对边坡稳定性进行分析核算，同时应重视打桩震动对边坡的影响，施工中加强现场观测，发现问题应及时采取工程措施。

## 第二节　独流减河进洪闸工程地质

### 一、工程概况和工程勘察

独流减河进洪闸工程位于大清河与子牙河汇流处，是独流减河的首部枢纽，主要作用是在汛期宣泄大清河和南系清河洪水，经独流减河直接入海，以保证天津市和津浦铁路安全，保护大清河中下游地区人民的生命财产安全，减轻洪涝灾害。工程位置见图4-8。

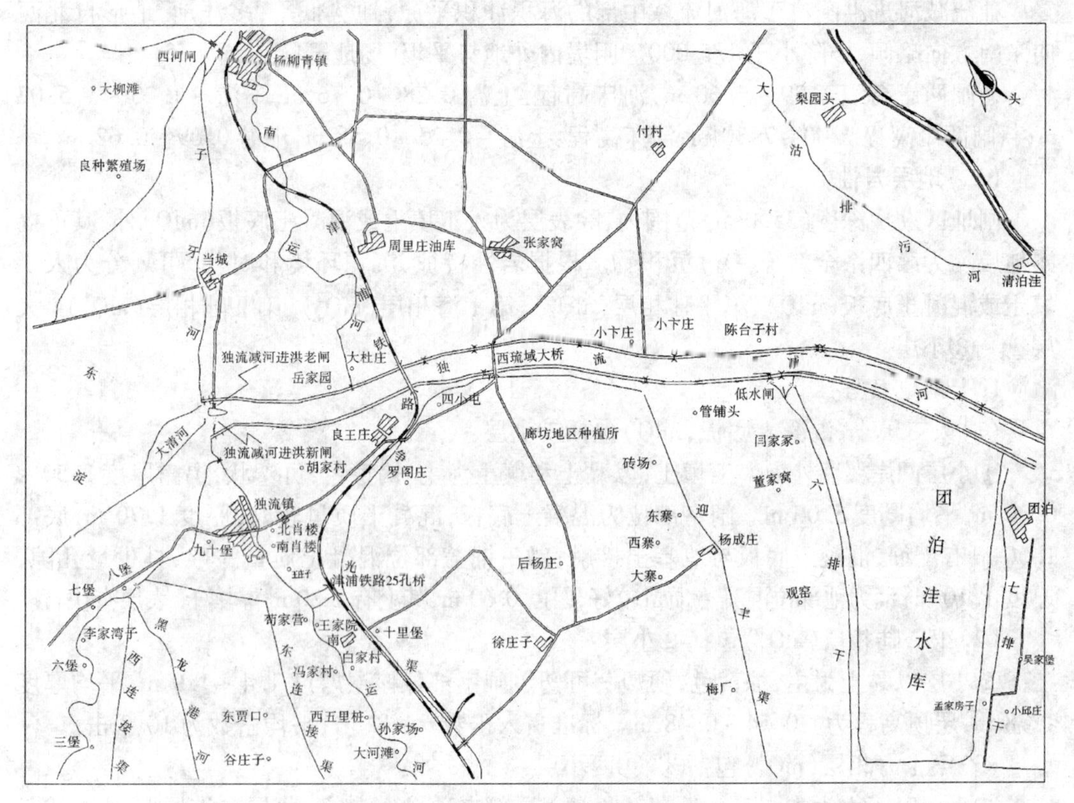


图4-8　独流减河进洪闸工程位置

本枢纽由老、新两座进洪闸组成，两闸间距450 m，中间有一岛隔开。老闸建成于1958年7月，为开敞式钢筋混凝土结构，无桩浮筏式基础，共8孔，单孔净宽13.6 m，闸底板高程1.7 m。闸底板分5块,顺水流向长15.5 m,垂直水流向宽122.8 m。设计泄洪能力为1 020 $m^3/s$。新闸建成于1969年6月,为Ⅱ级建筑物,全闸共27孔,单孔净宽10 m,其中两端岸孔未设闸门,基础为无桩分离式底板,中间25孔闸室底板高程0.84 m。闸室顺水流方向长12 m,闸室总宽288.2 m,设计流量2 360 $m^3/s$。

进洪闸由于运用工况的改变,加之地震等多种因素的影响,工程存在着闸室沉降、泄洪不畅、阻水、工程老化等问题,影响工程的安全运用。2000年8月安全鉴定结果,独流减河进洪闸评定为Ⅲ类闸,需加固处理。

2000年和2003年分别进行了安全鉴定补充工程地质勘察和除险加固工程勘察工作,采用了钻探、原位测试、取样及室内土工试验等方法。

老闸址布置4条勘探剖面,其中平行闸轴线1条,垂直闸轴线3条,勘探点深度21.1~36 m。新闸址布置8条勘探剖面,其中平行闸轴线3条,垂直闸轴线5条,勘探点深度20~35 m。

## 二、工程地质条件

### (一)地形地貌

独流减河进洪闸位于海河流域中部的海积冲积平原,地势低平,多洼地,地形自北西向东南方向略倾,坡降小于1/5 000。闸堤内外地势平坦,场地开阔。

老闸两岸高程6.39~6.60 m,河床高程:上游0.28~0.76 m,下游-1.23~-5.07 m;新闸两岸高程7.00~7.30 m,河床高程:上游-0.23~0.58 m,下游0.09~0.62 m。

### (二)地层岩性

闸址区勘探深度(35.0 m)范围内,除表层为人工填土或混凝土底板(mlQ)外,其下揭露地层均为第四系全新统($Q_4$)沉积物。根据岩性特征、沉积环境和时代,可划分为人工填土或混凝土底板(mlQ)、第Ⅰ陆相层($alQ_4^3$)、第Ⅰ海相层($mQ_4^2$)、第Ⅱ陆相层($alQ_4^1$)4大层①~⑧小层。

*1.老闸地层岩性*

(1)人工填土、混凝土底板(mlQ)包括①小层:

①小层两岸翼墙外为人工填土,以黏土和壤土为主,褐黄色,可塑状,揭露厚度3.50~6.30 m,平均厚度5.00 m。闸室部位为混凝土底板,混凝土质量较好,厚度1.70 m,底部1.50 m有配筋,混凝土底板与地基土接触良好;铺盖部位混凝土质量一般,具少量孔隙,厚度1.10 m;消力池部位混凝土质量较好,厚度0.60 m,其上有1.30 m厚壤土,表层有块石。

(2)第一陆相层($alQ_4^3$)包括②小层:

②小层以黏土为主,棕黄色,硬塑—可塑。闸室部位该层厚度1.4~1.9 m,平均厚度1.78 m,层顶高程为-0.54~0.48 m。标准贯入击数6~12击,平均击数为10.0击。

(3)第Ⅰ海相层($mQ_4^2$)包括③、④两小层:

③小层以壤土为主,灰色,软塑—流塑,局部夹砂壤土、粉砂薄层。该层厚度9.10~13.40 m,平均厚度11.38 m,层顶高程为0.75~-3.77 m。标准贯入击数0~16击,平均击数为6.3击。

④小层以砂壤土为主,褐黄色,可塑,砂壤土中局部夹黏土、壤土及粉砂薄层,底部一

般分布有厚度0.30～0.50 m的粉细砂层，富含贝壳碎片。该层厚度1.20～5.00 m，平均厚度2.48 m，层顶高程为－10.34～－14.96 m。标准贯入击数4～33击，平均击数为17.8击。

(4)第Ⅱ陆相层($alQ_4^1$)包括⑤、⑥、⑦、⑧4个小层：

⑤小层以粉砂为主，褐黄色，饱和，稍密—中密，局部夹砂壤土薄层。该层厚度5.00～7.80 m，平均厚度6.48 m，层顶高程为－13.34～－18.49 m。标准贯入击数7～30击，平均击数为17.9击。

⑥小层为砂壤土，黄色，很湿—饱和，可塑，夹有钙质结核。该层厚度0.60～1.10 m，平均厚度0.90 m，层顶高程为－19.77～－21.77 m。标准贯入击数7～50击，平均击数为30.5击。

⑦小层为黏土，黄色，硬塑，夹有钙质结核。该层厚度3.50～5.30 m，平均厚度4.35 m，层顶高程为－20.25～－22.37 m。标准贯入击数30击。

⑧小层为壤土，黄色，湿—很湿，硬塑，夹有钙质结核。该层揭露厚度1.00～5.80 m。标准贯入击数29～34击，平均击数为32.0击。

2.新闸地层岩性

(1)人工填土、混凝土底板(mlQ)包括①小层：

①小层两岸翼墙后为人工填土，以黏土、壤土为主，褐黄色，可塑状，揭露厚度5.50～5.80 m，平均厚度5.65 m。闸室部位为混凝土底板，混凝土质量较好，厚度0.97～1.20 m，有配筋，混凝土底板与地基土接触良好；铺盖部位混凝土质量一般，具少量孔隙，厚度0.60 m；消力池部位混凝土质量较好，厚度0.70 m，其下有厚2.0 m的砂砾石垫层。

(2)第Ⅰ陆相层($alQ_4^3$)包括②小层：

②小层以壤土为主，褐黄色，可塑—软塑。该层厚度0.90～3.60 m，平均厚度1.75 m，层底高程为－1.43～－2.40 m。标准贯入击数3～6击，平均击数为4.0击。

(3)第Ⅰ海相层($mQ_4^2$)包括③、④、⑤、⑥4小层：

③小层以壤土为主，灰色，可塑—软塑—流塑，局部夹有淤泥质壤土。该层厚度3.00～8.50 m，平均厚度6.28 m，层顶高程为－1.43～－4.58 m。标准贯入击数3～10击，平均击数为5.9击。

④小层以细砂、极细砂为主，局部为粉砂，灰色，饱和，松散—稍密，局部夹壤土、砂壤土薄层。该层厚度变化较大，北东薄西南厚，厚度0.50～6.30 m，平均厚度2.67 m，层顶高程为－7.79～－11.38 m。标准贯入击数7～30击，平均击数为12.9击。

⑤小层以壤土为主，灰色，可塑—流塑。该层厚度变化较大，闸室中间较薄，北东、西南两侧较厚，厚度1.70～10.50 m，平均厚度5.29 m，层顶高程为－7.79～－14.70 m。标准贯入击数8～22击，平均击数为12.9击。

⑥小层为砂壤土，灰色，饱和。该层北东厚西南薄，厚度0.70～6.10 m，平均厚度3.98 m，层顶高程为－13.72～－20.71 m。标准贯入击数10～27击，平均击数为17.1击。

(4)第Ⅱ陆相层($alQ_4^1$)包括⑦、⑧两小层：

⑦小层为壤土，褐黄色，硬塑—可塑。该层厚度5.20～7.00 m，平均厚度6.12 m，层

顶高程为 -17.93 ~ -24.52 m。标准贯入击数 24 ~48 击,平均击数为 32.3 击。

⑧小层为砂壤土,黄色,很湿,密实。该层揭露厚度 1.50 ~ 6.00 m,层顶高程为 -24.93 ~ -29.48 m。标准贯入击数 45 ~50 击,平均击数为 47 击。

**(三)各土层的物理力学性质**

勘察工作中,在老闸钻孔中取原状土样 55 组、扰动土样 22 组,新闸钻孔中取原状土样 101 组、扰动土样 25 组进行土的物理力学试验。新、老闸各土层的物理力学性质详见表 4-9 和表 4-10。

**(四)水文地质条件**

两闸址浅层地下水均为孔隙潜水,主要受大气降水和河水补给,地下水位受季节和河水影响而略有变化。

安全鉴定补充勘察期间,老闸地下水位高程 -1.21 ~ -1.32 m,仅消力池部位略低,为 -1.76 m;新闸地下水位高程 -1.59 ~ -1.81 m,仅闸室西侧 ZK13 号孔略高,为 -1.21 m。除险加固勘察期间闸室积水,老闸两岸翼墙部位地下水位高程 2.56 ~ 0.43 m;新闸两岸翼墙部位地下水位高程分别为 0.20 m 和 1.80 m;防浪墙环岛地下水位高程 0.40 ~ -0.44 m。

根据室内渗透试验,老闸②小层黏土、③小层壤土的平均渗透系数分别为 $2.02 \times 10^{-5}$ cm/s、$3.71 \times 10^{-5}$ cm/s,均属弱透水性;新闸②小层壤土的平均渗透系数 $7.80 \times 10^{-6}$ cm/s、③小层壤土的平均渗透系数为 $1.38 \times 10^{-6}$ cm/s,均属微弱透水性。

两次勘察的水质分析资料表明:地下水化学类型,以重碳酸氯钾钠型水为主,老闸地下水 $SO_4^{2-}$ 离子含量 278.6 ~ 418.8 mg/L,根据《水利水电工程地质勘察规范》(GB 50287—99),对普通水泥混凝土具结晶类弱—中等硫酸型腐蚀性。

## 三、地震动参数及震动液化

根据《中国地震动参数区划图》(GB 18306—2001),本工程区地震动峰值加速度值为 0.15$g$,相当于地震基本烈度为Ⅶ度。根据地层岩性特征,依据《水工建筑物抗震设计规范》(DL 5073 - 1997),判定场区场地土类型为软弱场地土,场地类别为Ⅲ类。

勘探深度(20.0 m)范围内饱和少黏性土,老闸为④小层砂壤土,黏粒含量 4.8% ~ 16.0%,平均 10.2%,⑤小层粉砂黏粒含量 0.1% ~12.5%,平均 8.8%;新闸为④小层细砂、极细砂,黏粒含量 0 ~8.9%,平均 3.9%。初判地震烈度Ⅶ度时为液化土层。

根据现场标准贯入试验,依据《水利水电工程地质勘察规范》(GB 50287—99)复判计算,深度 20.0 m 范围内,老闸④小层砂壤土中 12 个标贯点、⑤小层粉砂中 12 个标贯点无论近震、远震时均不发生液化;新闸④小层极细砂中 18 个标贯点,近震时仅有 3 个标贯点发生液化,远震时有 8 个标贯点发生液化,且可液化标贯点分布不连续,近震、远震时的液化指数分别为 0.36 ~2.22、0.11 ~3.73,液化等级均属轻微液化。

另据历史地震宏观调查,1976 年唐山地震波及天津时,本场地无喷砂冒水等液化现象。综合评价地震烈度Ⅶ度时本场地闸址区仅新闸④小层极细砂局部属轻微液化土,且对深基础(桩基)影响不大。

表4-9 新闸土工试验成果分层统计

| 层号 | 岩性 | 统计指标 | 物理指标 | | | | | | | | | |
|---|---|---|---|---|---|---|---|---|---|---|---|---|
| | | | 含水率（%） | 湿密度（g/cm$^3$） | 干密度（g/cm$^3$） | 孔隙比（%） | 饱和度（%） | 比重 | 液限（%） | 塑限（%） | 塑性指数 | 液性指数 |
| ① | 填土 | 平均值 | 24.8 | 1.90 | 1.52 | 0.788 | 85.0 | 2.72 | 46.2 | 21.7 | 14.5 | 0.30 |
| | | 组数 | 2 | 2 | 2 | 2 | 2 | 2 | 2 | 2 | 2 | 2 |
| ② | 壤土 | 平均值 | 29.1 | 1.88 | 1.46 | 0.874 | 90.4 | 2.73 | 38.1 | 21.6 | 16.6 | 0.41 |
| | | 组数 | 9 | 9 | 9 | 9 | 9 | 9 | 9 | 9 | 9 | 9 |
| ③ | 壤土 | 平均值 | 32.5 | 1.87 | 1.41 | 0.919 | 95.4 | 2.71 | 33.3 | 21.3 | 12.0 | 0.96 |
| | | 组数 | 47 | 46 | 46 | 46 | 46 | 47 | 55 | 55 | 55 | 46 |
| | 淤泥质壤土 | 平均值 | 37.2 | 1.83 | 1.34 | 1.043 | 97.2 | 2.73 | 33.5 | 22.2 | 11.4 | 1.32 |
| | | 组数 | 4 | 4 | 4 | 4 | 4 | 4 | 4 | 4 | 4 | 4 |
| ④ | （极）细砂 | 平均值 | 23.5 | 1.95 | 1.58 | 0.720 | 89.0 | 2.69 | 23.5 | 16.8 | 5.8 | 0.90 |
| | | 组数 | 12 | 12 | 12 | 11 | 11 | 10 | 8 | 8 | 7 | 4 |
| ⑤ | 壤土 | 平均值 | 25.7 | 1.97 | 1.58 | 0.723 | 94.8 | 2.71 | 27.8 | 17.5 | 10.3 | 0.77 |
| | | 组数 | 37 | 37 | 37 | 33 | 33 | 33 | 35 | 35 | 35 | 32 |
| ⑥ | 砂壤土 | 平均值 | 26.2 | 1.94 | 1.54 | 0.765 | 92.3 | 2.71 | 27.3 | 17.8 | 8.5 | 0.74 |
| | | 组数 | 8 | 8 | 8 | 8 | 8 | 8 | 8 | 8 | 7 | 5 |
| | 粉细砂 | 平均值 | 25.8 | 1.91 | 1.52 | 0.846 | 85 | 2.71 | | | | |
| | | 组数 | 2 | 2 | 2 | 1 | 1 | 1 | | | | |
| ⑦ | 壤土 | 平均值 | 23.8 | 2.00 | 1.62 | 0.685 | 93.4 | 2.71 | 29.5 | 18.4 | 11.1 | 0.51 |
| | | 组数 | 17 | 17 | 17 | 15 | 15 | 15 | 18 | 18 | 18 | 14 |
| ⑧ | 砂壤土 | 平均值 | 25.6 | 1.94 | 1.54 | 0.761 | 91.6 | 2.72 | 27.2 | 18.0 | 9.2 | 0.82 |
| | | 组数 | 2 | 2 | 2 | 2 | 2 | 2 | 2 | 2 | 2 | 2 |

续表 4-9

| 层号 | 岩性 | 统计指标 | 力学性质 | | | | | | | | | | 渗透系数 $K_{20}$ (cm/s) | 颗粒分析(%) | | | | |
|---|---|---|---|---|---|---|---|---|---|---|---|---|---|---|---|---|---|---|
| | | | 压缩 | | 饱和快剪 | | 饱固快剪 | | 三轴(CU′) | | | | | | | | | |
| | | | 压缩系数 $a_{v1-2}$ ($MPa^{-1}$) | 压缩模量 $E_{s1-2}$ (MPa) | 凝聚力 $c$ (kPa) | 摩擦角 $\varphi$ (°) | 凝聚力 $c$ (kPa) | 摩擦角 $\varphi$ (°) | 凝聚力 $c$ (kPa) | 摩擦角 $\varphi$ (°) | 有效凝聚力 $c'$ (kPa) | 有效摩擦角 $\varphi'$(°) | | 2 ~ 0.5 mm | 0.5 ~ 0.1 mm | 0.1 ~ 0.05 mm | 0.05 ~ 0.005 mm | < 0.005 mm |
| ① | 填土 | 平均值 | | | 67.0 | 23.2 | | | | | | | | | | | | |
| | | 组数 | | | 2 | 2 | | | | | | | | | | | | |
| ② | 壤土 | 平均值 | 0.39 | 5.24 | 33.7 | 14.8 | | | 16.5 | 22.0 | 13.4 | 29.3 | | | | 8.3 | 64.0 | 27.8 |
| | | 组数 | 7 | 7 | 3 | 3 | | | 3 | 3 | 3 | 3 | 1 | | | 4 | 4 | 4 |
| ③ | 壤土 | 平均值 | 0.37 | 5.73 | 24.0 | 24.9 | 15.0 | 29.0 | 24.1 | 28.6 | 17.1 | 33.8 | $1.38 \times 10^{-6}$ | | 0.9 | 13.4 | 66.0 | 19.7 |
| | | 组数 | 31 | 31 | 2 | 2 | 6 | 6 | 13 | 13 | 13 | 13 | 5 | | 25 | 25 | 25 | 25 |
| | 淤泥质壤土 | 平均值 | 0.56 | 3.74 | 23.0 | 22.3 | 18.5 | 24.5 | | | | | | | 0.0 | 13.7 | 59.9 | 21.8 |
| | | 组数 | 3 | 3 | 1 | 1 | 2 | 2 | | | | | | | 4 | 4 | 3 | 3 |
| ④ | (极)细砂 | 平均值 | 0.22 | 11.29 | 29.3 | 34.4 | | | | | | | | | 67.1 | 19.4 | 9.6 | 3.9 |
| | | 组数 | 8 | 8 | 3 | 3 | 1 | 1 | | | | | | | 8 | 8 | 8 | 8 |
| ⑤ | 壤土 | 平均值 | 0.28 | 8.09 | 49.0 | 5.2 | 17.0 | 28.5 | | | | | | | 16.8 | 27.8 | 37.5 | 17.9 |
| | | 组数 | 29 | 29 | 1 | 1 | 6 | 6 | | | | | | | 22 | 22 | 22 | 22 |
| ⑥ | 砂壤土 | 平均值 | 0.29 | 7.64 | | | | | | | | | | | 46.2 | 21.3 | 22.7 | 9.8 |
| | | 组数 | 7 | 7 | | | 1 | 1 | | | | | | | 12 | 12 | 12 | 12 |
| | 粉细砂 | 平均值 | 0.091 | 18.482 | | | 16 | 34.7 | | | | | | | 28.4 | 44.2 | 25.8 | 1.8 |
| | | 组数 | 1 | 1 | | | 2 | 2 | | | | | | | 2 | 2 | 2 | 2 |
| ⑦ | 壤土 | 平均值 | 0.27 | 7.76 | 41.5 | 19.6 | | | | | | | | | 16.1 | 19.8 | 41.8 | 22.3 |
| | | 组数 | 13 | 13 | 2 | 2 | | | | | | | | | 13 | 13 | 13 | 13 |
| ⑧ | 砂壤土 | 平均值 | 0.26 | 6.95 | | | | | | | | | | | 13.9 | 43.4 | 29.6 | 13.1 |
| | | 组数 | 2 | 2 | | | | | | | | | | | 3 | 3 | 3 | 3 |

表 4-10　老闸土工试验成果分层统计

| 层号 | 岩性 | 统计指标 | 物理指标 | | | | | | | | | |
|---|---|---|---|---|---|---|---|---|---|---|---|---|
| | | | 含水率（%） | 湿密度（g/cm³） | 干密度（g/cm³） | 孔隙比 | 饱和度（%） | 比重 | 液限（%） | 塑限（%） | 塑性指数 | 液性指数 |
| ① | 人工填土 | 平均值 | 25.8 | 1.85 | 1.47 | 0.859 | 82.0 | 2.73 | 38.7 | 21.8 | 16.9 | 0.26 |
| | | 组数 | 11 | 11 | 11 | 11 | 11 | 11 | 11 | 11 | 11 | 11 |
| ② | 黏土 | 平均值 | 33.0 | 1.88 | 1.42 | 0.943 | 95.6 | 2.7 | 45.1 | 24.7 | 20.4 | 0.45 |
| | | 组数 | 16 | 16 | 16 | 16 | 16 | 16 | 17 | 17 | 17 | 16 |
| ③ | 壤土 | 平均值 | 29.2 | 1.92 | 1.49 | 0.822 | 95.9 | 2.71 | 29.9 | 19.8 | 10.1 | 0.95 |
| | | 组数 | 43 | 43 | 43 | 43 | 43 | 43 | 56 | 56 | 56 | 40 |
| ④ | 砂壤土 | 平均值 | 20.7 | 2.01 | 1.67 | 0.625 | 89.1 | 2.70 | 22.9 | 18.1 | 4.8 | 0.65 |
| | | 组数 | 6 | 6 | 6 | 6 | 6 | 6 | 6 | 6 | 6 | 6 |
| ⑤ | 粉砂 | 平均值 | 20.3 | 1.99 | 1.66 | 0.626 | 86.7 | 2.69 | 23.9 | 17.0 | 6.9 | 0.44 |
| | | 组数 | 5 | 5 | 5 | 5 | 5 | 5 | 7 | 7 | 7 | 3 |
| ⑦ | 黏土 | 平均值 | 19.1 | 2.10 | 1.76 | 0.537 | 96.4 | 2.71 | 30.9 | 18.1 | 12.8 | 0.12 |
| | | 组数 | 1 | 1 | 1 | 1 | 1 | 1 | 4 | 4 | 4 | 1 |
| ⑧ | 壤土 | 平均值 | 22.7 | 2.02 | 1.65 | 0.646 | 95.2 | 2.71 | 31.0 | 19.0 | 12.0 | 0.44 |
| | | 组数 | 1 | 1 | 1 | 1 | 1 | 1 | 2 | 2 | 2 | 1 |

续表 4-10

| 层号 | 岩性 | 统计指标 | 力学性质 | | | | | | | | | | 渗透系数 $K_{20}$ (cm/s) | 颗粒分析(%) | | | | |
|---|---|---|---|---|---|---|---|---|---|---|---|---|---|---|---|---|---|---|
| | | | 渗透 | | 饱和快剪 | | 饱固快剪 | | 三轴(CU′) | | | | | | | | | |
| | | | 压缩系数 $a_{v1-2}$ ($MPa^{-1}$) | 压缩模量 $E_{s1-2}$ (MPa) | 凝聚力 $C$ (kPa) | 摩擦角 $\varphi$ (°) | 凝聚力 $C$ (kPa) | 摩擦角 $\varphi$ (°) | 凝聚力 $C$ kPa | 摩擦角 $\varphi$ (°) | 有效凝聚力 $C'$ (kPa) | 有效摩擦角 $\varphi'$ (°) | | 2.00 ~ 0.50 mm | 0.50 ~ 0.10 mm | 0.10 ~ 0.05 mm | 0.05 ~ 0.005 mm | < 0.005 mm |
| ① | 人工填土 | 平均值 | 0.33 | 5.93 | | | | | 21.9 | 21.0 | 17.5 | 26.5 | $3.98\times10^{-6}$ | | | 3.80 | 69.58 | 26.63 |
| | | 组数 | 4 | 4 | | | | | 6 | 6 | 6 | 6 | 2 | | | 4 | 4 | 4 |
| ② | 黏土 | 平均值 | 0.38 | 5.27 | 67.0 | 3.1 | | | 34.4 | 18.6 | 22.9 | 26.8 | $2.02\times10^{-5}$ | | | 7.6 | 55.8 | 36.7 |
| | | 组数 | 12 | 12 | 3 | 3 | | | 10 | 10 | 10 | 10 | 10 | | | 5 | 5 | 5 |
| ③ | 壤土 | 平均值 | 0.30 | 6.37 | 15.7 | 31.5 | 15.3 | 26.8 | 41.8 | 29.5 | 5.2 | 34.4 | $3.71\times10^{-5}$ | 0.1 | 11.1 | 18.2 | 52.8 | 17.7 |
| | | 组数 | 30 | 30 | 7 | 7 | 13 | 13 | 2 | 2 | 2 | 2 | 23 | 56 | 56 | 56 | 56 | 56 |
| ④ | 砂壤土 | 平均值 | 0.15 | 11.78 | 20.0 | 35.4 | 33.0 | 30.3 | | | | | $4.58\times10^{-5}$ | 3.1 | 38.4 | 30.2 | 18.1 | 10.2 |
| | | 组数 | 5 | 5 | 1 | 1 | 2 | 2 | | | | | 3 | 9 | 9 | 9 | 9 | 9 |
| ⑤ | 粉砂 | 平均值 | | | 16.0 | 34.5 | | | | | | | | 1.3 | 30.7 | 33.5 | 25.8 | 8.8 |
| | | 组数 | | | 1 | 1 | | | | | | | | 6 | 6 | 6 | 6 | 6 |
| ⑦ | 黏土 | 平均值 | 0.17 | 9.09 | | | | | | | | | | | 21.0 | 21.0 | 32.6 | 25.4 |
| | | 组数 | 1 | 1 | | | | | | | | | | | 5 | 5 | 5 | 5 |
| ⑧ | 壤土 | 平均值 | | | 0.134 | 12.31 | | | | | | | | | 5.5 | 26.6 | 47.2 | 20.6 |
| | | 组数 | | | 1 | 1 | | | | | | | | | 2 | 2 | 2 | 2 |

## 四、工程地质评价

### (一)地基土体承载力

根据闸址现场标准贯入试验和地基土的天然含水率($\omega$)、液性指数($I_L$)和孔隙比($e$)等物理性质指标,依据《水闸设计规范》(SL 265—2001)、《建筑桩基技术规范》(JGJ 94—94)等,分析闸址区地基土特性及相关资料,综合给出老、新闸地基各土层允许承载力及桩基参数极限标准值,详见表4-11、表4-12。

### (二)地基土体变形特性

老闸第Ⅰ陆相层($alQ_4^3$)②小层黏土和第Ⅰ海相层($mQ_4^2$)③小层壤土、④小层砂壤土的平均压缩系数值分别为0.38 $MPa^{-1}$、0.30 $MPa^{-1}$、0.15 $MPa^{-1}$,均属中等压缩性土。老闸地基土的压缩性相近,并随深度增加而降低,且地基土层平面分布稳定,故地基产生不均匀沉降的可能性相对较小。新闸第Ⅰ陆相层($alQ_4^3$)②小层壤土和第Ⅰ海相层($mQ_4^2$)③小层壤土(淤泥质壤土)、④小层细砂、极细砂、⑤小层砂壤土的平均压缩系数值分别为0.39 $MPa^{-1}$、0.37 $MPa^{-1}$、0.22 $MPa^{-1}$、0.28 $MPa^{-1}$,均属中等压缩性土;其第Ⅰ海相层($mQ_4^2$)③小层淤泥质壤土的平均压缩系数值为0.56 $MPa^{-1}$,属高压缩性土。新闸地基土的压缩性有较大差异,且地基土层平面分布不稳定、厚度变化大,故地基产生不均匀沉降的可能性不容忽视。

**表4-11 老闸地基土地质参数建议值**

| 层号 | 岩性 | 平均厚度(m) | 允许承载力(kPa) | 压缩模量 $E_{s1-2}$(MPa) | 钻孔灌注桩极限标准值 | | |
|---|---|---|---|---|---|---|---|
| | | | | | $q_{sik}$(kPa) | $q_{pk}$(kPa) | $m$值(MN/$m^4$) |
| ② | 黏土 | 1.78 | 120 | 4.5 | 70 | | 21 |
| ③ | 壤土 | 11.22 | 70 | 3.8 | 30 | | 13 |
| ④ | 砂壤土 | 1.83 | 120 | 8.0 | 60 | 600 | 21 |
| ⑤ | 粉砂 | 1.64 | 200 | 8.0 | 60 | 650 | |
| ⑥ | 砂壤土 | 1.10 | 200 | 7.0 | 70 | 750 | |
| ⑦ | 黏土 | 3.50 | 300 | 5.0 | 70 | 800 | |
| ⑧ | 壤土 | 5.75 | 300 | 6.0 | | | |

注:当水平荷载为长期荷载或经常出现的荷载时,表列$m$值乘以0.4降低采用。

**表4-12 新闸地基土地质参数建议值**

| 层号 | 岩性 | 平均厚度(m) | 允许承载力(kPa) | 压缩模量 $E_{s1-2}$(MPa) | 钻孔灌注桩极限标准值 | | |
|---|---|---|---|---|---|---|---|
| | | | | | $q_{sik}$(kPa) | $q_{pk}$(kPa) | $m$值(MN/$m^4$) |
| ② | 壤土 | 1.46 | 90 | 4.0 | 60 | | 21 |
| ③ | 壤土(淤泥质壤土) | 6.46 | 70(60) | 3.5(2.8) | 28(20) | | 13(6.6) |
| ④ | 细砂、极细砂 | 2.80 | 120 | 8.0 | 50 | | 21 |
| ⑤ | 壤土 | 4.31 | 170 | 6.0 | 40 | 350 | |
| ⑥ | 砂壤土 | 4.20 | 200 | 7.0 | 60 | 750 | |
| ⑦ | 壤土 | 5.90 | 350 | 6.5 | 60 | 800 | |
| ⑧ | 砂壤土 | 5.85 | 400 | 7.5 | | | |

注:当水平荷载为长期荷载或经常出现的荷载时,表列$m$值乘以0.4降低采用。

两闸地基各土层压缩模量建议值分列于表 4-11 和表 4-12,饱和固结抗剪强度列于表 4-13。据设计方案,拟建两闸闸基高程约为 -2.50 m,均位于第Ⅰ海相层( $mQ_4^2$ ) ③小层壤土上,其均属弱透水性,且闸后没有临空面,故发生渗透变形的可能性极小。闸基混凝土底面与地基土之间的摩擦系数建议值为 0.30。

表 4-13　老、新闸地基饱和固结抗剪强度建议值

| 层号 | 老闸 | | | 新闸 | | |
|---|---|---|---|---|---|---|
| | 岩　性 | 凝聚力 $C$(kPa) | 内摩擦角 $\varphi$(°) | 岩　性 | 凝聚力 $C$(kPa) | 内摩擦角 $\varphi$(°) |
| ② | 黏土 | 24 | 15 | 壤土 | 16 | 16 |
| ③ | 壤土 | 11 | 18 | 壤土(淤泥质壤土) | 15(13) | 17(11) |
| ④ | 砂壤土 | 5 | 21 | (极)细砂 | 0 | 26 |
| ⑤ | 粉砂 | 0 | 25 | 壤土 | 15 | 21 |
| ⑥ | 砂壤土 | | | 砂壤土 | | |

**(三)基础方案**

两闸闸基高程约为 -2.50 m,根据两闸地层岩性及性状,第Ⅰ海相层( $mQ_4^2$ ) ③小层壤土(淤泥质壤土)将成为两闸基浅基础持力层,其老、新两闸地基土平均天然含水率分别为 29.2%、32.5%,平均孔隙比分别为 0.82、0.92,平均液性指数分别为 0.95、0.96,中等(高)压缩性,地基承载力较低,整体表现为软弱地基土的特性。

若浅层地基不能满足要求,可采用桩基,老闸以第Ⅱ陆相层( $alQ_4^1$ )⑤小层粉砂作为桩端持力层,桩端平均高程约为 -18.50 m;新闸以第Ⅱ陆相层( $alQ_4^1$ )⑦小层壤土作为桩端持力层,桩端高程约为 -20.50 m。两闸有关桩参数详见表 4-11、表 4-12。

## 第三节　永定河屈家店枢纽工程地质

永定河屈家店枢纽位于天津市北郊,工程包括永定新河进洪闸、新引河进洪闸及北运河节制闸。工程位置如图 4-9 所示。

### 一、永定新河进洪闸

**(一)工程概况及勘察工作**

永定新河进洪闸位于永定新河、北运河及引滦明渠交汇处的永定新河上,行政区划隶属天津市北辰区,工程始建于 1969 年。永定新河进洪闸总宽 120 m,分 11 孔,每孔净宽 10 m。闸顶高程约 9 m,闸门顶高程 5.5 m,闸底板高程 0.3 m。闸下设有消力池、海漫、防冲槽等消能防冲设施。长期运行以来混凝土构件遭受腐蚀破坏,加上地基不均匀沉陷使下游左右翼墙断裂倾斜,需加固处理,如图 4-9 所示。

勘探工作于 1998 年 4 月 15 日开始,于 4 月 20 日完成外业工作。共布置两条勘探剖

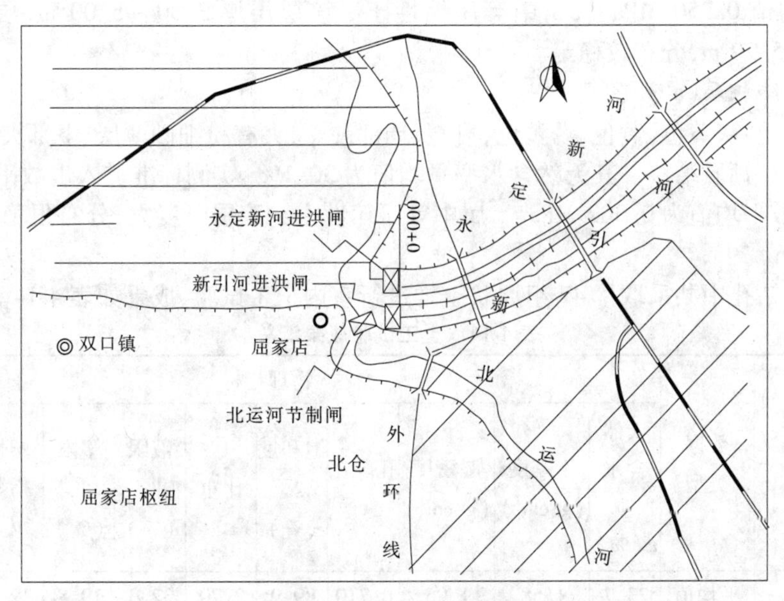


图 4-9 屈家店枢纽位置

面线，左右岸各一条，平行河流方向；每条勘探线上布置3个钻孔，其中闸顶端1个，上下游翼墙各1个，共计6个钻孔；孔深均为25 m。在孔内采取原状土样和进行标准贯入试验。

**（二）地质概况**

闸址区位于永定河下游冲积平原上，区内地势平坦，场地开阔。两岸地面高程约6 m，河堤高程9 m，河床部位高程 -0.6 m。

闸址区在勘探深度（25 m）范围内，均为第四系全新统海陆交互相松散堆积物。按其成因、岩性及物理力学性质，并参照区域地层层位，自上而下可划分为：人工堆积层（$rQ_4$），第Ⅰ海相层（$mQ_4$）和第Ⅱ陆相层（$alQ_4$）。

1. 人工堆积层（$rQ_4$）

Ⅰ层人工填土：主要由黄褐色和黄色壤土组成，局部夹有砂壤土，并有大块抛石和混凝土块，可塑状，土质较杂。其天然含水率平均值为23.7%，标准贯入击数平均值为6击，压缩系数平均值为0.239 $MPa^{-1}$，属中等压缩性土。

该层分布广泛，且表层一般为混凝土或砌石，层厚3.00～7.50 m，因位置不同厚度变化较大，层底高程为1.10～2.60 m。

2. 第Ⅰ海相层（$mQ_4$）

第Ⅰ海相层（$mQ_4$），根据岩性又划分为两个小层。

Ⅱ层黏土：浅灰色，灰色，上部可塑，下部软塑，夹有粉砂薄层，局部有淤泥质黏土。土质较纯、均一。标准贯入击数平均值5.9击，压缩系数平均值为0.532 $MPa^{-1}$，属高压缩性土。该层层位稳定，分布广泛，层厚3.50～4.50 m，层底高程 -2.90～1.90 m。

Ⅲ层砂壤土：灰色，湿—饱和，稍密—中密，土质均一；中下部有白色贝壳碎屑或碎片，局部黏粒含量较高。其天然含水率平均值为30.7%，标准贯入击数平均值为7.2击，压缩系数平均值0.250 $MPa^{-1}$,属中等压缩性土。该层层厚3.30～5.00 m,层底高程为-6.60～-5.70 m,分布较稳定。

3.第Ⅱ陆相层($alQ_4$)

Ⅳ层壤土:灰黄色,黄色,锈黄色,可塑,局部硬塑,夹有粉细砂薄层;下部夹有黏土层,中下部偶见小钙质结核。其天然含水率平均值为30.1%,实测标准贯入击数平均值为13击,压缩系数平均值为0.302 $MPa^{-1}$,属中等压缩性土。该层厚度大,分布很稳定,揭露厚度大于10 m。

在6个钻孔中共采取了47组原状土样进行室内土工试验,成果如表4-14。

**表4-14　土工试验成果汇总**

| 地层代号 | 岩性名称 | 数据类型 | 物理指标 | | | | | | | | | |
|---|---|---|---|---|---|---|---|---|---|---|---|---|
| | | | 天然含水率 $w$(%) | 干密度 ($g/cm^3$) | 湿密度 ($g/cm^3$) | 孔隙比 $e$ | 饱和度 $S_r$ (%) | 比重 | 液限 $W_L$ (%) | 塑限 $W_P$ (%) | 塑性指数 $I_P$ | 液性指数 $I_L$ |
| $rQ_4$ | 壤土夹砂壤土 | 平均值 | 23.7 | 1.58 | 1.95 | 0.710 | 89.9 | 2.70 | 32.3 | 19.8 | 12.5 | 0.26 |
| | | 组数 | 15 | 15 | 15 | 15 | 15 | 15 | 7 | 7 | 7 | 7 |
| $mQ_4$ | 黏土 | 平均值 | 32.4 | 1.43 | 1.90 | 0.895 | 97.8 | 2.71 | 36.9 | 21.2 | 15.7 | 0.74 |
| | | 组数 | 9 | 9 | 9 | 9 | 9 | 9 | 10 | 10 | 10 | 9 |
| | 砂壤土 | 平均值 | 30.7 | 1.47 | 1.92 | 0.833 | 99.1 | 2.70 | 31.7 | 21.2 | 10.6 | 0.98 |
| | | 组数 | 9 | 9 | 9 | 9 | 9 | 9 | 4 | 4 | 4 | 4 |
| $alQ_4$ | 壤土 | 平均值 | 30.1 | 1.51 | 1.81 | 0.819 | 98.7 | 2.73 | 33.3 | 19.5 | 13.8 | 0.74 |
| | | 组数 | 13 | 13 | 13 | 13 | 13 | 13 | 12 | 12 | 12 | 12 |

| 地层代号 | 岩性名称 | 数据类型 | 压缩系数 $a_{v1-2}$ ($MPa^{-1}$) | 压缩模量 $E_{s1-2}$ (MPa) | 饱和固结快剪 | | 渗透系数 $K_{20}$ (cm/s) | 颗粒分析(%) | | |
|---|---|---|---|---|---|---|---|---|---|---|
| | | | | | $C$ (kPa) | $\varphi$ (°) | | 200～0.05 mm | 0.05～0.005 mm | <0.005 mm |
| $rQ_4$ | 壤土夹砂壤土 | 平均值 | 0.239 | 7.406 | 24.4 | 23.1 | $2.04\times10^{-5}$ | 25.0 | 52.4 | 22.6 |
| | | 组数 | 8 | 8 | 7 | 7 | 8 | 9 | 9 | 9 |
| $mQ_4$ | 黏土 | 平均值 | 0.532 | 4.023 | 14.3 | 17.5 | $2.29\times10^{-5}$ | | | |
| | | 组数 | 4 | 5 | 3 | 3 | 3 | | | |
| | 砂壤土 | 平均值 | 0.25 | 6.614 | 17.0 | 25.3 | $1.80\times10^{-5}$ | 32.8 | 52.2 | 15.0 |
| | | 组数 | 8 | 8 | 1 | 1 | 1 | 6 | 6 | 6 |
| $alQ_4$ | 壤土 | 平均值 | 0.302 | 5.463 | 7 | 23.4 | | 22.0 | 43.7 | 34.3 |
| | | 组数 | 12 | 12 | 1 | 1 | | 4 | 4 | 4 |

本区位于新华夏系华北沉降带的东北部，北有汉沟断裂（北东向），东有潘庄北断裂（北东向），南有新华夏系天津北断裂和大城断裂分布。闸址区地震动峰值加速度为0.15$g$，相当于基本烈度为Ⅶ度。

闸址区地下水主要为孔隙潜水，受大气降水及地表径流的补给，且与河水关系密切。钻孔紧靠河边，地下水位与河水位相近，闸上游河水位为3.35 m，闸下游河水位为3.80 m。

**（三）工程地质评价**

1.地基土的承载力

以钻孔标准贯入试验实测击数和各土层的天然含水率（$\omega$）、液性指数（$I_L$）和孔隙比（$e$）等物理力学性质指标为基础，根据《天津市建筑地基基础设计规范》给出各土层承载力建议值，详见表4-15。

表4-15　各土层力学指标建议值

| 地层代号 | 分层编号 | 土层名称 | 承载力（kPa） | 抗剪强度 | | 压缩模量 $E_{s1-2}$（MPa） |
|---|---|---|---|---|---|---|
| | | | | 凝聚力 $C$（kPa） | 内摩擦角 $\varphi$（°） | |
| $rQ_4$ | Ⅰ | 人工填土 | 100 | 20 | 20 | 5.0 |
| $mQ_4$ | Ⅱ | 黏　土 | 90 | 15 | 17 | 3.5 |
| | Ⅲ | 砂壤土 | 150 | 5 | 25 | 5.0 |
| $alQ_4$ | Ⅳ | 壤　土 | — | — | — | 6.0 |

2.地基土的抗剪强度指标

工程运行了近30年，软黏土有一定的压缩固结，以饱和固结快剪试验资料为基础，采用工程类比的方法，给出各土层的抗剪强度建议值，详见表4-15。

3.地基土的变形特性

在所揭露各土层中，除第Ⅰ海相层中黏土层（Ⅱ层）属高压缩性土以外，人工填土层（Ⅰ层）、第Ⅰ海相层中砂壤土层（Ⅲ层）和第Ⅱ陆相层壤土层（Ⅳ层）均属中等压缩性土，因此对地基沉降与不均匀沉降问题应予以重视。各土层压缩模量建议值详见表4-15。

4.地基土的液化判别

闸址区地震基本烈度为Ⅶ度。第Ⅰ海相层中砂壤土层（Ⅲ层）埋藏深度为7.00～11.50 m，位于地下水位以下，其黏粒含量15%，小于16%，初判为可能液化层。

根据标贯击数进行复判，砂壤土10段次标贯试验成果中有3段次标准贯入击数小于临界值（$N_{cr}$=5.0击），液化段次占总数30%，综合判定本层在地震烈度Ⅶ度时局部可能产生液化。

## 二、北运河节制闸

**（一）工程概况及勘察工作**

屈家店节制闸位于天津北郊永定河、北运河与新开河交汇处的北运河干流上。该闸始建于1932年，闸高7.70 m，共6孔，每孔净宽6.1 m。由于原设计标准偏低，为满足防洪需要，应对该闸及其交通桥进行加固改造。

在闸址部位网格状布置勘探钻孔12个，钻孔间距15~53 m。另外，在左岸边墙外侧布置钻孔2个，孔距7.5 m；在交通桥桥基部位布置钻孔3个，孔距20~67.5 m。共计钻孔17个，孔深15~20 m。

**（二）地质概况**

1. 地形地貌

闸址区位于永定河下游冲积平原上。区内地势平坦，谷地开阔。两岸地面高程约6 m，河床部位高程-0.6 m。

2. 地层岩性

闸址区在勘探深度（20 m）范围内，均为第四系全新统松散堆积物。按岩性及物理力学特性，并参照区域地层层位对比，自上而下可划分为以下几层。Ⅰ层人工堆积、河床新近堆积层、Ⅱ层：第Ⅰ陆相层、Ⅲ层：第Ⅰ海相层、Ⅳ层：第Ⅱ陆相层。

（1）Ⅰ层：人工填土、抛石、河流新近堆积层。

抛石主要分布于闸基上、下游河床范围内，厚0.6~1.5 m，自上游向下游逐渐变薄，其底部高程-1.5~-2.7 m。抛石层之上有黑色淤泥淤填，厚度0.1~0.6 m。

人工填土分布于闸体两端及边墙部位。成分为壤土，棕黄色，可塑状，土质不均一，天然含水率32.5%，标准贯入击数3.8击。压缩系数0.44 $MPa^{-1}$，属中—高压缩性土。厚度5.6~8.6 m，层底高程0.51~-1.56 m。

闸下游右岸与船闸下游左岸间的三角地带为河流新近堆积的壤土，其内夹有淤泥和碎石，厚度1.0~1.3 m。

（2）Ⅱ层：第Ⅰ陆相层。以壤土为主，夹砂壤土及细砂透镜体。壤土为灰黄色，呈软塑—可塑状，土质较均一，有褐黄色团粒、锈斑。标准贯入击数2.75击。压缩系数0.46 $MPa^{-1}$，属中—高压缩性。该层在勘察区分布相对稳定，厚度2.0~5.1 m，层底高程为-3.14~-4.6 m。

（3）Ⅲ层：第Ⅰ海相层。成分为轻壤土，灰色，可塑—软塑状，土质不甚均一，局部地段夹有黏土、粉砂薄层或团块，含少量零星分布的钙质结核。上部分布有砂壤土透镜体，最大厚度达3.10 m。标准贯入击数3.75击，压缩系数0.3 $MPa^{-1}$，属中等压缩性。该层分布尚较稳定，一般厚3.40~4.70 m，层底分布高程-7.66~-8.20 m。

（4）Ⅳ层：第Ⅱ陆相层。壤土、黏土互层分布，土质不均、局部夹有砂和砂壤土透镜体。壤土为灰色、土黄色，呈硬塑—可塑状。土质较均一，有锈染及灰色条带，含钙质结核。黏土为浅黄、黄及棕黄色，呈硬塑—可塑状，土质较均一，有锈染及灰色团块，局部地段夹有钙质结核。

本层标准贯入击数4.84击，压缩系数0.28 $MPa^{-1}$，属中等压缩性。一般揭露厚度4.4~7.8 m，最大单层厚度为3~4 m。

各土层的物理力学指标详见表4-16。

3. 构造与地震

该闸位与永定新河进洪闸相近，地震动峰值加速度均为0.15$g$，相当于地震烈度Ⅶ度。

**表4-16　土工试验成果汇总**

| 地层编号 | 地层名称 | 数据类型 | 天然含水率(%) | 天然容重($g/cm^3$) | 干容重($g/cm^3$) | 孔隙比 | 饱和度(%) | 比重 | 液限(%) | 塑限(%) | 塑性指数 | 液性指数 |
|---|---|---|---|---|---|---|---|---|---|---|---|---|
| Ⅰ | 人工填土 | 平均值 | 32.5 | 1.87 | 1.41 | 0.916 | 94.5 | 2.71 | 38.9 | 25.7 | 13.2 | 0.858 |
| | | 组数 | 6 | 6 | 6 | 6 | 6 | 6 | 2 | 2 | 2 | 2 |
| Ⅱ | 壤土 | 平均值 | 33.9 | 1.87 | 1.395 | 0.955 | 97 | 2.72 | 37.5 | 22.7 | 14.75 | 0.801 |
| | | 组数 | 2 | 2 | 2 | 2 | 2 | 2 | 2 | 2 | 2 | 3 |
| Ⅲ | 轻壤土 | 平均值 | 32.3 | 1.98 | 1.44 | 0.887 | 98.1 | 2.71 | 31.37 | 22.4 | 9.2 | 1.39 |
| | | 组数 | 25 | 25 | 25 | 25 | 25 | 25 | 16 | 16 | 16 | 12 |
| Ⅳ | 壤土、黏土 | 平均值 | 26.8 | 2 | 1.57 | 0.752 | 98.7 | 2.73 | 31.42 | 20.1 | 11.28 | 0.66 |
| | | 组数 | 25 | 25 | 25 | 25 | 25 | 25 | 20 | 20 | 20 | 16 |

| 地层编号 | 地层名称 | 数据类型 | 压缩系数 | 压缩模量 | 渗透系数 | 抗剪强度 | | | |
|---|---|---|---|---|---|---|---|---|---|
| | | | | | | 自然快剪 | | 饱和固结快剪 | |
| | | | $a_{1-2}$ ($MPa^{-1}$) | $E_{s1-2}$ (MPa) | $K$ (cm/s) | $C$ (kPa) | $\varphi$ (°) | $C$ (kPa) | $\varphi$ (°) |
| Ⅰ | 人工填土 | 平均值 | 0.44 | 4.1 | $2.48\times10^{-4}$ | 14 | 22 | | |
| | | 组数 | 2 | 2 | 2 | 4 | 4 | | |
| Ⅱ | 壤土 | 平均值 | 0.45 | 4.4 | $1.59\times10^{-5}$ | 10 | 9 | | |
| | | 组数 | 2 | 2 | 1 | 2 | 2 | | |
| Ⅲ | 轻壤土 | 平均值 | 0.30 | 5.9 | $4.59\times10^{-4}$ | 12 | 24 | 12 | 24 |
| | | 组数 | 8 | 8 | 6 | 2 | 4 | 3 | 3 |
| Ⅳ | 壤土、黏土 | 平均值 | 0.28 | 6.2 | $4.93\times10^{-5}$ | | | 15 | 22 |
| | | 组数 | 10 | 10 | 4 | | | 4 | 4 |

4.水文地质

本区地下水按埋藏条件分为两种类型:孔隙潜水和承压水。孔隙潜水主要赋存于壤土及砂壤土层内,埋藏浅,含水不丰富,地下径流微弱,渗透系数一般为$(2\sim4)\times10^{-4}$cm/s。承压水含水层由细砂、粉细砂及砂壤土的薄层及透镜体构成,透水性较好,但由于非完整性的隔水顶板隔阻,具有局部承压性、接受补给较弱,含水亦不丰富。

两岸地下水位略高于河水位,高程为1.00 m左右,地下水坡降平缓,受大气降水及地表径流的补给。在闸上、下游各取水样一组,经水质分析,均为氯硫酸重碳酸钠镁钙水,对混凝土无腐蚀性。

**(三)工程地质评价**

1.地基土的承载力

根据钻孔原位测试成果及土的物理力学试验指标分析计算,闸基土的承载力如表4-17所示。

表 4-17 各土层抗剪强度建议值

| 土层编号 | 土的名称 | 自然快剪 | | 饱和固结快剪 | | 承载力(kPa) | 压缩模量MPa |
|---|---|---|---|---|---|---|---|
| | | 凝聚力 C(kPa) | 内摩擦角 φ(°) | 凝聚力 C(kPa) | 内摩擦角 φ(°) | | |
| Ⅰ | 人工填土(壤土) | 14 | 22 | | | 9 | 4.0 |
| Ⅱ | 壤土 | 10 | 10 | | | 10 | 4.4 |
| Ⅲ | 轻壤土 | 12 | 24 | 0.15 | 26 | 10 | 6.0 |
| Ⅳ | 壤土 | | | 0.17 | 27 | 14 | 7.0 |

2. 地基土的沉降

Ⅰ层人工填土和Ⅱ层壤土属中—高压缩性土,Ⅲ层轻壤土和Ⅳ层壤土及黏土属中等压缩性土。闸基范围内各土层的分布及厚度均有所变化,且各类土中多有岩性不同的夹层或透镜体存在,因此对地基土沉降与不均匀沉降问题应予以重视。各类土压缩性指标建议值如表 4-17 所示。

3. 地基土的液化

本区地震基本烈度为Ⅶ度。根据闸基各土层的物理性质分析,Ⅱ层饱和轻壤土黏粒含量 16.7%,大于 16%,初判为不液化层。但该层饱和度大于 95%,液性指数 0.80,土体呈饱和软塑状,因此当发生Ⅶ度地震时,可能产生触变破坏。

**(四)交通桥工程地质**

交通桥位于节制闸右侧,其地基土的岩性特征、物理力学性质和分布情况前已述及,有关力学指标的建议值如表 4-17 所示。

若采用桩基,其桩基持力层以Ⅳ层壤土、黏土为宜。持力层一般埋深 6.8 ~ 8.6 m,各土层桩基参数建议值见表 4-18。

表 4-18 各土层桩周土摩阻力和桩端土容许承载力建议值

| 地层编号 | 土的名称 | 桩周土摩阻力(kPa) | 桩端土容许承载力(kPa) |
|---|---|---|---|
| Ⅰ | 人工填土(壤土) | 15 | |
| Ⅱ | 壤土 | 15 | |
| Ⅲ | 轻壤土 | 15 | |
| | 砂壤土 | 20 | |
| Ⅳ | 壤土、黏土 | 20 | 600 |

## 三、新引河进洪闸

**(一)工程概况及勘察工作**

新引河进洪闸位于天津北郊,南有北运河节制闸、北有永定新河闸。该闸建于 1932 年,共 6 孔,每孔净宽 6.0 m,总宽度 44 m。现闸体损坏严重,工程老化,闸门启闭不灵,且该闸今后运行条件将有较大变化,急需改建。为保持屈家店枢纽各建筑物之间的协调,改建后的新闸仍位于现闸址。

1992 年进行新引河进洪闸改建工程地质勘察工作,沿闸址布设 4 排钻孔,其中闸室上游一排,孔深25 m;下游3排,孔深17 m,排孔间距28~36 m;每排3个孔,间距14~27 m;左边墙外2个孔,孔深25 m,孔距15.65 m。其中标准贯入孔7个,原状样孔5个,地质孔2个。

**(二)地质概况**

1.地形地貌

闸址区位于永定河下游冲积平原,区内地势平坦,河谷开阔。两岸地面高程约6.8 m,河床部位高程为上游-0.9~-1.3 m,下游-1.3~-1.1 m,局部略深达-1.9 m。

2.地层岩性

勘探深度(25 m)范围内均为第四系全新统沉积,根据其时代、成因和岩性特征,并参照区域地层层位,自上而下分为4大层:人工堆积层 $rQ_4^4$;第Ⅰ陆相层 $alQ_4^3$;第Ⅰ海相层 $mQ_4^2$;第Ⅱ陆相层 $alQ_4^1$。

(1)人工堆积层 $rQ_4^4$ 包括人工填土、人工抛石、闸混凝土底板。

人工填土主要分布于闸体两端及边墙部位,成分以壤土为主,黄色,硬塑—可塑状,厚度3.0~3.8 m,底板高程3.07~3.81 m;人工抛石主要分布在闸室下游河床部位,自上游向下游逐渐变薄,其上分布厚0.3~0.4 m的灰黑色淤泥,抛石层厚度0.6~1.5 m,底板高程-2.17~-2.78 m;闸底板为素混凝土,胶结较好,闸室区厚约0.6 m,闸室下游厚0.2~0.3 m,底板高程-1.84~-2.49 m。

(2)第Ⅰ陆相层 $alQ_4^3$ 包括①~④小层。

①小层为壤土,黄色,可塑状,呈层状分布于左边墙,且在ZK7号孔处出露于地表,厚度1.6~3.0 m,底板高程0.81~0.03 m。

②小层为黏土,灰色,可塑状,呈层状分布于左边墙,厚度1.2~2.0 m,底板高程-1.17~-1.73 m。

③小层为壤土,灰黄色,可塑—软塑状,呈层状分布于左边墙,厚度1.2~1.5 m,底板高程-2.49~2.93 m。

④小层为黏土,灰黑色,可塑—软塑状,呈层状连续分布,厚度1.3~4.5 m,底板高程-3.67~-5.19 m。

(3)第Ⅰ海相层 $mQ_4^2$ 以壤土为主,灰色,可塑—流塑状,局部富集贝壳,下部砂粒含量较高,与下伏黏土接触部位可见藻类腐植物,呈层状连续分布,厚度2.1~4.8 m;底板高程-6.72~-8.99 m。

(4)第Ⅱ陆相层 $alQ_4^1$ 包括①~⑥小层。

①小层为黏土,顶部为灰白色,其下为浅黄色,可塑—流塑状,局部夹有砂壤土薄层。该层连续分布,其间夹有②小层壤土,厚度较薄;闸室区厚度较大,厚4.3~6.1 m,底板高程-12.04~-15.26 m。

②小层为壤土,黄色,可塑状,仅分布于①小层之间,在闸下游,垂直水流方向呈层状分布,顺流向则呈透镜状,该层厚0.8~2.2 m,底板高程-12.32~-13.12 m。

③小层为壤土,黄色,可塑—软塑状,局部富集钙质结核,并夹有砂壤土薄层,厚度2.2~4.7 m,底板高程-15.04~-17.83 m。

④小层为砂壤土,黄色,可塑状,局部富集钙质结核,底部夹有薄层粉砂,呈层状分布,

厚度 3.0 ~ 3.5 m，底板高程 -18.22 ~ -18.78 m。

⑤小层为壤土，黄色，硬塑—可塑状，局部夹有少量钙质结核，底部夹有 0.4 ~ 0.6 m 极细砂层，该层壤土呈层状分布，厚度 3.35 ~ 3.6 m，底板高程 -21.24 ~ -22.33 m。

⑥小层为黏土，黄色，湿，可塑—软塑状，局部粉粒含量较高，并夹有少量钙质结核，呈层状分布，揭露厚度 3.4 ~ 4.4 m，底板高程 -26.28 ~ -25.22 m。

3. 各土层的物理力学性质

本次勘探取原状土样 78 组，扰动土样 18 组，各土层的物理力学性质详见表 4-19。各土层的抗剪强度及与混凝土接触面的摩擦系数详见表 4-20。

4. 水文地质

地下水为孔隙潜水和微承压水，受大气降水和地表径流补给。闸下游左岸地下水位与下游河水位一致，高程 -0.02 m，坡降极缓，而在闸上游水位高程分别为 0.17 ~ 0.34 m，低于闸上游 1.24 m 的河水位，高于闸下游 -0.06 m 的河水位。

在闸上、下游各取一组河水样。据水质分析成果，闸上游河水为氯硫酸重碳酸钾钠镁水，闸下游河水为氯硫酸钾钠镁水，闸上、下游 $SO_4^{2-}$ 含量分别为 272.0 mg/L 和 358.4 mg/L，对普通水泥具结晶类硫酸盐型弱腐蚀性。

## 四、工程地质评价

1. 地基土的承载力

各土层的承载力主要根据标准贯入试验并结合土的物理性质指标综合判定。桩端持力层建议放在 $alQ_4^1$ 的第④小层，顶部高程约 -15.0 m，侧壁摩阻力、桩端承载力建议值详见表 4-21。

2. 沉降与不均匀沉降

除 $alQ_4^3$④小层黏土属高压缩性土外其余均为中等压缩性土。鉴于闸室地段地层分布的相对稳定，发生不均匀沉降的可能性较小，而 $alQ_4^1$②小层顺流向的透镜状分布，有可能产生不均匀沉降。

3. 土的渗透性

室内渗透试验成果表明，各土层的渗透系数介于 $2.4\times10^{-5}$ ~ $5.88\times10^{-6}$ cm/s，均属于微弱透水层，且闸基土层多为黏性土，岩性均一，分布连续稳定，渗透性差。改建后设计水位 5.75 m，校核水位 6.5 m，上、下游水头差较小，故闸基渗透量很小。

4. 土的振动液化

闸址区地震基本烈度为Ⅶ度。$alQ_4^1$④小层砂壤土黏粒含量为 8.8%，小于 16%，初判为可能液化层。该层标贯临界值 $N_{cr}=12.5$，在 11 段次标贯试验中小于 12.5 的有 3 段次，地震烈度Ⅶ度时局部可能产生液化。$alQ_4^3$ 层黏土、$mQ_4^2$ 层壤土、$alQ_4^1$①小层黏土，天然含水率接近或大于液限，均属饱和软弱黏性土，在地震作用下，存在发生触变破坏的可能性。

## 表4-19　各土层土工试验成果统计

| 地层代号 | 层号 | 岩性 | 数据类型 | 天然含水率 $\omega$(%) | 湿密度 (g/cm³) | 干密度 (g/cm³) | 孔隙比 $e$ | 饱和度 $S_r$(%) | 土粒比重 $G_S$ | 液限 $W_L$(%) | 塑限 $W_P$(%) | 塑性指数 $I_P$ | 液性指数 $I_L$ |
|---|---|---|---|---|---|---|---|---|---|---|---|---|---|
| $rQ_4$ | | 壤土 | 平均值 | 11.2 | 1.64 | 1.48 | 0.84 | 26.0 | 2.72 | 26.9 | 18.7 | 8.2 | -0.91 |
| | | | 组数 | 1 | 1 | 1 | 1 | 1 | 1 | 1 | 1 | 1 | 1 |
| $alQ_4^3$ | ① | 壤土 | 平均值 | 20.6 | 1.84 | 1.53 | 0.78 | 71.3 | 2.71 | 30.2 | 19.4 | 10.8 | 0.42 |
| | | | 组数 | 3 | 3 | 3 | 3 | 3 | 3 | 3 | 3 | 3 | 3 |
| | ② | 黏土 | 平均值 | 33.0 | 1.89 | 1.42 | 0.93 | 96.5 | 2.74 | 41.0 | 23.4 | 17.6 | 0.54 |
| | | | 组数 | 2 | 2 | 2 | 2 | 2 | 2 | 2 | 2 | 2 | 2 |
| | ③ | 壤土 | 平均值 | 29.2 | 1.93 | 1.49 | 0.82 | 97.0 | 2.72 | 31.4 | 21.3 | 10.1 | 0.78 |
| | | | 组数 | 1 | 1 | 1 | 1 | 1 | 1 | 1 | 1 | 1 | 1 |
| | ④ | 黏土 | 平均值 | 40.9 | 1.81 | 1.28 | 1.14 | 98.3 | 2.75 | 46.1 | 26.5 | 19.6 | 0.74 |
| | | | 组数 | 3 | 3 | 3 | 3 | 3 | 3 | 3 | 3 | 3 | 3 |
| $mlQ_4^2$ | | 壤土 | 平均值 | 31.4 | 1.91 | 1.46 | 0.87 | 97.1 | 2.72 | 30.1 | 20.3 | 9.8 | 1.15 |
| | | | 组数 | 17 | 17 | 17 | 17 | 17 | 17 | 23 | 23 | 23 | 23 |
| $alQ_4^1$ | ① | 黏土 | 平均值 | 27.5 | 1.98 | 1.55 | 0.77 | 96.9 | 2.74 | 32.3 | 19 | 12 | 0.64 |
| | | | 组数 | 20 | 20 | 20 | 20 | 20 | 20 | 23 | 23 | 23 | 19 |
| | ② | 壤土 | 平均值 | 22.4 | 2.02 | 1.65 | 0.65 | 94.6 | 2.73 | 26.9 | 16.9 | 10 | 0.5 |
| | | | 组数 | 1 | 1 | 1 | 1 | 1 | 1 | 2 | 2 | 2 | 1 |
| | ③ | 壤土 | 平均值 | 23.4 | 2.02 | 1.64 | 0.67 | 95.5 | 2.73 | 28.8 | 21.3 | 10.3 | 0.51 |
| | | | 组数 | 14 | 14 | 14 | 14 | 14 | 14 | 20 | 20 | 20 | 20 |
| | ④ | 砂壤土 | 平均值 | 26.2 | 1.97 | 1.56 | 0.74 | 96 | 2.71 | 26.4 | 20.5 | 5.9 | 1.06 |
| | | | 组数 | 7 | 7 | 7 | 7 | 7 | 7 | 4 | 4 | 4 | 4 |
| | ⑤ | 壤土 | 平均值 | 24.3 | 1.99 | 1.6 | 0.71 | 94 | 2.74 | 28.3 | 17.3 | 11 | 0.64 |
| | | | 组数 | 1 | 1 | 1 | 1 | 1 | 1 | 1 | 1 | 1 | 1 |
| | | 极细砂 | 平均值 | 21.5 | 2.04 | 1.68 | 0.61 | 96 | 2.7 | | | | |
| | | | 组数 | 1 | 1 | 1 | 1 | 1 | 1 | | | | |
| | ⑥ | 黏土 | 平均值 | 26.9 | 1.97 | 1.57 | 0.76 | 97 | 2.75 | 30.7 | 19.1 | 11.6 | 0.65 |
| | | | 组数 | 3 | 3 | 3 | 3 | 3 | 3 | 3 | 3 | 3 | 3 |

续表 4-19

| 地层代号 | 层号 | 岩性 | 数据类型 | 压缩 | | 渗透系数 | 自然快剪 | | 饱固快剪 | | 颗粒组成(%) | | |
|---|---|---|---|---|---|---|---|---|---|---|---|---|---|
| | | | | 压缩系数 $a_{v1-2}$(MPa$^{-1}$) | 压缩模量 $E_{s1-2}$(MPa) | $K$(cm/s) | $C$(kPa) | $\varphi$(°) | $C$(kPa) | $\varphi$(°) | >0.05mm | 0.05~0.005mm | <0.05mm |
| $rQ_4^4$ | | 壤土 | 平均值 | | | | 25 | 35.8 | | | 35 | 45.5 | 19.5 |
| | | | 组数 | | | | 1 | 1 | | | 1 | 1 | 1 |
| $alQ_4^3$ | ① | 壤土 | 平均值 | 0.42 | 4.23 | $6.98\times10^{-5}$ | 40 | 25 | | | 31.6 | 47.9 | 20.5 |
| | | | 组数 | 2 | 2 | 2 | 2 | 2 | | | 3 | 3 | 3 |
| | ② | 黏土 | 平均值 | 0.32 | 5.46 | | 32 | 2.3 | | | 9.3 | 51 | 39.7 |
| | | | 组数 | 1 | 1 | | 2 | 2 | | | 2 | 2 | 2 |
| | ③ | 壤土 | 平均值 | | | $2.29\times10^{-6}$ | 10 | 24.9 | | | 15.5 | 63.3 | 21.2 |
| | | | 组数 | | | 1 | 1 | 1 | | | 1 | 1 | 1 |
| | ④ | 黏土 | 平均值 | 0.8 | 2.6 | | 23 | 0.3 | 17 | 14.6 | 5.6 | 53.3 | 41.1 |
| | | | 组数 | 3 | 3 | | 1 | 1 | 1 | 1 | 3 | 3 | 3 |
| $mQ_4^2$ | | 壤土 | 平均值 | 0.32 | 5.67 | $2.82\times10^{-6}$ | 13 | 27.2 | 24 | 25 | 25.7 | 52.9 | 23.6 |
| | | | 组数 | 10 | 10 | 5 | 9 | 9 | 7 | 7 | 22 | 22 | 22 |
| $alQ_4^1$ | ① | 黏土 | 平均值 | 0.3 | 5.82 | $5.88\times10^{-6}$ | 22 | 17.8 | 25 | 22.5 | 19.6 | 42.1 | 38.3 |
| | | | 组数 | 14 | 14 | 3 | 6 | 6 | 10 | 10 | 18 | 18 | 18 |
| | ② | 壤土 | 平均值 | 0.22 | 7.27 | | 35 | 16.2 | | | 43.2 | 33.2 | 23.6 |
| | | | 组数 | 1 | 1 | | 1 | 1 | | | 1 | 1 | 1 |
| | ③ | 壤土 | 平均值 | 0.22 | 7.4 | $3.03\times10^{-5}$ | 29 | 24 | 21 | 25 | 28.3 | 49.4 | 22.3 |
| | | | 组数 | 11 | 11 | 4 | 4 | 4 | 5 | 5 | 19 | 19 | 19 |
| | ④ | 砂壤土 | 平均值 | 0.11 | 15.7 | $2.36\times10^{-6}$ | 20 | 32 | 19 | 28 | 69.1 | 22.1 | 8.8 |
| | | | 组数 | 4 | 4 | 2 | 2 | 2 | 3 | 3 | 4 | 4 | 4 |
| | ⑤ | 壤土 | 平均值 | 0.21 | 8.08 | | | | 14 | 28.7 | 45 | 27 | 28 |
| | | | 组数 | 1 | 1 | | | | 1 | 1 | 1 | 1 | 1 |
| | | 极细砂 | 平均值 | | | $4.09\times10^{-4}$ | | | 3 | 36.2 | 92.5 | 5 | 2.5 |
| | | | 组数 | | | 1 | | | 1 | 1 | 1 | 1 | 1 |
| | ⑥ | 黏土 | 平均值 | 0.19 | 0.62 | | | | 42 | 17.3 | 14.8 | 46.5 | 38.7 |
| | | | 组数 | 3 | 1 | | | | 3 | 3 | 3 | 3 | 3 |

表 4-20　各土层抗剪强度及与混凝土接触面的摩擦系数

| 地层代号 | 层号及岩性 | 抗剪强度建议值 | | | | 混凝土与土层接触面的摩擦系数 |
|---|---|---|---|---|---|---|
| | | 自然快剪 | | 饱和固结快剪 | | |
| | | C(kPa) | φ(°) | C(kPa) | φ(°) | |
| $rQ_4^4$ | 人工填土(壤土) | 20 | 25 | | | 0.3 |
| $alQ_4^3$ | ①壤土 | 24 | 18 | | | 0.25 |
| | ②黏土 | 25 | 1.0 | | | 0.25 |
| | ③壤土 | 10 | 15 | | | 0.2 |
| | ④黏土 | 16 | 0.0 | 12 | 10 | 0.2 |
| $mQ_4^2$ | 壤土 | 12 | 16 | 22 | 18 | 0.2 |
| $alQ_4^1$ | ①黏土 | 20 | 14 | 23 | 16 | 0.2 |
| | ②壤土 | 28 | 13 | | | 0.25 |
| | ③壤土 | 20 | 18 | 17 | 20 | 0.2 |
| | ④砂壤土 | 16 | 22 | 16 | 23 | 0.35 |
| | ⑤壤土 | | | 14 | 23 | 0.30 |
| | ⑥黏土 | | | 34 | 14 | 0.25 |

表 4-21　各土层地基承载力及桩参数建议值

| 地层代号 | 层号及岩性 | 地基容许承载力(kPa) | 侧壁摩阻力(kPa) | 容许桩端承载力(kPa) |
|---|---|---|---|---|
| $rQ_4^4$ | 人工填土(壤土) | 150 | 25 | |
| $alQ_4^3$ | ①壤土 | 110 | 25 | |
| | ②黏土 | 80 | 25 | |
| | ③壤土 | 110 | 20 | |
| | ④黏土 | 80 | 15 | |
| $mQ_4^2$ | 壤土 | 80 | 15 | |
| $alQ_4^1$ | ①黏土 | 110 | 20 | |
| | ②壤土 | 100 | 25 | |
| | ③壤土 | 160 | 30 | |
| | ④砂壤土 | 200 | 20 | 220 |
| | ⑤壤土 | 240 | 30 | |
| | ⑥黏土 | 130 | 20 | |

# 第五章 平原区水利工程几个特殊地质问题的研究

## 第一节 天津平原地区的地质环境与地质灾害

### 一、天津平原地区地质环境的特点

天津地处华北平原东北部，地势总体由北向南和自西北向东南呈箕形倾向渤海。按地貌形态和成因类型，可划分为山地丘陵、堆积平原和海岸潮间带3个大的地貌单元。山地丘陵主要分布于蓟县，可分为构造剥蚀中低山、剥蚀低山丘陵和剥蚀堆积山间盆地3种类型；堆积平原区面积约占全市总面积的93%，分为冲积洪积倾斜平原、洪积冲积平原和冲积平原、海积冲积低平原和海积低平原几种类型；海岸潮间带位于海积平原和水下岸坡之间，是潮汐作用形成的近岸海底地貌。

第三纪始新世到第四纪全新世，华北平原区总体上表现为大幅度下降，形成了多个相间排列的NNE向拗陷，并接受了巨厚的新生代沉积物。第四系地层自下而上可分为4层，其中下更新统（$Q_p^1$）厚110～144 m，为灰黄、浅棕红、灰绿色黏土、粉质黏土与粉砂不等厚互层，夹灰白色细砂层；中更新统（$Q_p^2$）厚90～100 m，以棕黄、棕色、灰绿、杂色黏土为主，上部夹少而薄粉细砂，下部夹较厚粉细砂层并有中粗砂出现；上更新统（$Q_p^3$）厚42～60 m，为灰色粉细砂与粉质黏土、黏土不等厚互层；全新统（$Q_h$）厚16～21 m，以灰、深灰及灰黄色粉质黏土、粉质黏土夹粉砂薄层，底部有较多粉细砂，并夹有黑色淤泥层或泥炭层。与工程关系密切的浅表层土体主要为上更新统和全新统地层，属于河口三角洲及海相堆积。

天津地区在大地构造上处于华北准地台区燕山台褶带南缘，构造单元可划分为燕山台褶带和华北断坳两个二级构造单元，蓟宝隆褶、沧县隆起、冀中拗陷和黄骅拗陷4个三级构造单元和15个四级构造单元。基底以断块活动为主，其中，蓟运河断裂和宝坻断裂为岩石圈断裂，沧东断裂、海河断裂带、大寺断裂和天津断裂为壳内断裂，蓟县山前断裂及其子断裂、汉沽断裂和宜兴埠断裂等为盖层断裂。由于第四系覆盖层厚度巨大，基底断裂错动对地面建筑的影响主要是震动破坏而不是断裂破坏。

平原区第四系孔隙含水层组分带比较复杂，埋深400 m范围自上而下可划分为以下5个含水层组：①第一含水层组，为浅层淡水，底界埋深一般5～25 m，最大45 m。水位埋深一般小于4 m。受下部咸水的影响，水质具有与河水相似的低矿化度特征并含有咸水化学成分。②咸水含水层组，主要赋存于第四系中更新统至上更新统松散堆积物中，咸水底板埋深最大约220 m，含水层浅部为潜水－微承压水，水位埋深1～3 m；下部为承压水，水位低于潜水面，水位埋深一般为3～8 m。③第二含水层组，地下水主要赋存于上更新统至中更新统地层中,厚度 50 ~ 150 m,底界埋深 180 ~ 228 m,是天津市地下水开采的主要含水层。其北部补给条件优越,径流交替速度快,水位变化与上部浅层水的动态基本一致;南部补给微弱,径流缓慢,氟含量大多超标。④第三含水层组,赋存于第四系下更新统的上段,底界埋深 290 ~ 315 m,累积厚度一般为 20 ~ 50 m。⑤第四含水层组,地下水赋存于第四系下更新统下段,底界埋深 370 ~ 429 m,厚度 70 ~ 120 m,主要靠西北部山前地下径流和上部地下水越流补给。补给微弱,动态受开采影响。

## 二、地质灾害的种类及特征

### (一)地质灾害的种类及特征

按致灾地质作用的性质和发生区域进行划分,常见的地质灾害可分为(48 种)12 类(国土资源部地质环境管理司等,1998),包括地壳活动灾害、斜坡岩土体运动灾害、地面变形灾害、矿山与地下工程灾害、城市地质灾害、河湖水库灾害、海岸带灾害、海洋地质灾害、特殊岩土灾害、土地退化灾害、水土污染与地球化学异常灾害、水源枯竭灾害等。

与天津平原地区关系较密切的地质灾害的种类及特征如下:

1. 地面沉降和地裂缝灾害

地面沉降是由于地下松散地层固结压缩,导致地壳表面标高降低的一种局部的下降运动(或工程地质现象)。从成因上看,绝大多数是由于地下水的超量开采所致,有些地区还有其他成因。从规模和程度来看,天津地区在沉降面积、最大累积降深和年沉降速率几方面都最为严重。与地壳活动有关,天津还有区域性整体下沉的特点。

地裂缝是地表岩土体在自然或人为因素作用下产生开裂,并在地面形成一定长度和宽度的裂缝的地质现象,当这种现象发生在有人类活动的地区时,便成为一种地质灾害。地裂缝的形成原因复杂多样,其中地壳活动、水的作用和部分人类活动是导致地面开裂的主要原因。

2. 地下水位上升及土地盐渍化灾害

由于地下水位的持续上升而造成的建筑破坏、土地盐渍化和沼泽化,也是地质灾害的表现之一。盐渍化是一种缓变性地质灾害,滨海地区属盐渍土集中分布区,其危害主要表现在使农作物减产、影响植被生长并间接造成生态环境恶化、腐蚀损坏工程设施等方面。

3. 河湖水库淤积、海水入侵及海岸带地质灾害

由于水土流失日趋严重,造成河湖水库的淤积也越来越严重,其主要危害包括降低了区域行蓄洪能力从而加重洪水的危害、影响发电效益等。海水入侵引起海岸带地下水水质恶化,影响工业产品的质量,造成土地板结和作物减产。海水入侵的主要防治措施是合理控制地下水开采,保持地下水对海水的正向水力坡度,治理上采用帷幕封堵海水入侵通道,建立滨海地下水库等。渤海沿岸是我国风暴潮最严重的地区之一,防治风暴潮,要加强对其成灾规律的研究,同时要在沿海地区修筑防潮堤坝。

4. 地震灾害

地震是最主要的地质灾害之一,并且与其他地质灾害有着密切的联系。我国的地震绝大多数是构造地震,其次是水库地震、矿震等诱发性地震。地震是一种破坏力很大的自然灾害,除了直接引起山崩地裂、砂土液化等灾害之外,还会引起其他次生灾害。

## （二）天津地区地质灾害现状及其影响

### 1. 地下水位降落漏斗

就地下水位降落漏斗形态来说，天津地区深层水（承压水）降落漏斗是比较典型的，浅层水漏斗实际上是包括潜水与承压水的复合产物。深层地下水是天津中南部地区的主要供水开采水源，因长期超量开采，使含水层地下水大幅度下降，土体孔隙水压力降低而产生压密变形，进而引起地面沉降、含水层水质恶化、局部地区地下水污染等。已形成市区、塘沽、汉沽、大港、静海、武清、西青几个下降漏斗，特别是市区和滨海地区有连成一片的趋势。近年来，由于市区和塘沽已有引滦入津替代地下水水源，深层水开采强度减少，各含水层水位有所回升。

### 2. 地面沉降

天津平原区有不同程度的地面沉降，南部和滨海地区尤为明显，从累计沉降量看，已形成了市区、塘沽区、汉沽区、大港区及海河下游工业区等沉降中心。市区除东部和西北部局部地区之外，累计沉降量都大于2.0 m，最大沉降量位于北站附近，为2.913 m；汉沽区的累计沉降量都大于2.0 m，最大沉降量位于汉沽城区，为3.065 m；海河下游从津南咸水沽至塘沽城区之间的累计沉降量都大于2.0 m，最大沉降量位于塘沽城区，为3.187 m；武清杨村地区的累计沉降量都大于2.0 m，最大沉降量位于杨村镇，为2.898 m。沉降范围和幅度与地下水降落漏斗的范围及水位下降幅度密切相关。20世纪50年代末至1988年，市区、塘沽区和汉沽区3个漏斗中心地面累计沉降量已分别达到2.63 m、2.83 m和2.15 m，其中地下水开采量迅速增加的1967～1988年的沉降量分别为2.28 m、2.29 m和2.02 m，占到累计沉降量的81%～94%。

地面沉降具有累积性和不可逆转性等特点，长期积累后其危险性日益显著。地面沉降使区域地面标高降低，并导致一些次生灾害的发生，主要包括：①地面标高降低，海水上岸，防潮堤必须相应加高；滨海潜水位抬高，加重土壤的次生盐渍化、沼泽化；②海河泄洪能力降低，如遇较大洪水，市区有被淹没的危险；③河道纵坡变形（沉降不均），航运受阻；④改变了排水管道的原始状态，影响排水，部分地段水管破损，造成污染；⑤井管普遍相对上升，输水管受影响；⑥塘沽区地面下沉，实际高程在1～3 m，将有被海水淹没的危险。

### 3. 地裂缝

在蓟县南部和宝坻北部平原区，1976年唐山地震时出现过地裂缝及喷砂冒水现象。20世纪80年代以后相继出现大量地裂缝，涉及到宝坻37个村庄和蓟县54个村庄。宝坻地裂缝出现于1982年，1983～1986年为严重发育期，1986年以后进入缓慢发育期，目前仍有少量地裂缝发生，程度上有所降低。发育特点是规模较大的裂隙少，而小裂隙极为多见且多属张性裂隙。地裂缝穿越民居、厂矿、农田，横切道路、水管及各种公共设施，致使建筑物破损、农田毁坏、道路变形、管道破裂，影响人民生活、生产和安全。如1982年汛前，蓟运河右岸大堤红帽庄、芮庄子及北运河3处产生裂隙，为了行洪安全，及时进行了回填处理。

### 4. 地震及砂土液化

京津唐地区为地震多发地区，地震活动频繁。唐山地震造成天津地区较大面积的砂土液化（严重砂土液化面积约1 054 $km^2$），加重了局部震害。另外，工程震动引起的砂土液化也不乏其例,曾有由于打桩机震动引起砂土液化造成一幢7层大楼倾覆的记载。

5. 其他地质灾害

其他地质灾害一方面在工程建设时危害工程和工程建设人员的安全,另一方面对工程运行安全产生危害。如边坡失稳、软土地基变形、岸边侵蚀等地质灾害,在天津滨海软土地区比较多见。

## 三、地质灾害的防治与监测

### (一)地面沉降

过量开采地下水是导致地面沉降的主要原因。因此,减轻地面沉降灾害的最主要措施是控制地下水的开采量。普遍采用的措施有以下几种:①减少地下水的开采量,由于实施了该项措施,市区和塘沽区年平均沉降量明显降低;②调整地下水的开采层次,将上部含水层开采转向下部含水层开采,对地面沉降有一定的缓和作用;③人工回灌地下含水层,以提高地下水位,达到缓解地面沉降的效果;④利用地下水的采、灌数学模型,合理地开发利用地下水。

我国的城市地面沉降监测工作曾经使用过以下方法:①对研究区的水准测量点定期进行测量;②对含水层地下水开采量(含回灌量)及地下水位进行长期观测;③室内和野外试验研究监测;④设立沉降标、孔隙水压力标和基岩标,以了解各土层和含水层的变形规律及地下水动态变化规律。

### (二)地裂缝

地面不均匀沉降有可能形成地裂缝,地裂缝也是地面沉降严重时所表现的灾变形式。这类外营力作用导致的地裂缝灾害是能够控制和防预的。为减轻地裂缝造成的危害,应加强地裂区的工程地质勘察工作、限制地下水的过量开采、对已有裂缝进行回填夯实等处理、改进地裂区建筑物的基础形式、对地裂区已有建筑物进行加固处理、设置各种监测点以密切注视地裂缝的发展动向等。

对构造活动产生的地裂缝,目前的技术手段还难以抵御,改善人类活动和一些治理措施只能起到一定的减轻作用,而各类工程建筑绕避这类裂缝区段,是一种最为有效的减灾措施。

地裂缝的监测目前主要采用物探手段和裂缝位移观测等常规方法。

### (三)工程环境地质灾害

在工程可能诱发或与之相关的地质灾害方面,如软土地区深基坑施工、地下铁路的不均匀沉降、地下工程引起的地面沉降变形等,应重视城市规划、工程建设过程中的地质灾害危险性评估,加强地质勘察和治理工作以及工程建设过程中的场地安全设计。

## 四、地质灾害防治的重大意义

地质灾害的发育分布及其危害程度与地质环境条件、气象水文及人类活动等有着极为密切的关系。人类活动的加强,导致地下水资源平衡条件破坏和岩土构造应力状态发生变化,诱发并加剧了地面沉降、地裂缝、崩塌、滑坡、泥石流等地质灾害的发育和发展。随着环境的变化和经济建设的大规模发展,地质灾害的发育程度和破坏程度可能会不断增强。因此,地质灾害的勘查、研究以及防治工作有着特别重大的意义。

天津是环渤海地区未来经济发展的重要区域,除一般地质灾害之外,今后还需进一步关注海岸带的地质环境问题,包括海平面上升引发的地质灾害、地下水资源的合理开发利用、软土与地下空间开发地质、水污染与大气污染、地震与活动断裂的地质环境影响等问题。

## 第二节　平原区水库渗漏与浸没问题

### 一、浸没问题的勘察研究工作

#### (一)关于黏性土含水特征及地下水基本运动规律的分析

1. 结合水的运动规律

地下水以不同形式存在于岩石(或土)的空隙(孔隙)中,并在其中运动。不同环境中(包气带和饱水带)不同形式的水(重力水和结合水)的运动规律各不相同。以往的研究集中于饱水带中重力水的运动,而对包气带水以及结合水的运动很少注意。但从生产实践的需要出发,我们必须研究饱水带中结合水的运动规律以及包气带中与毛细现象有关的水的运动规律。

1)黏性土中水的类型

任意一颗土粒,不论其大小,如果单个地置于水中,土粒表面的水分子在土粒表面的具有游离价的原子和离子的静电引力作用下,便失去了自由活动的能力。它们排列得比液态水中的水分子要紧密得多,因而具有一定的抗剪强度。这种具有抗剪强度的水,称为"结合水"。水分子所受的静电引力,随着它与土粒表面间距的增加而递减,因此结合水的抗剪强度也相应递减。最靠近土粒表面的结合水,抗剪强度最大,称为"强结合水",稍远一些的结合水,则称为"弱结合水"。外力,包括重力和静水压力,在其克服了结合水的抗剪强度之后,对于结合水是能起作用的,但是其传递的方式是与普通液态水有区别的。

距土粒表面比结合水稍远一些的水分子,一方面仍受土粒表面静电引力的微弱影响,同时又受重力作用的显著控制。因此,水分子的活动力虽比结合水大,却几乎没有抗剪强度,而且又不如普通液态水中的水分子那样自由;土粒表面静电引力的微弱影响使它们的流动采取层流的形式而不是紊流的形式。这种水称为"毛细水"。距土粒表面比毛细水更远些的水分子,几乎不受土粒表面静电引力的影响,只受重力作用的控制,称为"重力水"。重力水就是普通的液态水,很容易发生紊流。

这里的强结合水和弱结合水不能与列别捷夫的吸着水和薄膜水等同对待。列别捷夫的吸着水和薄膜水仅仅是包气带中的强结合水和弱结合水。吸着水和薄膜水在包气带中是不连续的,没有传递静水压力的条件。因此,吸着水和薄膜水"不能传递静水压力"。但是,这样的结论仅适用于包气带中的结合水,不能把它普遍推广到存在于饱水土体中的结合水。他认为饱水的毛细带中只有清一色的毛细水,不能有其他类型的水。但是用"结合水"的观点来分析,在一般黏性土的毛细带中并没有毛细水,而只有结合水。在砂土的毛细带中虽有毛细水,但也有结合水,并不是清一色的毛细水。张忠胤先生认为:

“存在于砂土含水层中的水并没有重力水，而只有结合水和毛细水，因而只能产生层流运动，服从达西定律。就是在砂卵石含水层中也并不都是重力水。除重力水外还应有结合水和毛细水。在黏性土的大孔隙和裂隙中，有时也可能有重力水和毛细水，但必有结合水存在；在黏性土的一般孔隙中，只可能有结合水，不可能有重力水和毛细水。在一定的水力条件下，这种结合水也能发生显著的流动”。

2)不同类型水的基本运动规律

土粒不论大小都有结合水紧靠着其表面，其外侧为毛细水，再向外为重力水。但是，当若干土粒堆在一起时，土粒的大小就控制着能存在于土的孔隙中的水的类型了。粗大的土粒堆在一起，所形成的孔隙直径较大，因而在孔隙中除结合水外尚有毛细水，甚至有重力水的存在。细小的土粒堆在一起，所形成的孔隙直径也小，如小于结合水层厚度的两倍，那么孔隙中充满了结合水，不会有其他类型的水了。

可以大致地这样认为：在卵石层、砾石层的孔隙中存在结合水、毛细水和重力水；在砂土的孔隙中只有结合水和毛细水，没有重力水；在黏性土的一般孔隙中只有结合水；只有在黏性土的大孔隙和裂隙中除存在结合水之外，还可能有毛细水、甚至重力水的存在。

过去在土质学和经典的地下水动力学中，人们把各种类型水的基本运动规律看做不同类型土的透水性规律，这主要是因为土粒的大小与土中水的类型存在着上述关系的缘故。例如，卵石土和砾石土的渗透规律，实际上水在流动时起主要作用的是重力水和毛细水的基本运动规律。即所谓的谢才－科拉斯诺波里斯定律

$$V = KI^{1/m} \tag{5-1}$$

式中 $V$——渗透速度；

$K$——渗透系数；

$I$——水头梯度；

$m$——指数，如果重力水的紊流流态起绝对优势的作用，则 $m$ 接近于 2，与管道中的紊流定律，即所谓谢才定律并没有不同，但当毛细水的层流运动还起一定作用时，$m$ 就介于 1～2 之间，也就明显地反映着层流和紊流混合起作用的规律。

这些规律可以在以水头梯度 $I$ 为横坐标、以渗透速度 $V$ 为纵坐标的直角坐标系中的曲线来表示，如图 5-1 所示。重力水的基本运动规律为一条通过原点的向 $I$ 轴凹的曲线，重力水的紊流与毛细水的层流混合在一起的规律，也是一条向 $I$ 轴凹的曲线，但较平直。

砂土的渗透定律，即达西定律

$$V = KI \tag{5-2}$$

达西定律实际上是水流动时起主要作用的毛细水的层流运动规律。在 $I$—$V$ 直角坐标系中，毛细水的基本运动规律可以用一条通过原点的直线来表示(见图 5-1)。

黏性土渗透定律在 $I$—$V$ 直角坐标系中是一条通过原点的向 $I$ 轴凸的曲线(见图 5-1)。这条曲线的任一段近于直线的部分，都可以用 C. A. 罗查的近似表示方法表示

$$V = K(I - I_0) \tag{5-3}$$

式中 $I_0$——起始水头梯度。

黏性土的渗透定律，实际上是充满着黏性土孔隙的结合水的基本运动规律。所以，各

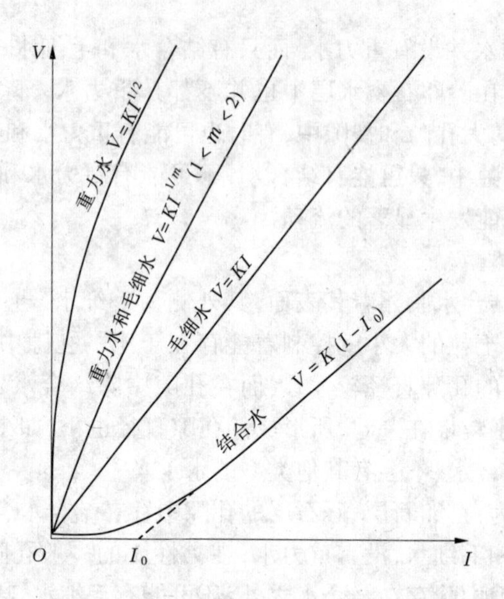


**图 5-1　土中 3 种类型水的基本运动规律示意**

种类型土的渗透定律，实际上是土中不同类型水的基本运动规律。

结合水是一种在力学性质上介于固体与流体之间的异常液体。结合水在运动时采取层流的形式，但与理想的液体不同，它不服从牛顿的内摩擦定律。外力必须首先克服结合水所具有的抗剪强度 $\tau_0$ 后才能发生层流。因而，结合水在流动时服从异常液体的内摩擦定律，即谢维道夫－宾姆定律

$$\tau = \tau_0 - \mu \frac{\sigma u}{\sigma n} \tag{5-4}$$

式中　$\tau$——相邻部分的液体在流动时作用于某液流层表面上的摩擦剪应力，并流向为正；

$\tau_0$——异常液体的抗剪强度；

$\mu$——异常液体的动力黏滞系数；

$u$——异常液体的流动速度；

$n$——垂直于层流面而指向受摩擦力的某液流层内部的内法线。

黏性土孔隙中充满结合水时，并不是全部结合水都处于渗流运动中，因为结合水的抗剪强度是随着它与土粒表面的间距而变化的。在一定的水头作用下，一部分抗剪强度较小的结合水处于流动状态，而还有部分结合水仅仅处于类似固体的变形状态。所以，孔隙中结合水的抗剪强度并不是一个定值，而是随着它们与土颗粒表面的间距而变化的，所以孔隙内的结合水并不严格地遵循谢维道夫－宾姆定律，而只是近似地服从这个定律。因此，在理解 $\tau_0$ 时亦应理解为仅仅是孔隙中结合水抗剪强度的平均值。孔隙边缘结合水抗剪强度要大于孔隙内抗剪强度的平均值。但是，为方便起见，有时忽略了这个差别而以孔隙边缘结合水抗剪强度近似地表述孔隙内结合水抗剪强度平均值 $\tau_0$。

结合水抗剪强度受着很多因素的影响。结合水与土粒表面的间距是个很重要的因素。其他如土粒形状、大小、矿物成分、水的 pH 值、水中离子的成分和浓度、水温等影响

着结合水的抗剪强度。如暂不考虑其他因素,仅就水分子与土粒表面间距 $\lambda$ 与异常液体的抗剪强度 $\tau_0$ 的关系而言,$\tau_0$ 随着 $\lambda$ 的增加而递减,其递减的梯度是与 $\tau_0$ 的大小成正比的,$\lambda$ 较小时,$\lambda$ 的稍微变化就会引起 $\tau_0$ 的很大变化,反之,当 $\lambda$ 较大时,$\lambda$ 的变化却使 $\tau_0$ 的变化很小,接近于常数。也就是说在孔隙的中心部分,$\tau_0$ 变化很小,靠近土粒表面 $\tau_0$ 的变化则很大。由此可见,随着压应力的增加,黏性土的孔隙比减小,黏性土体中孔隙数目在结构没有改变的条件下应该是一个定值,而压缩试验又是在有侧限的状态下进行的,因此可以认为在垂直于压应力的水平剖面上,孔隙的面积亦是不改变的。在垂直方向上,孔隙大小的改变应该是受垂直方向上两个相邻土粒间的公共水化膜的厚度控制的,与水化膜的厚度成正比。而上、下两个相邻土粒间的公共水化膜的正中间,结合水的抗剪强度最低,在剪切试验中发生剪切的水分子就在此处。所以,孔隙比与土粒表面间距成正比关系。但是,位于孔隙中的结合水分子不仅受土粒表面静电引力的作用,而且同时受周围若干土粒的作用,所以结合水抗剪强度的分布相当复杂。严格地讲,结合水的基本运动规律是不可能用 $V$—$I$ 直线关系表述的,而采用 $V$—$I$ 曲线关系表述才是严格和准确的。不同类型土中结合水基本运动规律示意如图 5-2 所示。根据数学原理和工程的实际需要,把孔隙中结合水运动部分和抗剪强度均近似视为定值,孔隙中结合水的运动就能近似地符合谢维道夫－宾姆定律,能近似地用直线方程式来表示其基本运动规律,即 $V = K(I - I_0)$。

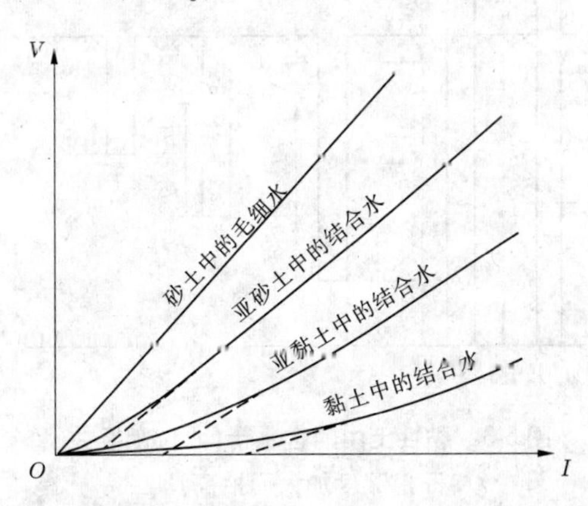


**图 5-2 不同类型土中结合水基本运动规律示意**

根据以上理论分析,土体在一定水头作用下,临水体面要形成含水带(带内为结合水充填孔隙),含水带的厚度为:

$$T = \frac{H_0}{I_0 + 1} \tag{5-5}$$

式中 $T$——含水带厚度,m;

$H_0$——作用于该点的水头高度,m;

$I_0$——起始水力坡度。

含水带在水体作用的另一侧要形成一个毛细带,毛细带的厚度为

$$H_k = \frac{P_k}{I_0 + 1} \tag{5-6}$$

式中　$H_k$——毛细上升高度,m;

$P_k$——毛细力(用水柱高度 m 表示);

$I_0$——起始水力坡度。

过去曾经认为,黏性上,特别是不具有大孔隙的黏土,是良好的隔水层,是不透水的。但是实际工作中往往发现与这一传统观点相矛盾的现象。如果运用结合水运动规律的理论去分析,这些问题便迎刃而解了。例如,野外挖井过程中所见黏性土层中的地下水位的变化情况,即是由结合水的运动特点引起的。这一过程可用图 5-3 表示,图中黏性土是均质的,不具有大的孔隙。右边 4 个井,分别代表图中左边的井打到 $a''$、$b''$、$c''$、$d''$时的情况。井打到深度 $a$ 处时,井底出现极薄的水层,到 $b$ 处时,井深增加了 $L_1$,其稳定水位 $b'$ 比井深为 $a$ 时的水位 $a'$高出 $\Delta H_1$;井深再增加 $L_2$,达到 $c$ 处时,稳定水位 $c'$ 又比井深为 $b$ 时的水位 $b'$高出 $\Delta H_2$;井深再增加 $L_3$,达到下伏含水层顶板 $d$ 处,则井中稳定水位 $d'$ 即为含水层的测压水位 $H_0$,高出 $c'$为 $\Delta H_3$。经验证明,水位抬高值与井深加大值之间有如下关系

$$\frac{\Delta H_1}{L_1} = \frac{\Delta H_2}{L_2} = \frac{\Delta H_3}{L_3} = \frac{\Delta H_1 + \Delta H_2 + \Delta H_3 + \cdots}{L_1 + L_2 + L_3 + \cdots} = \cdots = \text{定值} \tag{5-7}$$

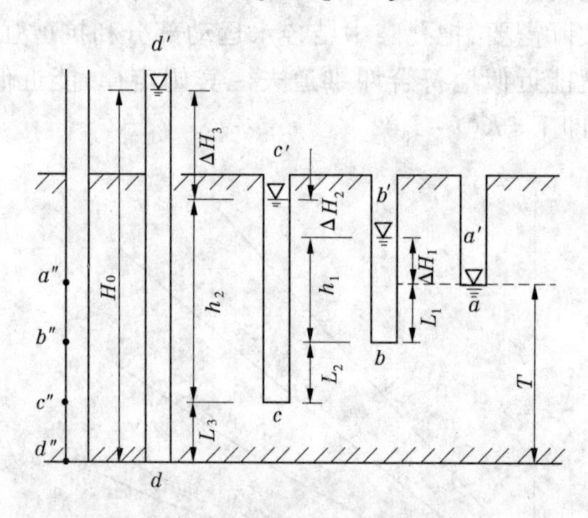


**图 5-3　黏性土中的含水带(水位随竖井开挖深度加大而抬高)**

图 5-3 中水位升高值 $\Delta H_i$ 与井深加大值 $L_i$ 之间的关系(见式(5-7),引自《关于结合水动力学问题》张忠胤)可导出下式

$$T = \frac{H_0}{I_0 + 1} \tag{5-8}$$

式中　$T$——初见水位距下伏含水层顶板距离,m;

$H_0$——由含水层顶板起算的下伏含水层测压水位高度,m;

$I_0$——起始水力坡度。

由式(5-8)可知:

(1)当 $I_0 > 0$ 时,$T < H_0$;而只要是黏性土,$I_0$ 必大于 0,因而 $T$ 必小于 $H_0$,也就是黏性土中的实际地下水位总是低于下伏含水层测压水位所能达到的高度。

(2)下伏含水层测压水位愈高,则初见水位也愈高。当上覆黏性土土质不同时,即使

下伏承压含水层测压水位各处相等，由于不同土质黏性土 $I_0$ 不等，初见水位也会有起伏。黏土的初见水位低，壤土的较高，砂壤土的更高。同时，这种起伏并不能说明它们之间存在补给与排泄的关系。

在这种情况下，黏性土层既是隔水层，又是含水层；其中的水，既具有承压水的特点（初见水位与稳定水位不一致），又有潜水的性质（有自由水面）；性质比较特殊。张忠胤建议将此情况下黏性土中含水部分称为“黏性土含水带”，以别于通常的含水层。

上述结果表明，具有一定承压性的下部含水层的测压水位，与其上覆黏性土土层中的实际地下水位，二者之间既有联系又有区别。这一区别对于研究本地区次生盐渍化的形成、可能浸没范围的预测具有重要意义。

实际上，在天然状态下，包括黏土在内的黏性土，往往还具有结构孔隙及虫孔、根孔、裂隙等较大的空隙，因此程度不同地含有一部分重力水。单纯地用结合水运动规律去说明黏性土中的水文地质现象，可能与实际情况有所出入。但是，如果因袭传统的观点，以重力水运动规律去说明黏性土中的水文地质现象，则肯定是不合适的。

2. 包气带水的毛细运动

1）毛细现象的实质

将细小的玻璃管插入水中，水会在管中上升，到一定高度才停止，这便是固、液、气三相界面上产生的毛细现象。毛细现象的产生，与表面张力有关。由于表面张力的作用，弯曲的液面将对液面以内的液体产生附加表面压力，而这一附加表面压力总是指向液体表面的曲率中心方向。凸起的弯液面，对液面内侧的液体，附加一个正的表面压力；凹进的弯液面，对液面内侧的液体，附加一个负的表面压力。毛细管的直径愈小，毛细力 $P_C$ 便愈大，最大毛细上升高度 $H_C$ 也愈大。

2）包气带水的毛细运动

松散土的孔隙系统，实际上是一个形状和大小复杂多变的管道系统，我们可以近似地把它看做圆管系统。在黏性土中，最大毛细上升高度 $H_C$ 与以水柱高度表示的毛细力 $P_C$ 在数值上不等，$H_C < P_C$。颗粒愈细，孔隙愈小，$I_0$ 愈大，则 $H_C$ 愈比 $P_C$ 小；颗粒愈粗，$I_0$ 愈小，$H_C$ 愈接近 $P_C$。若 $I_0 = 0$，则 $H_C = P_C$，即与砂性土一致。应当注意，由于结合水并不显示重力影响，在此处 $H_C$ 并不代表与毛细力 $P_C$ 保持平衡的重力水柱高度，而代表此高度水柱中结合水的总抗剪强度。

实际观测表明，砂土的 $H_C$ 较小，一般为 0.5 ~ 1 m；粉质砂壤土、粉土的 $H_C$ 大，一般为 2 ~ 3 m，个别可达 3 ~ 4 m。这是由于它们不存在 $I_0$（如砂土），或者 $I_0$ 很小，故均符合“颗粒愈细，孔隙愈小，$H_C$ 也愈大”这一规律。

关于含有结合水的壤土、黏土中的最大毛细上升高度，不同的观测者所报道的数据出入相当大；与理论计算的相比差距就更为悬殊。苏联学者提出，黏土的 $H_C$ 值一般为 2 ~ 3 m，个别的报道为 8 m。美国著名的土力学家太沙基（Tesaghi）计算得出，黏土最大毛细上升高度竟达 308 m（显然是理论计算上的毛细力）。张忠胤指出，野外实际观测到的黏性土的 $H_C$ 为 1 ~ 2 m，黏土仅为 0.5 ~ 1 m。

按照张忠胤的观点，壤土、黏性土由于孔隙细小，$P_C$ 是很大的。但是，由于这类土的起始水力坡度 $I_0$ 很大，所以 $H_C$ 都相当小。他认为太沙基理论计算得出的实际上是 $P_C$

值,而不是 $H_C$ 值;由于太沙基没有考虑到黏土中存在着起始水力坡度,误认为在黏土中 $H_C = P_C$,从而得出错误的结论。

苏联土壤学家罗戴则持另一种看法。他认为,像黏土那样,颗粒间的孔隙充满结合水时,毛细力对水力运动已不能起重大作用。这时水分是在吸着力的影响下,呈极其缓慢的薄膜运动的。这种薄膜运动,按照苏联学者列别捷夫的说法,是这样发生的:如有两个相邻且直径相等的土粒 $A$ 和 $B$,其中一个土粒上结合水膜较另一个为厚,两层水膜交接点 $O$ 处的水质点,距土粒 $B$ 的中心较距土粒 $A$ 的中心为近,水质点便向土粒 $B$ 移动,直到两个土粒表面的水膜厚度相等为止。按照列别捷夫的图式,弱结合水可以不断地以薄膜运动的方式,由含水量较大的部位向含水量较小的部位运移,其中当然也包括由地下水面向上的运动。

在天然条件下,当地下水面不十分深时,毛细水带(支持毛细水)上缘的弯液面常常达不到最大毛细上升高度。这是因为,土面蒸发消耗水分使弯液面下降,造成一定水力坡降,保持一定渗透水流。此渗透水流的流量与土面蒸发量保持平衡,源源不断地将水分输送到毛细水带上部,使土壤积盐,导致土壤盐渍化。

**(二)工作方法**

(1)地质调查。土地类型和土壤类别调查;水文地质环境现状调查;地下水位观测。

(2)勘探。勘探点布置及勘探井地质观察描述;井壁土毛细水上升高度观测;观测探井初见地下水位及进入下伏含水砂层后的稳定水位;井壁连续取样。

(3)现场进行土的天然含水量和塑限含水量测定,绘制含水量随深度变化曲线。

(4)室内试验。原状土渗透试验;原状土与重塑土毛细水上升高度对比试验;土的含盐量分析试验;地下水水质分析试验。

**(三)勘察工作与成果分析**

1. 勘探过程中的水文地质现象研究

探井开挖过程中,在上部黏性土层一定深度处可见到一个初见水位,揭穿黏性土层进入下部含水砂层后,则稳定后的水位高于上述初见水位。实际勘探过程中的这一水文地质现象,与图 5-3 所表述的情况是一致的,是由结合水的运动特点引起的。

2. 毛细水上升高度的测定

1)野外毛细水上升高度测定

所谓毛细水,是指在毛细力支持下充填在岩土微细孔隙中的水;地下水面以上被毛细水饱和的地带,称为毛细水带;微细间隙和孔隙中的水,在毛细力的吸引下自然上升的高度,即为毛细水上升高度。

现场试验工作的一个重要内容,是测定土层中实际的毛细水上升高度。勘察工作中,制定了竖井直接观测和含水率分布曲线两种测试方法。

(1)竖井直接观测法。适用于毛细水上升高度较大的砂性土、黏性土,该方法是在试坑中观察坑壁潮湿变化情况,在干湿明显交界处为毛细水上升带的顶部,该处至地下水位的距离即为毛细水上升高度。

(2)含水率分布曲线法。当采用竖井直接观测法观测毛细水上升高度存在困难时,采用含水率分布曲线法则很有效,成果曲线大部分比较理想。

毛细水作用的影响主要是属于自由水运动部分的毛细水,这部分毛细水运动速度快,溶盐能力强,参与运动的水量也大,因此对土中水、盐运移起着主要作用;而属于毛细水中的薄膜水(结合水)部分则运动能力差,溶盐量小,蒸发困难。因此,根据毛细水的作用影响可将其划分为有害毛细水和无害毛细水。从只有自由水参与运动从而对盐渍化产生影响的概念出发,提出对于黏性土以塑限含水率(砂类土以最大分子吸水量)作为有害毛细水上升高度的界限。这是因为从物理意义上讲,处于塑限或最大分子吸水量时,土中的水属于结合水,高于这个限度就转变为毛细水;从力学意义上讲,塑限含水率是黏性土从可塑状态转变为干硬状态的分界含水率,高于或低于这个含水率,土的力学强度差异很大;从土的冻胀作用来说,当土中含水率不超过塑限含水率或最大分子吸水量时,土就不产生显著的聚冰现象,也就不致引起冻害。所以,只有当土中毛细水运动使其含水率大于塑限含水率或最大分子吸水量时,对土壤的次生盐渍化才能产生影响。

基于上述概念,可采用含水量分布曲线法测定毛细水上升高度。采用含水率分布曲线法对毛细水上升高度进行现场简易测试,在竖井(探坑)侧壁从地面到地下水面深度范围内每隔 20 ~ 30 cm 取土测定含水率,并根据土质变化情况,分层取土做塑限含水率、密度、易溶盐含量、渗透性等试验。根据试验结果:以天然含水率为横坐标,以深度为纵坐标,绘制天然含水率沿深度的分布曲线。在这一曲线上,同时绘出土层的塑限含水率值,从它与含水率分布曲线最上部的交点位置,即可定出毛细水上升高度的数值。

从理论上讲,均质黏性土的塑限含水量是一个定值,因而其含水量分布曲线应是如图 5-4所示的“理想”曲线。而实际上,天然状态的黏性土往往不是均质的,因而其含水量变化曲线实际如图 5-5 所示。

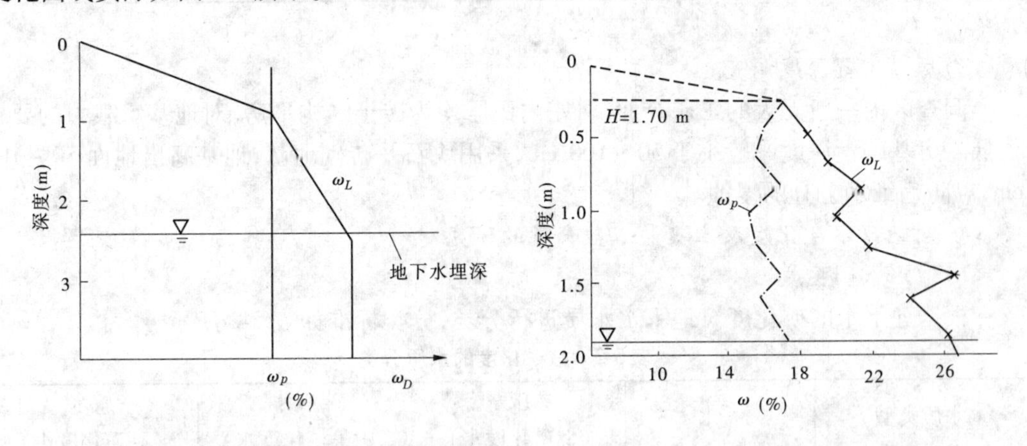


图 5-4　均质黏性土中天然含水率变化理想曲线　　图 5-5　实测天然含水率变化典型曲线

以某水库为例,统计黏性土层毛细水上升高度实测成果,其算术平均值为 1. 52 m,大值平均值为 1. 96 m。其中,毛细水上升高度值在 2. 1 m 以内的约占总数的 90% ,在 2. 0 m 以内的约占总数的 87% 。综合考虑,土壤毛细水上升高度值取 2. 1 m。

2) 室内毛细水上升高度的测试

室内毛细水上升高度试验包括对竖井原状土和钻孔原状土样的测试。原状土保持有与现场相同的结构孔隙、根孔等,其测试值比较分散。

从室内毛细水上升高度试验结果来看，原状土测试值普遍小于2.0 m，而扰动土测试值一般可达4.2～7.8 m。可见，土的结构对毛细水上升高度的影响非常显著。

从室内毛细水上升高度试验的机理来看，其结果所反映的毛细水上升高度，实际上是弯液面力（或毛细力）的大小。比较黏性土毛细力 $P_C$ 值与含水量分布曲线法所得毛细水上升高度 $H_C$ 值，可知 $I_0$ 的存在是解释二者之间关系的关键。

3. 植物根系埋深及房基砌置深度的调查

1）植物根系埋深调查

从作物栽培学的角度来看，农作物根系的最大入土深度一般可达到1～2 m，但其70%的根系分布在距离地表30 cm的土层范围内；而在距离地表50 cm的土层范围内，更是分布着其90%的根系；大于50 cm埋深范围的根系，只在作物生长过程中的某个时期及一定程度上可能构成产量的影响因素，而不会对作物的成活构成威胁。主要作物根系埋深经验值见表5-1。

表5-1　主要作物根系埋深经验值

| 农作物类型 | 实测根系埋深范围(cm) | 根系最大埋深(cm) | 根系埋深一般取值(cm) |
|---|---|---|---|
| 小 麦 | 16～29 | 29 | 30 |
| 玉 米 | 43～49 | 49 | 50 |
| 黄 豆 | 31 | 31 | 30 |
| 谷 子 | 20～30 | 30 | 30 |
| 棉 花 | 50～55 | 55 | 60 |

2）房基砌置深度调查

调查区内一般无大的工矿企业，村庄内民居均为砖土结构平房，对地基承载力的要求很低。房基砌置深度一般小于50～100 cm，采用块石及砖砌地基，地基高出地面50～100 cm，以防毛细水上升的侵蚀。

4. 对地下水矿化度及土壤易溶盐含量的研究

1）地下水矿化度

根据地下水的矿化度对地下水水质进行分类，分类标准如表5-2所示。

表5-2　按矿化度的水质分类

| 水质类型 | 淡水 | 微咸水（低矿化度水） | 半咸水（中等矿化度水） | 咸水（高矿化度水） |
|---|---|---|---|---|
| 矿化度(g/L) | <1 | 1～3 | 3～10 | >10 |

水质分析结果表明，浅层地下水矿化度的分布与土地类型相关。其中，淡水多分布在地下水径流条件较好的较深部砂层中；微咸水（低矿化水）多分布在耕地及耕地边缘部位，是本区地下水主要类型；半咸水（中等矿化水）多分布在河岸沙地边缘、湿草地、林地和受灌溉回归水影响的耕地边缘部位；咸水（高矿化水）分布在湿草地、荒地、林地等盐渍化程度较严重地带。

2)土壤易溶盐含量

易溶盐含量大于0.5%的土称为盐渍土，盐渍土的形成应具备如下条件：①地下水矿化度较高，有充分的盐分来源；②地下水位较高，毛细作用能达到或接近地表，并有强烈蒸发作用的可能；③气候比较干燥，年降水量小于蒸发量。具备这些条件的地区，易形成盐渍土。

土壤易溶盐含量测定结果表明，地表含盐量普遍较高，一般大于1%，个别甚至可达28.98%；但地表以下（如0.2～0.3 m深处）土壤含盐量明显降低，一般小于0.5%，为非盐渍土。这说明盐分主要是聚集在地表层，结合当地地下水水质及埋深等条件考虑，显然蒸发强烈这一气候因素的影响是显著的。这一因素的影响还表现在，含盐量随深度的变化规律，在不同季节之间没有大的差异。这也从另一方面说明，本区的次生盐渍化趋势是不可避免的。此外，从地表土易溶盐含量分布规律看，其含盐量也与土地类型相关。

## 二、浸没评价及预测

### （一）浸没评价标准

1. 土壤盐渍化浸没临界深度与作物耐渍深度

1)土壤盐渍化浸没

浸没是地下水位（具有自由水面）壅高到接近或达到地表，引起各种环境地质灾害的现象。在本研究区，浸没所可能引起的最主要的次生灾害就是土壤盐渍化和土地涝渍。

土壤次生盐渍化是地下水位（具有自由水面）壅高后，毛细管水通过蒸发向地表输送盐分，使土壤层中盐分不断积聚，演变成盐渍化土或盐土的过程。

涝渍是地下水位（具有自由水面）被壅高到达到或超出地表，使地表形成积水洼地以及土壤常年或季节性呈过饱和状态的现象。在本研究区，有大面积的低洼地带由于地下水浅埋及出溢，或灌溉回归水的排放，地表常年处于过饱和或积水状态，形成涝地及造成土壤的严重盐渍化，局部仅能生长芦草而作为草场使用。

对于浸没与否的判定，目前主要是依据当地浸没临界值与地下水壅高水位（具有自由水面的有效地下水位）埋深之间的关系来确定。当地下水位被壅高至土壤盐渍化临界深度时，即判定为次生盐渍化浸没区，亦即该范围内土壤存在次生盐渍化灾害问题。其中，局部低洼地带及水体边缘地带，地下水位可能被壅高至接近或超出地表时，浸没程度会更加严重，这种情况可判定为涝渍化浸没（区），该范围内的土壤对作物生长就更加不利。

2)地下水临界深度

改良已有的盐渍土和防治土壤次生盐渍化，都要求降低地下水位到地下水临界深度以下。所谓地下水临界深度，是指为了保证不至引起耕作层土壤盐渍化所要求保持的地下水最浅埋藏深度。

影响地下水临界深度的因素很多，包括气候（主要是降雨和蒸发）、土壤（主要是土壤质地）、地下水矿化程度、灌溉排水条件和农业技术措施（耕作、施肥）等。其中，以土壤质地和地下水矿化度对地下水临界深度的影响最为显著。砂性土毛细管水上升高度的绝对值虽比黏性土低，但其渗透性强于黏性土，上升的水量多，故要求的临界深度有时可能反而比黏性土大。地下水矿化度低,对土壤的积盐作用相对较小,临界深度就小;反之,地下水矿化度高,对土壤的积盐作用大,临界深度也就大。

由于土层的积盐过程与毛细管水的作用密切相关,因此地下水临界深度一般可用下式表示

$$H_k = H_C + \Delta H \tag{5-9}$$

式中 $H_k$——地下水临界深度;

$H_C$——土壤毛细水上升高度;

$\Delta H$——安全超高值,对于农业区指植物根系层深度,对于城镇区该值取决于基础埋置深度和地基土质情况。

土壤毛细管水上升高度 $H_C$ 是通过现场调查(包括现场试验)和室内试验取得的。对于本研究区,如前所述,通过天然含水量分布曲线法及室内毛细管水上升高度测定,以及利用计算方法(扰动土毛细力 $P_C$ 与土的 $I_0$ 之间的关系),确定了土的有害毛细管水上升高度值为 1.5 m。并将植物根系层深度(即安全超高值)定为 0.50 m,最终确定了土壤次生盐渍化地下水临界深度的标准值为 2.0 m。

我国北方地区在防治土地盐渍化的生产实践中,积累了大量的经验和数据,是非常有价值的参考资料。部分地区采用的地下水临界深度数据见表 5-3。通过对不同土质、矿化度与临界深度值的分类统计,绘制了它们之间的关系曲线,如图 5-6 所示。与这些经验数据对比,结合本研究区水文地质条件、具体土质以及地下水矿化度等状况可以看出,所取地下水临界深度值是符合实际的。

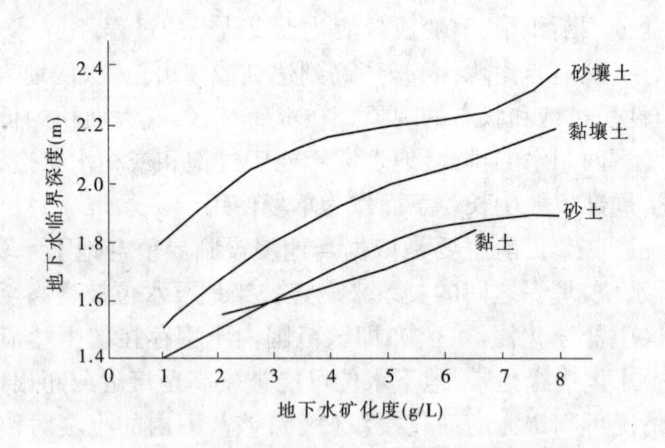


**图 5-6 地下水临界深度与矿化度关系曲线**

3)作物耐渍深度

作物在不同生长期要求保持一定的地下水适宜深度,即土壤里的水分和空气状况适宜于作物根系生长(有利于作物增产)的地下水深度,这一深度称为作物耐渍深度。

由于整个作物生长期间有降水、灌溉及蒸发的影响,不可能将地下水位完全控制在一个固定的深度,所以降雨及灌溉期间,可以允许地下水位短期回升,但应在作物耐渍时间内降回到耐渍深度(以下)。当地下水位经常维持在作物耐渍深度时,作物不受渍害。因此,对于浸没区来说,在不考虑盐渍化危害的情况下,作物耐渍深度将是对其地下水埋深的最低要求。

**表 5-3　北方部分地区地下水临界深度统计**

| 地区 | 土壤质地 | 地下水矿化度(g/L) | 临界深度(m) 最小值 | 临界深度(m) 最大值 |
|---|---|---|---|---|
| 河北龙治河流域 | 轻壤土 | 1~3 | 1.8 | 2.1 |
| | | 3~5 | 2.1 | 2.3 |
| | | 10 | 2.3 | 2.6 |
| | | >10 | 2.6 | 2.8 |
| | 中位层胶泥 | 1~3 | 1.5 | 1.8 |
| | | 3~5 | 1.8 | 2.0 |
| | | 5~10 | 2.0 | 2.3 |
| | | >10 | 2.3 | 2.5 |
| 鲁北地区 | 轻质土 | <3 | 1.8 | 2.0 |
| | | >10 | 2.1 | 2.3 |
| | 表层黏土 | | 1.0 | 1.2 |
| 河南人民胜利渠灌区 | 砂壤、轻壤 | <2 | 1.6 | 1.9 |
| | | 2~5 | 1.9 | 2.2 |
| | 中壤 | <2 | 1.4 | 1.7 |
| | | 2~5 | 1.7 | 2.0 |
| | 黏性土 | <2 | 1.0 | 1.2 |
| | | 2~5 | 1.2 | 1.4 |
| 陕西人民引洛渠灌区 | 黏土 | 19~25 | 1.3 | 1.6 |
| | 壤土 | 2~5 | 1.8 | 2.0 |
| 山东打渔张灌区 | 粉砂壤土 | | 2.0 | 2.4 |
| | 黏土 | | 1.0 | 1.2 |
| 豫东、豫北 | 黏土 | | 1.5 | 1.7 |
| | 壤土 | | 2.0 | 2.2 |
| 山西大同盆地 | 壤土 | 15~37 | 2.0 | |
| 黑龙江松嫩平原 | 壤土 | 0.3~1.0 | 1.2 | 1.4 |
| 宁夏 | 壤土 | 1~3 | 1.5 | 2.0 |
| 天津市军粮城灌区 | 黏壤土 | 10~20<br>10~20 | 1.5 | |
| 吉林 | 轻壤土 | 3~5 | 2.1 | 2.3 |
| | | 5~8 | 2.3 | 2.6 |
| | | 8~10 | 2.6 | 2.8 |
| | 中壤土 | 1~3 | 1.5 | 1.8 |
| | | 3~5 | 1.8 | 2.0 |
| | | 5~8 | 2.0 | 2.2 |
| | | 8~10 | 2.2 | 2.4 |
| | 重壤土—黏土 | 1~3 | 1.0 | 1.2 |
| | | 3~5<br>5~8<br>8~10 | 1.2 | 1.4 |
| 甘肃玉门 | 壤土 | 2~5 | 1.6 | 1.8 |
| | 壤土 | 2~5 | 1.3 | 1.6 |
| | 黏土 | 2~5 | 1.0 | 1.2 |
| 甘肃张掖 | 轻壤土—砂壤土 | <2 | 1.8 | 2.0 |
| | | 2~5 | 2.0 | 2.2 |
| | 中壤土 | <2 | 1.6 | 1.8 |
| | | 2~5 | 1.8 | 2.0 |
| | 重壤土—黏土 | <2 | 1.2 | 1.4 |
| | | 2~5 | 1.4 | 1.6 |
| 尖岗 | 壤土 | 15 | 2.0 | |
| 新疆生产建设兵团沙井子土壤改良综合试验站 | 有黏质夹层 | <10 | 1.5 | 1.7 |
| | 砂壤—轻壤 | 10左右 | >2.0 | |
| | 有薄黏质夹层 | 10左右 | 1.8 | 2.2 |
| | 有厚黏质夹层 | 10左右 | 1.6 | 1.8 |
| | 有黏质夹层 | >20 | 2.4 | 2.65 |

作物防渍指标,包括作物耐渍深度和作物耐渍时间两个方面。其影响因素很多,如气候、土壤、生育阶段和农业技术措施等。不同作物在各个生长期的根系深浅不同,对作物耐渍深度的要求也不同。作为参考,下面列出一些作物耐渍深度及耐渍时间的资料,见表5-4。

在浸没范围内,土地次生盐渍化过程已经开始,但仍然可能出现两种不同的情况:一种情况是,地下水埋深处在作物耐渍深度与次生盐渍化临界深度之间,地下水埋深满足作物耐渍深度上的要求,但土地次生盐渍化程度不满足;另一种情况是,地下水埋深甚至不能满足作物耐渍深度上的要求，土地处于涝渍状态，已经影响到作物的生长。

表 5-4　农作物耐渍深度资料汇总

| 作物 | 生长期 | 生长期要求保持的耐渍深度（m） | 短期允许的耐渍深度（m） | 要求雨后降低至允许耐渍深度的时间（d） |
|---|---|---|---|---|
| 小麦 | 生长前期 | 1.0 ~ 1.2 | 0.8 | 15 |
| | 生长后期 | | 1.0 | 8 |
| 玉米 | 孕穗至灌浆 | 1.1 ~ 1.5 | 0.4 ~ 0.5 | 3 ~ 4 |
| 棉花 | 开花结铃期 | | 0.4 ~ 0.5 | 3 ~ 4 |
| | | | 0.7 | 7 |
| 高粱 | 开花期 | | 0.3 ~ 0.4 | 12 ~ 15 |
| 甘薯 | | 0.9 ~ 1.1 | 0.5 ~ 0.6 | 7 ~ 8 |
| 大豆 | 开花期 | | 0.3 ~ 0.4 | 10 ~ 12 |

2. 浸没评价标准的确定与浸没程度分类

1）浸没评价标准

浸没评价应以不引起危害农作物生长和建筑物地基恶化的最浅地下水埋深为标准。地下水位控制标准是一个比较复杂的动态指标，因此在确定地下水位临界深度时，通常除工程类比外，还应根据不同地质、不同研究对象，结合当地的水文地质条件和国民经济发展情况与要求，分别研究确定。如对农业区的浸没标准，应根据地下水矿化度、毛细管水上升高度和不同农作物对地下水适宜深度的要求而定。已有资料（华北地区）显示，当地下水矿化度小于 10 g/L 时，不影响农作物生长的地下水最浅埋深在 1.0 ~ 1.5 m。但在实际工作中，往往是以其最高标准进行工程设计的。从本研究区的情况看，即使是在丰水年，目前正在耕种的土地，其地下水埋深亦在 2 ~ 3 m 以下，地下水矿化度小于 10 g/L，因而农作物普遍长势好、产量高。

在南方湿润地区，降水量大，土地处于淋洗状态，呈酸性反应，不存在土壤盐渍化危害，因此只要将地下水位控制在防渍深度，即可使农作物不受影响。但在北方干旱或半干旱地区，降水量小，蒸发量大，非汛期土壤处于积盐状态，呈碱性反应，土地经常处在次生盐渍化威胁之下，要求地下水的深度应以防止耕作层土壤积盐为标准。因此，对本研究区浸没标准的确定，不能只考虑防止次生盐渍化一方面，这样的标准显然过高。而应以作物耐渍深度这一最低标准为基本深度，结合次生盐渍化的影响程度、其可逆性及防治措施的研究等，综合考虑确定这一深度。

2）浸没程度分类

对于浸没标准及浸没程度（包括地下水埋深、土壤盐渍化程度等的分类及分区）的分类研究，结合作物不同生长期的耐渍程度、周期性的水位变化对浸没范围及程度的影响考虑，其对充分利用（包括改造）浸没区范围内的土地资源是十分有益的。

在圈定浸没预测范围时，可以上述防止土壤次生盐渍化的临界深度为最高标准。但在此范围内，还可对其按浸没程度的不同分别加以利用，这样就需要对所圈定浸没范围内的不同浸没程度类型进行分类研究。这种分类研究的例子，如国内在官厅水库最早进行过分类研究(见表5-5),水利部天津勘测设计院在黑河正义峡水库浸没研究工作中也有类似成果(见表5-6)。

**表5-5 据官厅水库成果划分的浸没严重程度分类**

| 包气带岩性 | 地下水埋深(m) | | | |
|---|---|---|---|---|
| | 严重浸没 | 中等浸没 | 轻微浸没 | 非浸没 |
| 黏性土 | ≤0.50 | 0.51~1.50 | 1.51~3.00 | ≥3.00 |
| 砂性土 | ≤0.50 | 0.51~1.50 | 1.51~2.00 | ≥2.00 |

**表5-6 (研究区)浸没程度分类**

| 包气带岩性 | 地下水埋深(m) | | | |
|---|---|---|---|---|
| | 严重浸没 | 中等浸没 | 轻微浸没 | 非浸没 |
| 黏性土 | ≤0.5 | 0.5~1.5 | 1.5~2.6 | ≥2.6 |
| 砂 土 | ≤0.5 | 0.5~1.0 | 1.0~1.6 | ≥1.6 |

其中,轻微浸没区的耕地,不影响耕种;中等浸没程度范围内的耕地,可种植习水作物并配套简易排水工程设施。对于村庄而言,即使是在中等浸没程度范围内,通过采取措施(如加高房基、垫砂等),仍不影响建房居住。

**(二)浸没预测方法**

浸没的发生是多种因素作用的结果,包括地形地貌、岩性和结构、水文地质条件、水化学、水文气象、工程运行方式以及人类活动影响等。浸没预测一般是通过地下水壅高计算,预测地下水回水高程,当回水高程高于地下水临界深度时,即认为将发生浸没。实践证明,影响浸没的因素比较复杂,采用单一的计算方法求得的预测数据与实际情况往往有出入,而且有些理论不一定适用于当地的实际情况。因此,应采用多种方法综合分析来确定浸没范围,对其预测主要是从包括结合水动力学理论在内的基础水文地质学的研究入手,并结合地下水动力学及工程类比等方法来进行的。

前已述及,建立概念水文地质模型是浸没预测的基础工作和基本要求,在此基础上,基于地下水动力学的数学模型及计算、基于结合水动力学的地下水壅高修正和工程类比法分析、基于曾经发生或已有环境条件的反(演)分析和模拟分析等方法,都是浸没预测工作中需要考虑并结合工程实际具体采用的手段或程序,但具体适用效果,还需要看对浸没预测区域边界条件的定性或定量化认识的程度。

1. 地下水壅高计算

通过勘探资料,可取得上部黏性土层的含水带厚度 $T$ 及下部承压含水层的测压水头 $H_0$ 资料,利用式(5-5),计算出起始水力坡度 $I_0$。基于安全考虑,实际运用时 $I_0$ 取小值平均值。$I_0$ 可通过野外勘探实测的地下水位利用式(5-5)计算获得,也可通过室内实验测得。

地下水壅高后,下部承压含水层测压水头相应抬高至 $H_0'$,可利用式(5-10),计算黏性土层含水带厚度 $T'$,即得到地下水壅高后的实际水位为

$$T' = \frac{H_0'}{I_0 + 1} \tag{5-10}$$

这一水位加上临界深度(2.0 m),即得到用于圈定浸没范围的高程。

2. 反演法计算(或模拟法计算)

利用勘探井初见水位与灌溉井稳定水位(分别代表黏性土层含水带顶面高程和下部承压含水层测压水位)之间的水位差关系,反算引起下部承压含水层测压水位(灌溉井水位)相应抬高到某一高度,仍保持此水位差值时,黏性土层实际地下水位所应达到的高度。

3. 类比(法)分析

主要考虑两点:①研究区范围内耕地实际地下水埋深、浸没程度、耕种及住房安全;②研究区范围内已有地表水体周边耕地,作物长势等情况。浸没变化状况与上述情况类似的应属不受影响或影响不明显的范围。

**(三)浸没防治措施**

在产生地下水壅高的典型区段,地下水位在一定时段内会发生一定变化,浸没程度也会相应变化。因此,如果没有一定防止次生盐渍化的措施(如排水、洗盐等),必然会导致积盐过程的重复发生,从而使盐渍化程度趋于加重。所以,前述对浸没程度不同的土地的利用,实际上就是以对其积盐能力的抑制(如排水)和对积盐程度的减轻(如洗盐)的过程为前提的。这是基于土壤次生盐渍化发生的机理而导致的解决办法,这一方法已被华北平原治理次生盐渍化浸没等环境地质问题的实践所证实。由于自然地理地质条件的原因,程度不同地存在土地次生盐渍化现象,因此上述认识有助于我们正确处理浸没可能带来的环境地质灾害及对土地利用问题。

从实际存在的水文地质现象出发可知,黏性土中的实际地下水位不等于而总是低于其下伏含水层的测压水位。经典水文地质学理论在解释这一现象时出现了困难,而运用结合水动力学理论则能够得出符合实际的结论,这一结论对于水库浸没预测工作有重要意义。浸没区范围内的土壤地下水埋深小于临界深度而产生次生盐渍化,但这一深度可能足以满足作物生长过程中的耐渍深度。因此,只要注重土地改良措施,科学运作,土壤次生盐渍化浸没范围内的部分土地也是可以利用的。

## 第三节　长距离调水工程中的平原区地下水浸没问题

长距离调水工程中的地下水浸没问题,是一个特殊但容易被忽视的工程地质问题。长距离调水工程是一种大规模的工程活动,影响地质营力的因素众多,可能引发一系列的地质灾害。若渠道工程对区域侧向地下水的运移有一定的阻滞作用,则可导致渠道附近局部地区水文地质条件发生变化,从而引起地下水壅高产生浸没和次生盐渍化。

### 一、浸没预测方法

浸没的发生是多种因素共同作用的结果,包括地形地貌、岩性和结构、水文地质条件、水化学、水文气象、工程运行方式以及人类活动影响等。实践证明,影响浸没的因素比较复杂,采用单一的计算方法求得的预测数据与实际情况往往有出入,而且有些理论不一定适用于当地的实际情况。因此,应采用多种方法综合分析来确定浸没范围,对其预测主要是从包括结合水动力学理论在内的基础水文地质学的研究入手,并结合地下水动力学及工程类比等方法来进行的。

建立概念水文地质分析模型是浸没预测的基础工作和基本要求,在此基础上,基于地下水动力学的数学模型及计算、基于结合水动力学的地下水壅高修正和工程类比法分析、基于曾经发生或已有环境条件的反(演)分析和模拟分析等方法,都是浸没预测工作中需要考虑并结合工程实际具体采用的手段或程序,但具体适用效果,还需要看对浸没预测区域边界条件的定性或定量化认识的程度。对于某研究区域,由于现状条件与浸没产生的前提条件之间还存在许多变量因素及其组合,因此浸没预测过程及其结果仅能停留在定性分析的水平上。

## 二、典型区段水文地质(单元)概念分析模型的建立

从系统分析水文地质单元的基本结构及其补给、径流和排泄条件等要素入手,对与工程有关的水文地质边界条件进行系统深入的研究,建立典型水文地质概念分析模型,从而进行更加符合实际的分析、计算和判断工作,即通过对水文地质边界条件的掌握,达到保证分析结果尽可能接近客观实际的目的。这是建立水文地质概念分析模型的根本目的,也是对未来浸没状况进行预测的基本要求。

对描述某工程水文地质分析模型(概念)的基本方面进行分析,认为应包括地貌单元、水文地质单元、地层岩性及其结构、地下水动态以及与工程之间的关系等5个方面的概念要素。

### (一)地貌单元

1. 区域地貌单元

该线路由西向东跨越山前丘陵区、山前冲洪积倾斜平原和冲积平原3个大的地貌单元,其中冲积平原由冲洪积平原和冲积海积平原组成。

2. 干线地貌单元分区

沿线划分的次一级地貌单元包括以下几个单元。

Ⅰ山区坡洪积—冲积单元。该单元指大册营、大王庄、新农村、德山一线以西的山区部分。按时代和成因又可分为3个小单元:

Ⅰ-1 晚更新世坡洪积物;

Ⅰ-2 晚更新世洪冲积物;

Ⅰ-3 全新世冲积物。

Ⅱ徐水冲积单元。该单元包括大王庄、徐水山前冲积平原部分和青中—陈庄一线以西的平原部分。根据岩性特点又可分为4个小单元:

Ⅱ-1 大王庄—遂城冲积砂夹黏土区;

Ⅱ-2 徐水冲积砂与黏土互层区;

Ⅱ-3 固城镇古河道区;

Ⅱ-4 阎台村西河漫黏土区。

Ⅲ容城冲积单元。该单元西与徐水冲积单元相邻,东南方向与白洋淀湖积单元相接,东北方向大致以南拒马河为界。主体为黏性土夹砂沉积,局部为具有古河道特征的砂质

堆积,按岩性又可分为3个单元:

Ⅲ-1 容城东西两侧大面积分布的黏性土夹砂沉积区;

Ⅲ-2 经过容城的古河道砂层沉积区;

Ⅲ-3 经过南文村的古河道砂层沉积区。

Ⅳ古白洋淀湖积单元。该单元位于容城县东南现代白洋淀湖区北侧,沿白洋淀分布。沉积物以黏性土为主,表层1.5 m尤以黏土或壤土为主,分布广泛,局部(东里村)表部黏性土层之下有较厚粉砂层分布。按岩性可分为2个小单元:

Ⅳ-1 黏性土沉积区;

Ⅳ-2 分布有粉砂层的沉积区。

Ⅴ白沟—板家窝冲积单元。该单元位于白沟河东北侧,向北至泗水庄,向东进入霸县,范围较大,系古白沟河(大清河)上游在游移变迁过程中形成的产物。按岩性可分为2个小单元:

Ⅴ-1 分布广泛的砂与黏土互层区;

Ⅴ-2 古河道区。

Ⅵ 南拒马河—白沟河冲积单元。该单元包括南拒马河和白沟河(大清河),为近代河床堆积,沉积物以砂层为主并夹有多层黏性土层。

Ⅶ 霸县北冲积单元。单元主体位于霸县城北侧,西起板家窝北,东至后奕村和信安镇西侧,南界从板家窝北经西柏林、堤角村南侧、霸县城、撒袋营至信安镇西侧。按岩性剖面分布特点可分为2个小单元:

Ⅶ-1 自上而下砂与黏性土相间分布区;

Ⅶ-2 自上而下砂层优势区(夹薄层黏土)。

Ⅷ 中亭河—大清河冲积单元。霸州以东地区,特别是中亭河、白沟河(大清河)流域地势低洼,沉积了以黏土质为主的沉积层。单元西起昝岗,东至天津西郊,主体位于中亭河以南,局部黏性土层中有粉细砂层分布。

Ⅸ 马柳冲积单元。单元位于新安庄、里澜城、四堡、大范口一线以北地区,西侧同永定河古道相邻,东界位于汉沽港西侧。表部为黏性土层为主,剖面上呈砂层夹黏性土层结构特征,局部地区下部以粉细砂为主。

Ⅹ 古永定河冲积单元。西侧以后奕村—王泊村为界,西南边界从杨青口经信安镇、中口乡西侧至胜芳镇与中亭河—大清河冲积单元相接,南侧边界亦与中亭河—大清河冲积单元相邻。可划分为3个岩相单元:

Ⅹ-1 三胜口至策城村一线河床相砂层分布区;

Ⅹ-2 河床相与河漫滩相交互砂层夹黏性土层分布区;

Ⅹ-3 后奕村和三胜口之间决口扇砂层分布区。

Ⅺ 津西冲积单元。该单元地势较低,其北侧西侧以子牙河为界并与中亭河—大清河冲积单元、古永定河冲积单元相接,西南侧以独流减河为界,东与天津市接壤,总体呈三角形。可分为2个岩性单元:

Ⅺ-1 天津西南侧黏性土为主沉积区;

Ⅺ-2 黏土与细砂沉积区。

**(二)水文地质单元**

1. 地下水补给、径流、排泄条件

1)补给

区内地下水主要接受大气降水和侧向径流补给,其中浅层地下水主要接受大气降水和地表水的入渗补给。

2)径流

浅层地下水径流方向基本上与地形或水体坡降方向一致。

3)排泄

地下水的排泄方式主要以人工开采和蒸发为主,同时向周围径流排泄。其中,霸州市以西浅层地下水的排泄方式主要以人工开采为主,得胜口至外环河段地下水的排泄方式主要以蒸发为主,霸州市—得胜口段地下水的排泄方式以人工开采和蒸发为主。

4)其他因素

地下水的补给、径流、排泄明显受地质条件、地形地貌、地表水系及人工开采条件的控制和影响。地表水与地下水的补给、排泄关系随时间和季节而发生变化,水力联系密切。另外,地下水降落漏斗已成为影响地下水动态的一个主要因素。

2. 干线水文地质单元分区

1)低山丘陵区

桩号0+000~1+600,全长1.6 km。地下水类型为基岩裂隙水,地下水位埋深一般大于30.0 m,局部低矮沟谷边缘地下水位埋深14.5 m。外营力地质作用强烈,沟谷纵横。工程埋置深度小,对地下水补排条件无影响。

2)山前倾斜平原

桩号1+600~10+916,全长约10 km,地面高程为45.0~30.0 m。其中,桩号1+600~8+600段工程埋深至高程35.0~24.0 m,深度10.0~7.0 m;桩号8+100~10+916段工程埋深至高程24.0~14.0 m,深度11.0~17.0 m。地下水类型为孔隙承压水,地下水位30.0~24.0 m,一般埋深14.5~8.0 m,局部中瀑河边滩相地下水位埋深5.0 m。桩号8+100以东地区工程底板埋深进入地下水位。上覆地层由全新统冲洪积相($al+plQ_4^2$)黄土状土和含钙质结核的砂壤土组成,层厚13.0~2.0 m,由西而东渐薄,并且其累计厚度大于工程阻隔地层的厚度。工程未切割至含水层,亦未影响潜流断面,对地下水不产生阻隔作用。

3)冲海积平原

桩号10+916至天津外环河(桩号155+419)为冲积平原区,地形向东倾斜,地面高程从西部的300 m降至东部的2.0 m左右。地下水类型为孔隙水,埋深一般为9.5~1.0 m。工程最大埋置深度8.0 m左右,跨越了不同水系和水文地质单元,其地表水与地下水的联系程度、地下水径流排泄条件也不相同。据多年动态资料,局部段工程可能产生阻隔地下水作用。

3. 含水岩组划分

根据区域资料,平原区第四系含水层划分为4个含水岩组,其中第一含水岩组与第四系全新统地层相当,是与工程关系最密切的含水岩组。

从含水层富水性程度划分，全线可分为两个水文地质段，即西黑山—辛许庄松散冲积砂性土中等富水段和辛许庄—大卞庄（外环河）冲湖积黏性土弱富水段。前者位于冲洪积扇的前缘地带，地下水位埋深浅且变化不大，埋深4.0～6.0 m，含水层主要是第四系全新统（$Q_4$）冲积砂壤土、粉细砂；后者分布于冲积、湖积、海积形成的海陆交互相低洼平原松散土层中，地下水位埋深变化大，寺上村以西埋深5.0～14.0 m，寺上村以东埋深0.5～1.5 m，含水层多为冲积壤土夹粉细砂透镜体和湖积黏性土。

**（三）地层岩性及其结构**

（1）地层岩性。除西部丘陵区局部有蓟县系、青白口系地层出露或浅埋外，绝大部分地段分布着第四系松散堆积物。

（2）工程地质分段。以岩土体结构类型、岩性组合特征作为划分工程地质段的主要依据，将渠线划分了26个工程地质段。

（3）岩土体结构划分。

**（四）地下水动态**

地下水赋存形式受地质条件的控制，各水文地质单元地下水动态呈现不同的水力特征。根据丰水年1995年4月平水期地下水动态调查结果，地下水流向基本为NW－SE向。除山前地带外，地下水排泄方式表现为以蒸发、开采为主的动态特征。因地下水赋存形式的不同，地下水的排泄途径在各水文地质单元又表现出不同的主次排泄特征。工程建设是否会影响到地下水的径流排泄条件，使上游地区地下水位壅高或下游地区补给量减少，从而引起次生环境地质灾害问题，需结合水文地质单元条件、区域地下水动态特征及地表水和工程状况等进行综合分析。

根据2004年区域水文地质调查结果，工程区地下水位变化具有明显的分段性。霸州以西地下水位埋深一般大于10 m，局部大于20 m；霸州至堂澜干渠地下水位埋深一般为5～10 m；堂澜干渠以东地下水位埋深一般小于5 m；子牙河至天津外环河段地下水位埋深2 m左右。

工程区地下水主要呈入渗—开采型，年内水位变化一般可分为3个时期。其中，3～5月份为水位下降期，该阶段干旱少雨，且农业灌溉又大量集中开采，使地下水位迅速下降；7～10月份为水位上升期，此阶段降雨较集中，地下水得到大量补给，农业开采量又很小，地下水位大幅上升；11月份至次年3月份为水位调整期。低水位期一般出现在2～3月份，高水位期一般出现在10月底。

工程区地下水位的年内变化受年降水量、蒸发量、地表水径流量与开采量的共同影响，全线水位变幅加权平均值为1.53 m，即高水位期水位比低水位期平均上升1.53 m。其中，桩号95＋000～100＋500段水位变幅为6.10 m，变幅较大；信安镇以东地下水位变幅在1.0 m以内；其他区段水位变幅一般为1～3 m。

从近10年来降水情况分析，1994～1996年为相对丰水年，地下水位相对较高；1997～2003年为枯水年，地下水位逐年下降；2004年为相对平水年。从历史上丰水年分析，干线牤牛河以西至广门营地下水位埋深曾达到地表以下2 m，以东地区地下水位埋深为1 m左右。

由于近10年来降水量偏少，地表径流量减少，加之农业灌溉地下水开采量增大，使得地下水位呈逐年下降趋势。据区域资料,1996~2000年5年间,保定地区浅层地下水位年平均下降1.2 m,累计下降达6 m;廊坊南部浅层地下水位年平均下降1.1 m,累计下降达5.5 m。据1995年4月水文地质调查成果,牤牛河以西地下水位埋藏较深,牤牛河以东地区地下水位埋藏较浅。按地下水位及埋藏深度的变化幅度,可将干线划分为如下几段。

(1)西黑山—中瀑河段:西黑山—东黑山山麓,地下水位最小埋深14.5 m;东黑山山麓—中瀑河,地下水位最小埋深5.0 m。

(2)中瀑河—大清河段:中瀑河—鸡爪河,地下水位埋深一般为9.0~5.5 m;鸡爪河—京广铁路,地下水位埋深9.0 m;京广铁路—京深高速公路东650 m,地下水位埋深8.0~9.0 m。

(3)大清河—牤牛河段:大清河—龙江渠首以西600 m,地下水位最大埋深12.0 m;龙江渠首以西600 m—李家庄,地下水位埋深5.47 m;李家庄—辛庄,地下水位埋深8.3 m;辛庄—牤牛河东,地下水位埋深4.0 m。

(4)牤牛河东—龙江渠尾段:牤牛河东—披甲营,地下水位埋深3.95 m;披甲营—龙江渠尾,地下水位埋深4.0 m。

(5)龙江渠尾—外环河段:龙江渠尾—小庙干渠,地下水位埋深变为2.79 m;小庙干渠—王庆坨排干,地下水位埋深一般为2.0 m左右;王庆坨—外环河,地下水位埋深为1.0 m左右。

**(五)与工程之间的关系**

从渠线地下水位(1995年4月)与箱涵底板高程关系曲线可以看出,沿桩号10+635~25+144、28+519~62+667、83+022~155+306等区段地下水位高于箱涵底板,累计长度约120.941 km,约占干线总长度的77.87%;其他区段地下水位低于箱涵底板,约占干线总长度的22.13%。当地下水位高于箱涵底板时,箱涵埋置后将切割由北西向南东的地下水径流途径,阻隔地下水运动,对局部水文地质单元地下水补给、径流和排泄条件产生影响,从而造成左侧地下水位抬高,从而引发土壤次生盐渍化、沼泽化等地质灾害现象。

对描述本工程水文地质分析模型(概念)的上述地貌单元、水文地质单元、地层岩性及其结构、地下水动态、与工程之间的关系等5个方面的资料进行系统分析,可以将工程沿线水文地质条件与工程之间关系分段概括如下:

(1)桩号0+000~1+500陡坡段,地下水位埋深较大,一般位于箱涵底板以下3.4~28.0 m。

(2)桩号1+500~10+600调节池段,地下水位埋深较大,一般位于箱涵底板以下0~3.0 m。

(3)桩号10+600~25+200段,地下水位埋深较大,其中10+600~15+825段地下水位一般位于箱涵底板以下0~1.2 m;15+825~25+200段地下水位一般位于箱涵底板以下0~6.0 m。

(4)桩号25+200~41+200段,地下水位埋深较大,一般在箱涵顶底板0.3~0.8 m范围内变化。

(5)桩号 41+200~48+200 段，为古河道，地下水位埋深较大，一般位于箱涵底板以上 0.1~1.4 m。

(6)桩号 48+200~49+350 段，为古河道，地下水位埋深较大，一般位于箱涵底板以上 1.5 m，箱涵顶板以上分布有厚度为 1.4 m 的粉砂层。

(7)桩号 49+350~57+500 段，地下水位埋深较大，箱涵顶板以上分布有透水性较好的砂壤土层。

(8)桩号 57+500~63+800 段，地下水位埋深较大，一般位于箱涵底板附近，箱涵顶板以上分布有砂层。

(9)桩号 63+800~82+900 段，地下水位埋深较大，一般位于箱涵底板以下。

(10)桩号 82+900~118+300 段，地表渠系纵横，切割较深，排水条件较好。其中 82+900~87+600 段地下水位埋深一般较大，位于箱涵底板以上附近；87+600~97+018 段地下水位位于箱涵顶板附近，箱涵底板直接坐落于砂层上；97+018~118+300 段地下水位埋深较小，一般位于箱涵顶板附近。

(11)桩号 118+300~134+300 段，地下水位埋深较小，一般位于箱涵顶板以上 1~2.4 m。

(12)桩号 134+300~155+306 段，地下水位埋深较小，一般位于箱涵顶板以上 1~2.8 m。箱涵置于黏土层中，附近渠系纵横，排水条件较好。

基于上述对工程边界水文地质条件及其与环境水文地质条件相互关系的研究，综合分析认为，在现状地下水动态条件下，工程建设可能导致干线左侧地下水壅高进而产生局部浸没问题的典型区段为：桩号 41+200~48+200 段和桩号 118+300~134+300 段。

但是，由于平原区次级水文地质单元的复杂性、补排关系及地表地下水动态的时空变化、自然和人为营力的叠加关系等的不同组合，工程建设可能导致的地下水壅高不是总在个别组合条件下就能发生的，至少不是由水文地质单元本身和工程之间的组合就能决定的，而是需要大的环境条件的参与。

现将涉及上述两个典型工程区段水文地质模型的主要概念“参数”(因素)列举如下。

1. 地貌单元

冲积地貌单元。

2. 水文地质单元

(1)地下水补、径、排条件。霸州市以西浅层地下水的排泄方式主要以人工开采为主，得胜口至外环河段地下水的排泄方式主要以蒸发为主，霸州市—得胜口段地下水的排泄方式以人工开采和蒸发为主。

(2)干线水文地质单元分区。冲积平原区，地形向东倾斜，地面高程从西部的 30 m 降至东部的 2.0 m 左右。地下水类型为孔隙水，埋深一般为 9.5~1.0 m。工程跨越不同水系和水文地质单元，其地表水与地下水的联系程度、地下水径流排泄条件也不相同。

(3)含水岩组划分。

3. 地层岩性及其结构

对地层及其岩土体结构进行划分。桩号 118+300~134+300 段典型岩土体结构组合如图 5-7 所示。

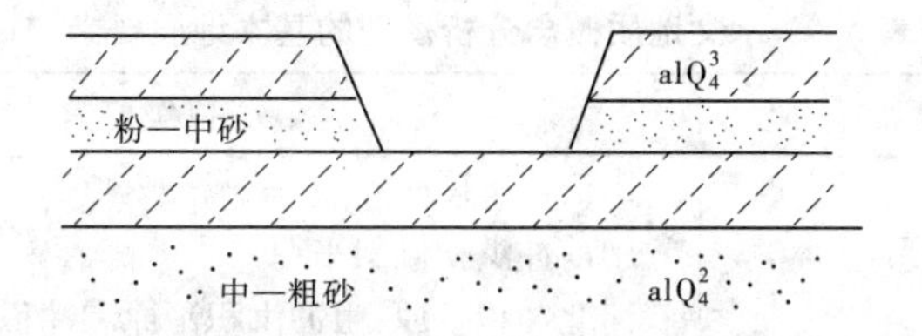


**图 5-7　桩号 118 + 300 ~ 134 + 300 段典型岩土体结构组合**(黏、砂多层结构( $_{12}$))

4. 地下水动态

(1)地下水位变化具有明显的分段性。霸州以西地下水位埋深一般大于 10 m,局部大于 20 m;霸州—堂澜干渠地下水位埋深一般为 5 ~ 10 m;堂澜干渠以东地下水位埋深一般小于 5 m。龙江渠尾—小庙干渠地下水位埋深变为 2.79 m,小庙干渠—王庆坨排干地下水位埋深一般为 2.0 m 左右,王庆坨—外环河附近地下水位埋深在 1.0 m 左右。

(2)7 ~ 10 月份为水位上升期,降雨较集中,地下水得到大量补给,农业开采量又很小,地下水位大幅上升,高水位期一般出现在 10 月底。从历史上丰水年分析,干线牤牛河以西至广门营地下水位埋深曾达到地表以下 2 m,以东地区地下水位埋深 1 m 左右。

(3)得胜口至外环河段(桩号 123 + 000 ~ 155 + 300)地下水动态类型为降水入渗 - 蒸发型,浅层地下水位多年变化不大。

(4)地下水位持续下降是一个大趋势,但随着环境的改善、降雨量的增高,地下水位也会逐渐恢复。

5. 与工程之间的关系

(1)桩号 41 + 200 ~ 48 + 200 段,为古河道,地下水位埋深较大,一般位于箱涵底板以上 0.1 ~ 1.4 m。

(2)桩号 118 + 300 ~ 134 + 300 段,地下水位埋深较小,一般位于箱涵顶板以上 1 ~ 2.4 m。

本工程水文地质分析模型(概念)的 5 个方面的要素概括如表 5-7 所示。

## 三、浸没预测

由于平原区次级水文地质单元的复杂性、补排关系及地表地下水动态的时空变化、自然和人为营力的叠加关系等的不同组合,工程建设可能导致的地下水壅高不是总在个别组合条件下就能发生的,至少不是由水文地质单元本身和工程之间的组合就能决定的,而是需要大的环境条件的参与。现以桩号 41 + 200 ~ 48 + 200 段和桩号 118 + 300 ~ 134 + 300 段作为典型区段,具体分析其与其他区段条件的不同以及这两个区段水文地质模型之间存在的差异(见表 5-8)。

(1)桩号 41 + 200 ~ 48 + 200 段,位于冲积平原上游缓倾斜区域,自西向东以及自北向南的地下径流坡降均较大,自然环境和人为因素造成的地下水动态变化也较大,总体表现出自北西向南东流向的地下径流较活跃的特征。因此,工程建设可能产生的影响远远小于自然条件。

(2)桩号 118 + 300 ~ 134 + 300 段,位于冲积平原下游平缓低洼区域,自西向东的地下径流坡降已很平缓,相对而言,全新世地质历史时期主要是自北向南的地表和地下径流

表 5-7　水文地质概念分析模型的基本地质要素

| 一级要素 | 二级要素 | 三级要素 |
| --- | --- | --- |
| 地貌单元 | 区域地貌单元 | 山前丘陵区<br>山前冲洪积倾斜平原<br>河北冲积平原:由冲洪积平原和冲积海积平原组成 |
| | 干线地貌单元 | Ⅰ 山区坡洪积—冲积单元<br>· Ⅰ-1 晚更新世坡洪积物<br>· Ⅰ-2 晚更新世洪冲积物<br>· Ⅰ-3 全新世冲积物 |
| | | Ⅱ 徐水冲积单元<br>· Ⅱ-1 大王庄—遂城冲积砂夹黏土区<br>· Ⅱ-2 徐水冲积砂与黏土互层区<br>· Ⅱ-3 固城镇古河道区<br>· Ⅱ-4 阎台村西河漫黏土区 |
| | | Ⅲ 容城冲积单元<br>· Ⅲ-1 容城东西两侧大面积分布的黏性土夹砂沉积区<br>· Ⅲ-2 经过容城的古河道砂层沉积区<br>· Ⅲ-3 经过南文村的古河道砂层沉积区 |
| | | Ⅳ 古白洋淀湖积单元<br>· Ⅳ-1 黏性土沉积区<br>· Ⅳ-2 分布有粉砂层的沉积区 |
| | | Ⅴ 白沟—板家窝冲积单元<br>· Ⅴ-1 分布广泛的砂与黏土互层区<br>· Ⅴ-2 古河道区 |
| | | Ⅵ 南拒马河—白沟河冲积单元 |
| | | Ⅶ 霸县北冲积单元<br>· Ⅶ-1 自上而下砂与黏性土相间分布区<br>· Ⅶ-2 自上而下砂层优势区(夹薄层黏土) |
| | | Ⅷ 中亭河—大清河冲积单元 |
| | | Ⅸ 马柳冲积单元 |
| | | Ⅹ 古永定河冲积单元<br>· Ⅹ-1 三胜口至策城村一线河床相砂层分布区<br>· Ⅹ-2 河床相与河漫滩相交互砂层夹黏性土层分布区<br>· Ⅹ-3 后奕村和三胜口之间决口扇砂层分布区 |
| | | Ⅺ 津西冲积单元<br>· Ⅺ-1 天津西南侧黏性土为主沉积区<br>· Ⅺ-2 黏土与细砂沉积区 |
| 水文地质单元 | 地下水补、径、排条件 | 补给、径流、排泄、其他因素 |
| | 干线水文地质单元 | 低山丘陵区、山前倾斜平原、冲海积平原 |
| | 含水层组划分 | 第四系含水层划分为4个层组,其中第一含水层组与第四系全新统地层相当,是与工程关系最密切的含水层组<br>含水层富水性程度划分:西黑山—辛许庄松散冲积砂性土中等富水段、辛许庄—大卞庄(外环河)冲湖积黏性土弱富水段 |

续表 5-7

| 一级要素 | 二级要素 | 三级要素 |
| --- | --- | --- |
| 地层岩性及其结构 | 地层岩性 | |
| | 工程地质分段 | |
| | 岩土体结构划分 | |
| 地下水动态 | 年内变化、年际变化与补、径、排关系 | |
| 与工程之间的关系 | 地下径流方向与管涵轴向基本一致 | 西黑山进口闸—东黑山陡坡段(桩号 0+000~1+500),水位一般位于箱涵底板以下 3.4~28.0 m |
| | | 东黑山陡坡—文村北调节池段(桩号 1+500~10+600),水位一般位于箱涵底板以下 0~3.0 m |
| | | 文村北调节池—京广铁路段(桩号 10+600~25+200),地下水位一般位于箱涵底板以下 |
| | | 京广铁路—北城村段(桩号 25+200~41+200),地下水位一般在箱涵顶底板 0.3~0.8 m 范围内 |
| | 地下径流方向与管涵轴向近直交 | 北城村(古河道)—南张堡公路涵段(桩号 41+200~48+200),地下水位一般位于箱涵底板以上 |
| | | 南照河(古河道)段(桩号 48+200~49+350),古河道,地下水位一般位于箱涵底板以上 |
| | 地下迳流方向为北西—南东或近南北 | 南照河村—大清河段(桩号 49+350~57+500),水位埋深较大,箱涵顶板以上分布有透水层 |
| | | 大清河—胜利渠段(桩号 57+500~63+800),地下水位一般位于箱涵底板,顶板以上有砂层 |
| | | 胜利渠—龙江渠首段(桩号 63+800~82+900),地下水位一般位于箱涵底板以下 |
| | | 龙江渠段(桩号 82+900~118+300),地下水位位于箱涵底板以上或顶板附近。87+600~97+018 段水位位于箱涵顶板附近,箱涵底板坐落于砂层上 |
| | | 龙江渠尾—清北干渠段(桩号 118+300~134+300),地下水位一般位于箱涵顶板以上 1~2.4 m |
| | | 清北干渠—外环河段(桩号 134+300~155+306),地下水位一般位于箱涵顶板以上 1~2.8 m |

的活动,自然环境和人为因素造成的地下水动态变化也较小,总体表现出自北向南流向的地下径流相对较活跃的特征。因此,工程建设可能产生的影响远远大于自然条件。

综上所述,工程建设后,在丰水年地下水位恢复至历史较高水平后的地下水动态稳定时期,桩号 41+200~48+200 段和桩号 118+300~134+300 段将产生相应的地下水壅高,从而导致不同程度浸没现象的发生。其中,桩号 118+300~134+300 段地下水壅高

表 5-8　工程埋置深度与地层结构关系分析

| 位置 | 桩号 | 长度(m) | 地面高程(m) | 地下水位埋深(m) | 箱涵埋深(m) | | 地层岩性 | | | |
|---|---|---|---|---|---|---|---|---|---|---|
| | | | | | 顶板 | 底板 | 地下水位以上 | 地下水位以下 | 地面—箱涵顶板 | 箱涵底板以下 |
| 北城村(古河道)—南张堡公路涵 | 41 + 200 ~ 48 + 200 | 7 000 | 11.0 ~ 13.1 | 6.0 ~ 8.6 | 1.7 ~ 3.1 | 8.7 ~ 9.1 | 壤土夹砂壤土、粉砂、中砂透镜体 | 壤土夹砂壤土透镜体,下部为中砂、粉砂 | 壤土夹黏土透镜体 | 壤土夹砂壤土透镜体,下部为中砂、粉砂 |
| 龙江渠尾—清北干渠 | 118 + 300 ~ 134 + 300 | 16 000 | 6.0 ~ 4.5 | 1.3 ~ 2.8 | 3.0 ~ 4.7 | 9.0 ~ 10.7 | 以砂壤土、壤土为主,其次为淤泥质黏土 | 砂壤土、淤泥质黏土、黏土、壤土 | 118 + 300 ~ 126 + 750 以砂壤土为主,126 + 750 ~ 132 + 000 以淤泥质黏土、黏土为主,132 + 000 ~ 134 + 300 以砂壤土为主 | 壤土、黏土 |

现象将相对较为严重和典型。

地下水壅高程度不同,浸没产生的程度也不同,次生环境地质危害及对农作物等的不良影响也不同,其因素也是多方面的。在产生地下水壅高的区段,地下水位在一定时段内会发生一定变化,浸没程度也会相应变化。因此,如果没有一定防止次生盐渍化的措施(如排水、洗盐等),必然会导致积盐过程的重复发生,从而使盐渍化程度趋于加重。

## 四、结论与对策

(1)从系统分析水文地质单元的基本结构及其补给、径流和排泄条件等要素入手,对与工程有关的水文地质边界条件进行研究,通过建立典型水文地质概念模型,来达到使分析过程尽可能接近客观实际的目的。描述工程水文地质模型(概念)的基本要素包含了地貌单元、水文地质单元、地层岩性及其结构、地下水动态以及与工程之间的关系等5个方面的内容。

(2)由于平原区次级水文地质单元的复杂性、补排关系及地表地下水动态的时空变化、自然和人为营力的叠加关系等的不同组合,工程建设可能导致的地下水壅高不是总在个别组合条件下就能发生的,至少不是由水文地质单元本身和工程之间的组合就能决定的,而是需要大的环境条件的参与。基于对工程边界水文地质条件及其与环境水文地质条件相互关系的研究,综合分析认为,在现状地下水动态条件下,工程建设可能导致渠线左侧地下水壅高进而产生局部浸没问题的典型区段主要是桩号118+300~134+300段。

(3)浸没的产生是有前提条件的。工程建设后,在丰水年地下水位恢复至历史较高水平后的地下水动态稳定时期,桩号118+300~134+300段将产生相应的地下水壅高现象,从而导致不同程度浸没现象的发生。

(4)地下水壅高程度不同,浸没产生的程度也不同,次生环境地质危害及对农作物等的不良影响也不同,其因素也是多方面的。在满足浸没现象发生的地下水动态稳定时期,由于浸没范围内的地下水埋深小于临界深度,可能导致产生土壤次生盐渍化等环境地质灾害。但浸没程度与其对农业生产的影响程度是两个不同的概念,如果浸没时间及其影响深度能够满足作物生长过程中的耐渍深度的要求,则可能仍不影响农作物的正常生长,即地下水壅高不一定完全影响到作物生长期对耐渍深度的要求。

(5)基于对工程边界水文地质条件及其与环境水文地质条件相互关系的研究,并结合现场勘察及室内试验成果、工程类比资料,综合分析认为,干线桩号118+300~134+300区段土壤有害毛细水上升高度在1.5 m左右。据此,考虑农作物根系埋深安全超高值为0.50 m,确定该区段地下水次生盐渍化浸没临界深度为2.0 m。此外,建议本区域民用建筑室内地面应高于天然地面1.0 m以上。

(6)在工程建设可能导致渠线左侧产生地下水壅高的典型区段,主要是桩号118+300~134+300段,建议采取必要的工程措施,如在箱涵周围(不仅仅是底板以下)设置连接渠道两侧的一定断面的透水垫层,以保障地下水径流途径的畅通。

(7)建议工程建设针对地下水位动态进行观测,尤其是典型工程区段的观测。并建立预测浸没区段的地下水位长期观测网,了解地下水动态变化规律,复核浸没预测成果。

(8)对于本研究区域,由于现状条件与浸没产生的前提条件之间还存在许多变量因素和组合，因此浸没预测过程及其结果仅能停留在定性分析的水平上。本工程浸没预测的过程，主要是一个基于典型水文地质模型在一定环境组合条件下，其浸没发生与否及其程度如何的分析问题的过程。大环境的参与是浸没发生的前提，在此环境条件下，需要针对局部水文地质条件，结合地下水动力学和结合水动力学理论对浸没预测的某些因素进行修正。是一个从区域到局部、从宏观到具体的分析工程地质问题的过程，也是一个概念的而不是定量的过程。

## 第四节　海河平原堤防工程地质勘察

### 一、堤防工程质量分类及建立工程质量信息数据库的意义

基于对已建堤防工程堤身质量检查及堤基工程地质勘察设计实践，笔者以为，建立合理的堤防工程质量分类体系及其质量信息数据库是必要的。归纳起来，主要是以下几方面的认识：

(1)现行的堤防工程地质勘察规程未就堤防工程质量分类方面作出规定或提出指导性要求，对于堤防工程尤其是已建工程有针对性地提出设计、施工方案是不利的，不仅降低了勘察工作的技术价值，也影响了勘察行业的信誉。

(2)与堤防工程设计、施工、质量验收的规程、规范、标准、方法的实施以及新技术新方法的应用等相比较，勘察专业尚未有一个与之相配套的堤防工程质量分类体系标准，这对堤防工程勘察工作的系统化和规范化不利。

(3)水利建设数十年来，已建、复堤、加固改造或新建堤防工程的勘测、设计、施工以及工程后评价的资料信息还没有一个系统、完善的管理体系，使其可利用程度大大降低。随着信息技术的发展，应着手开展堤防工程GIS系统的基础建设工作，而堤防工程质量分类体系作为工程质量信息数据库的基本构架形式，则必须首先建立起来。

(4)从堤防工程建设历史和现实的质量状况来看，有必要建立一套标准的工程质量分类体系，以规范堤防工程的勘察和加固改造建设以及质量评价等工作；同时，也可作为行业规程规范编制或修订的基础性资料。

(5)作为流域防洪规划的基础资料，以及未来减灾防灾和可持续发展的需要，有必要对现有堤防工程质量进行分类并建立其质量信息数据库。

### 二、关于堤防工程质量的几个问题

首先，与水库等蓄水型水利工程相比，堤防工程具有同样的重要性和出现问题后果的严重性。而以堤防工程与水库工程中的当地材料坝相比较，二者是具有诸多共性的，如坝体结构、洪水期的运行状态等，因而可能遇到的问题也基本相同。但从目前堤防工程勘测设计工作的实际精度来看，前者的标准却远远低于后者。相类似，堤防工程施工技术和质量也不能与水库大坝相提并论，其质量问题往往不能引起足够的重视，施工标准也不易得到严格执行。因此，从勘测、设计到施工一系列技术标准能否严格贯彻执行，实际上是造成已建堤防工程质量状况低下的根本原因，并且成为影响目前堤防工程质量的重要因素

之一。

从勘察工作方法上讲，无论是对地质体（如堤基）抑或是对工程体（如堤身），其手段是类似的。但由于地质体的形成有着一定的自然规律，而工程体的构成则与人类的行为有关，因此在分析和研究问题的思路、方法上，应注重对二者的差异性的认识。这一点，在目前的勘测、设计工作中表现尤其突出；甚至还表现为设计部门对勘察工作重要性的认识上的不足，从而对必要的勘察工作（量）也产生异议。

影响堤防工程质量的因素是多方面的、综合的，正确认识勘察工作的重要性，首先要在一些基本概念上取得共识。如：①由于作为工程边界条件的地质体的复杂性，地质意义上的险工、险段及隐患等可能与河流力学及其他意义上的这一概念有所不同；②堤身作为工程体，受人为因素的影响，其质量存在随机性；③作为地质体，堤基地质条件虽具有一定的自然规律性，但由于多为河流相冲积层，其地质条件仍具有复杂性；④勘察工作受设计阶段精度要求的影响，是一种对自然规律认识和推理的过程。因此，可能出现不能对某些类型隐患的具体位置进行准确定位，但却可能找出其存在或出现的规律、区域及概率等现象。明确了这些问题，设计部门才能正确认识勘察工作的重要性所在，也才能正确地利用勘察信息，使设计工作更加符合客观实际。

作为影响堤防工程质量的最主要因素之一，天然建筑材料质量问题未得到应有的重视。堤防勘察的经验表明，堤身的塌陷、堤坡的冲蚀及堤身渗水和裂缝等堤防隐患都与堤身填筑质量有关，而填筑材料质量是其中最重要的方面。同时，作为工程设计、施工的重要参数，天然建筑材料勘察也应作为设计工作的主要内容，其材料指标是设计和施工的重要依据。因此，对于天然建筑材料勘察工作重要性的认识，也反映了对堤防工程质量的重视程度以及堤防工程的实际设计、施工质量水平。

对工程地质问题辩证的、系统性的认识是必要的。对于堤防工程而言，由于渗透变形破坏往往是从最薄弱环节开始的，因此必须从渗透稳定性等关键问题出发去考虑整个堤防工程的稳定性。而对于以上诸方面问题的认识正确与否，正是保证堤防稳定性的基础，因而也就成为保障堤防工程质量的前提条件。

## 三、堤防工程质量分类体系的构成

### （一）堤防工程基本质量数据系统

1. 堤防工程等级及填筑标准

基于《堤防工程设计规范》（GB 50286—98），平原区堤防工程等级及其填筑标准为：

（1）一级堤防，（黏性土）压实度≥0.94；（砂性土）相对密度≥0.65。

（2）二级及高度大于6 m的三级堤防，（黏性土）压实度≥0.92；（砂性土）相对密度≥0.65。

（3）高度小于6 m的三级堤防，（黏性土）压实度≥0.90，（砂性土）相对密度≥0.60。

2. 堤防工程设计指标

堤防工程设计指标主要包括以下几个方面。

（1）堤型分类：①均质堤，包括新筑堤和老堤加高培厚设计（分黏性土和少黏性土堤）；②非均质堤防渗体和非防渗体部分等。

(2)土料质量设计指标:①土质类型;②颗分指标;③碾压(击实)试验指标,如(黏性土的)最大干密度、最优含水率指标,(砂性土的)相对密度指标以及相应的孔隙比、孔隙率指标等。

(3)设计压实度指标。

(4)设计稳定、变形核算指标等。

3. 堤防工程施工质量控制指标

主要通过控制堤身填筑土料质量、填筑压实质量等来达到控制堤身施工质量的目的。对于黏性土,控制指标主要为土料的黏粒含量、最大干密度和最优含水率、有机质和易溶盐含量等;对于砂性土,控制指标主要为相对密度及其孔隙比。

**(二)堤防工程现状质量数据系统**

1. 堤防工程结构组成分类

堤防工程结构组成是指构成堤防工程的堤身、前戗、后戗、护坡和防浪墙等组成部分。堤身是堤防工程的主体,而其他部分与设计及施工等因素有关或可以缺失。

2. 堤防工程现状质量特征指标

堤防工程现状质量特征指标包括现状地形地貌、堤基工程地质、堤身质量及堤防隐患等。

(1)堤防现状地形地貌主要考虑可能存在的对堤防稳定不利的微地貌,如临空面、古河道等。

(2)堤基工程地质主要考虑地基地层结构、组成及其承载力和压缩性等的差异、震动液化和可能导致渗透破坏等影响堤防稳定性的因素。

(3)堤身质量主要考虑堤身土的土质、均一性、填筑质量等特征指标。

(4)堤防隐患往往是比较隐蔽的,对其定性描述也是堤防工程现状质量数据必不可少的一部分。

3. 工程加固处理措施

已建堤防工程所采用的加固措施包括迎水面砌石护坡、浆砌石护岸、堤脚防冲墙、堤顶防浪墙及堤身灌浆等。这些工程措施可能使堤防工程质量发生根本变化。

4. 其他影响因素

作为非常组合状态下的安全影响因素之一,这些情况只在极小的概率下发生,因此不应作为评价工程质量的主要因素,如地震等。

**(三)堤防工程质量分类**

1. 堤防工程质量分类的基本依据

堤防工程从勘测、设计、施工直至工程后评价的一系列现行的有效规程规范,是堤防工程质量分类的基本依据。只有在规范的标准基础上,才可能建立起一套合理的堤防工程质量分类系统。这类标准目前主要有:《堤防工程地质勘察规程》、《堤防工程设计规范》、《堤防工程施工规范》、《堤防工程施工质量评定与验收规程》和《水利水电工程天然建筑材料勘察规程》等。考虑工程设计标准以及必须达到的施工质量水平,对堤防工程总体质量类型进行合理划分。

同时,如前所述,进行堤防工程质量分类及工程质量信息数据库建设,也为今后行业规程规范的修订提供了基础性资料。

2. 影响堤防工程质量的主要因素

1)堤基工程地质

不良堤基如淤泥或淤泥质土、砂土、盐渍土及未经夯实的杂填土等,这些堤基往往会引发堤防工程沉陷、岸坡塌滑、渗透变形、地震液化等工程问题。因此,在堤防工程质量分类中,应首先分析研究堤基土体的工程地质特性,判断其可能存在的工程地质问题及其对堤防工程稳定性的影响。

2)筑堤土料质量

筑堤土料的工程特性直接影响堤防工程填筑施工的难易和堤防工程的质量,也是导致堤防工程质量隐患的重要原因。如采用淤泥质土或黏土筑堤时,含水量不易控制,不易压实,堤身土体易出现干裂、沉陷,堤身土体松散,饱和水易产生沉陷或流土、塌岸等破坏。若局部土质不均一或用粉细砂填筑,则可能出现塌岸、散浸等问题甚至引发渗透变形破坏。因此,确保筑堤土料质量,是保证堤防工程质量的重要前提。

3)堤防工程填筑质量

堤防工程填筑质量是控制堤防工程质量的关键,在堤防工程设计规范、施工、质量评定与验收规程中都有明确的要求。堤基工程地质条件、土料质量、工程体的填筑质量是影响堤防工程质量的3个重要因素。堤防工程体的填筑质量,主要由筑堤土的压实度(黏性土)和相对密度(无黏性土)指标是否满足规程规范的要求来评定。此外,堤防工程外观质量和所处环境的微地貌(或人工地貌)亦是评定标准之一。

4)人类活动的影响

由于人们的生活、生产活动,堤下埋管、跨堤修简易路、堆放秸杆甚至小动物在堤内生息,造成穿堤洞穴。随意开采土料造成堤内外微地貌变化面流冲刷等。严重影响着堤防工程的质量。

3. 堤防工程质量分类因素及层次划分

考虑上述质量因素,并结合具体工程结构及组成按不同层次进行统计整理,逐步建立质量分类评价体系及数据库。堤防工程质量分类应包含堤基工程地质分类(地质体)、堤身工程质量分类(工程体)、堤防隐患分类3个主要方面,在此基础上分析归纳堤防工程的综合质量。其分类层次及因素划分、工作程序框图分别见图5-8和图5-9。

## 四、建立堤防工程质量信息数据库

通过堤防工程勘察及信息采集工作,获取较为详细的堤防工程基本数据,对这些数据进行系统分析整理,按照上述质量分类的程序及其架构,建立堤防工程质量信息数据库。

堤防工程质量分类及工程质量信息数据库建设是“数字化河流”的重要组成部分,是堤防工程勘测、设计、施工以及工程后评价的重要信息,是堤防工程勘察工作规范化和技术价值的重要体现,是堤防工程加固改造建设等工作的重要基础。基于流域防洪规划以及未来减灾防灾和可持续发展的需要,有必要对现有堤防工程质量进行分类并建立其质量信息数据库。

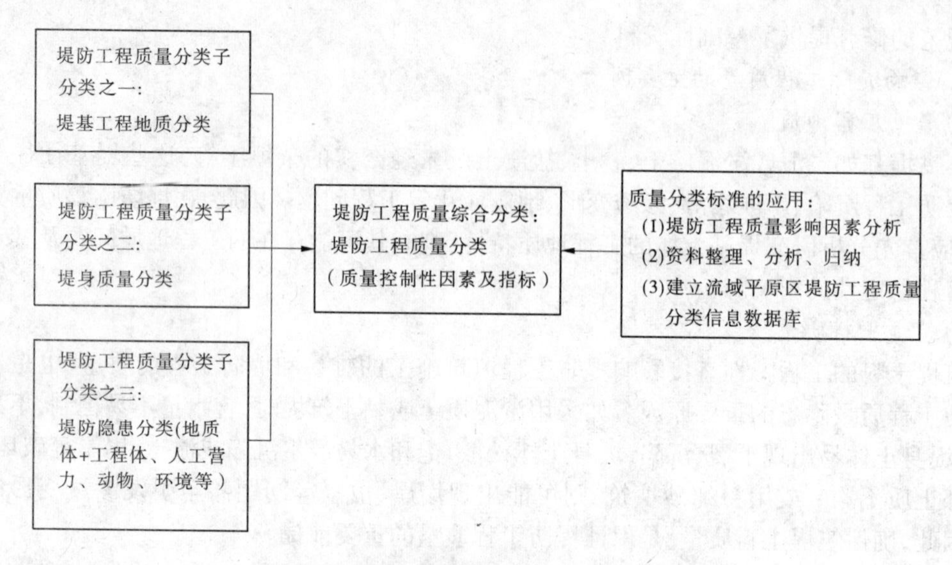


图 5-8　堤防工程质量分类层次及其因素划分

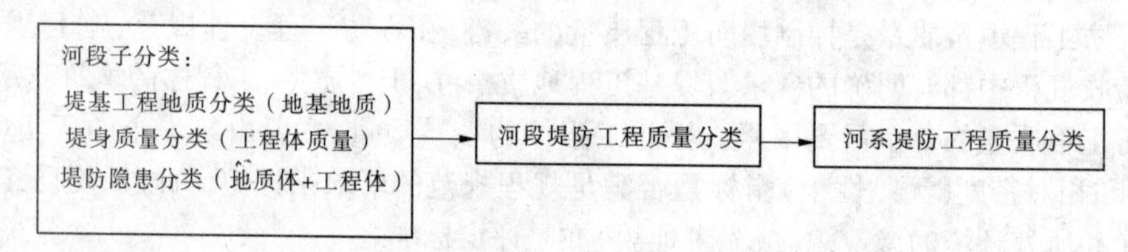


图 5-9　堤防工程质量分类工作程序框图

# 第五节　平原区水库围堤滑坡地质勘察

## 一、概述

在软土地区的堤防改扩建工程中,由于已建工程部位的地基软土层已经过多年附加荷载下的排水固结作用,导致同一类土层在工程不同部位的物理力学性质存在差异。在勘察工作中,我们通常比较注重针对地质体的单元层(段)的划分,对试验、测试数据一般也是按工程地质单元层(段)来统计整理,但往往可能忽略对上部工程结构的分析研究,尤其是在已建工程和新建工程对地质体的不同作用和影响方面。因此,在勘探工作的布置及工程地质分析评价中,应充分考虑到这些因素,以免以偏赅全,得出与实际地质条件不符的结论。

现以某水库改扩建工程为例,对软土地区堤防工程地质勘察工作中的一些问题进行分析讨论。该工程位于天津市沿海地区,为一平原水库,由总长约 11 km、设计高度为 6.0 m、顶宽 7.0 ~ 8.0 m 的围堤封闭而成。为增加水库库容,计划将围堤加高 2 m,并在迎水坡方向加宽。当堤身土方填筑工程接近完成时,其南堤约 130 m 长的新筑堤身边坡产生滑动,造成堤身破坏。经勘察,查明了失事原因,并对典型堤段作了稳定性分析研究,提出了相应的工程处理措施及合理的施工方法。

## 二、基本地质条件

### (一)土层分布特征

以南堤为例,地基持力层范围内土层自上而下分为以下3层:①Ⅲ层黏土层,灰黄色,湿,可塑,夹粉土透镜体,分布稳定,层厚一般在0.7~2.8 m;②$Ⅳ_1$层淤泥质黏土、黏土层,深灰色,很湿,可塑—流塑状,土质不均匀,分布稳定,厚度变化较大,层厚一般在1.5~5.5 m;③$Ⅳ_2$层粉砂、粉土层,深灰色,很湿—饱和,松散—稍密,含有贝壳碎片,层度普遍大于2.6 m。

土层分布具有以下两方面的特征。

(1)同一类型土层在工程不同部位其性质存在差异,例如,$Ⅳ_1$层,在老堤地基范围以外土质为淤泥质黏土,而在老堤地基部位则为黏土。原因是在老堤修筑后的几十年间,由于附加荷载作用,地基土层排水固结,性状发生了一定变化。

(2)Ⅲ层黏土、$Ⅳ_1$层淤泥质黏土和黏土在老堤地基的分布位置相对比较低,呈下沉状(如图5-10所示)。这种现象在其他堤段也普遍存在,只是下沉程度有所不同。

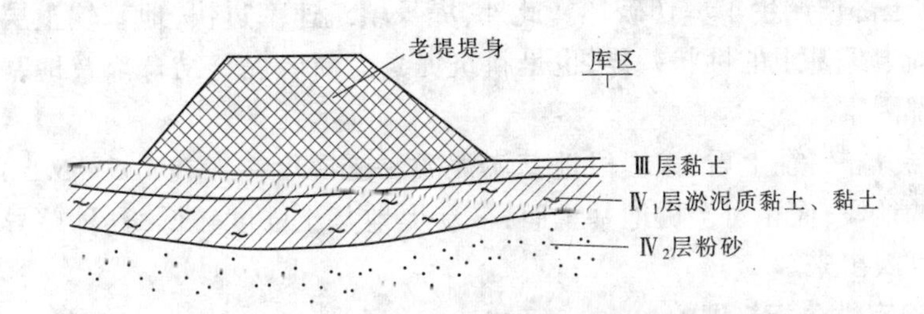


图5-10 土层分布特征示意

### (二)土体物理力学性质

上述不同工程部位黏土、淤泥质黏土物理力学性质的明显差异,可从室内土工试验和钻孔标准贯入试验、十字板剪切试验成果中得到反映,见表5-9。

表5-9 $Ⅳ_1$层物理力学指标统计

| 工程部位 | 物性指标 | | | | | 抗剪强度 | | 压缩性 | | 原位测试 | | |
|---|---|---|---|---|---|---|---|---|---|---|---|---|
| | 含水率(%) | 比重 | 干密度($g/cm^3$) | 湿密度($g/cm^3$) | 孔隙比 | 凝聚力(kPa) | 内摩擦角(°) | 压缩系数($MPa^{-1}$) | 压缩模量(MPa) | 标准贯入试验 击数(击) | 标准贯入试验 承载力(kPa) | 十字板剪切试验(kPa) |
| 老堤地基 | 37.4 | 2.76 | 1.32 | 1.82 | 1.094 | 21.6 | 4.2 | 0.700 | 2.962 | 4.7 | 130 | 32.5 |
| 新堤地基 | 40.8 | 2.71 | 1.30 | 1.82 | 1.121 | 10.0 | 2.5 | 0.631 | 3.515 | 自沉~1.4 | 50 | 16.0 |

注:表中数字为平均值。

从试验成果看:新堤地基范围以外的$Ⅳ_1$层淤泥质黏土含水率、孔隙比指标均相对较高,强度指标相对较低;而老堤地基该土层的相应指标特征反映则相对较好。钻孔标准贯入试验及十字板剪切试验成果也反映出这种差异。

## 三、主要问题的分析与评价

### （一）工程失事原因分析

堤身失稳段位于水库围堤的南段，长度约 130 m，当堤身填筑至高度 6.0 m 时，堤顶开裂，迎水侧边坡下滑，堤身下错约 2 m，并产生多条纵向裂缝；堤脚及附近地面拱起约 1.0 m 以上，并产生数条纵向裂缝，见图 5-11。

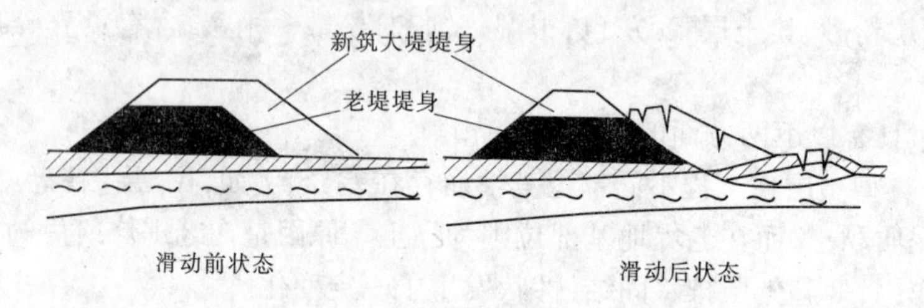


**图 5-11　新筑大堤失稳滑动示意**

堤身失稳的内在原因是软土地基强度较低，不能承受上部堤身荷载作用，在最软弱的 $\mathrm{IV}_1$ 层淤泥质黏土部位产生了剪切破坏。此外，堤身填筑速率过快，地基软土层不易排水固结而出现的新老地基土的性状差异，也是新筑堤身沿新老堤身结合部及地基软弱层位产生滑动的外部因素。

从地基土层分布特征上看，该堤段地基淤泥质黏土厚度一般在 1.5 ~ 5.5 m，是整个围堤厚度最大的地段；而相对老堤地基土而言，新堤地基强度较低，这种差异在前期勘察成果中也未反映出来。

### （二）边坡稳定性分析与评价

选取失稳段边坡典型断面，采用圆弧条分法进行稳定验算，见图 5-12。其工况条件为水库未蓄水，坡面未进行护砌。计算结果：边坡稳定安全系数 $F_s = 0.962$（$F_s < 1.0$），处于不稳定状态。

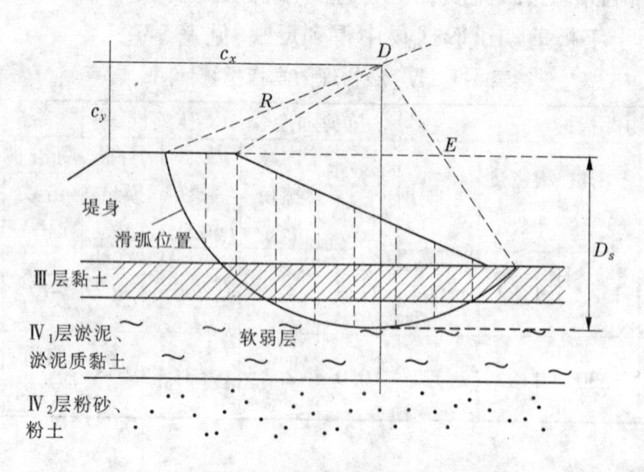


**图 5-12　稳定分析计算模型示意**

通过计算和分析发现，在土层物理力学指标和其他边界条件基本相同或接近的情况下，对边坡稳定性起控制作用的是 $\mathrm{IV}_1$ 层淤泥质黏土、黏土的厚度。因此，以新堤地基淤泥质黏土、黏土的厚度 $H$ 作为堤身边坡失稳危险性的判断标准。计算方法为选取Ⅳ$_1$ 层厚度最大处作为典型断面,计算其在极限平衡状态(即 $F_s = 1.0$)时的厚度 $H$ 值。假设滑弧不进入到下伏Ⅳ$_2$ 层粉砂、粉土层,Ⅲ层黏土的厚度按最小计,大于该厚度的堤段其作用按安全储备考虑。计算结果:当 $F_s = 1.0$ 时,$C_x = 21.0$ m、$C_y = 7.0$ m、$D_s = 11.3$ m,依据 $D_s$ 值,得出新筑堤坡脚处Ⅳ$_1$ 层的厚度 $H = 3.4$ m。

比较堤坡稳定段与失稳段Ⅳ$_1$ 层的分布厚度,结合以上分析计算结果综合考虑,采用 $H = 3.0$ m 作为边坡滑动可能性的判定指标来评价堤身边坡的稳定性,见表5-10。

据此标准,对整个水库围堤分段进行稳定性评价。其中,对判定失稳的围堤段建议进行设计方案的修改,在迎水坡增设了反压平台,施工后效果良好;对判定可能失稳的堤段,建议缩短沉降观测周期,并放缓了填筑速率,没有再出现堤坡滑动现象。

**表5-10　边坡滑动可能性判定及稳定性评价**

| $H$(m) | 危险性判定 | 稳定性评价 | 工程处理措施 |
|---|---|---|---|
| >3.0 | 失稳 | 需做专门的地基处理 | 迎水面设置反压平台、砂桩或旋喷桩等 |
| 3.0 | 可能失稳 | 根据施工期间堤顶的沉降变化确定是否需要地基处理,特别要注意施工期间沉降异常的堤段 | 施工期间加强观测 |
| <3.0 | 不失稳 | 不需做专门的地基处理,但需要注意观测 | 不做工程处理 |

### 四、勘察结论

(1)由于已建工程部位的地基软土层已经过多年附加荷载下的排水固结作用,导致同一类土层在工程不同部位的物理力学性质存在差异,使新筑堤身沿新老堤身结合部及地基软弱层位产生剪切破坏。这种差异在前期勘察工作中可能容易被忽略。

(2)应充分考虑已建工程和新建工程对地质体的不同作用和影响,在勘探工作的布置及工程地质分析评价中,既要针对不同地质体单元又要结合上部工程结构部位,以使勘察结论符合实际地质条件。

(3)在软土地基堤防工程施工中,对可能失稳堤段,可采取在迎水坡增设反压平台或进行地基处理等措施;针对新老地基土的性状差异,在施工过程中,应控制坝体填筑速率,并加强观测。

## 第六节　细粒土液限测试标准不同对工程评价的影响

### 一、界限含水率(液限、塑限)的测试

采用何种方法测试的含水率作为土的液限标准更合理,鉴于使用目的不同,在此不作过多讨论。对其计算塑性指数和液性指数的配套应用在有关规范中也都有明确规定,但

在实际工作中工程师往往跨行业采用不同的行业标准，在使用规范、对前期资料进行分析、工程类比和评价中，容易忽视甚至混淆相同概念下同类指标的差异。为此，笔者结合工程项目（某水利水电工程）对采用76g锥测定的液限 $W_{L10}$、$W_{L17}$ 及计算的塑性指数 $I_{P10}$、$I_{P17}$ 和液性指数 $I_{L10}$、$I_{L17}$ 进行比较，分析两者的差异及其对土类划分、性状描述和地基参数（地基承载力、桩侧摩阻力、桩端阻力）等确定的影响。

目前国际上测定液限的方法是碟式仪法和圆锥仪法，对液限的测定尚没有统一的标准。国内目前普遍采用液、塑限联合测定仪确定细粒土的液限、塑限；同时也采用碟式仪法测定细粒土液限，搓条法测定细粒土塑限。其联合测定法的理论基础是圆锥下沉深度与相应含水率在双对数坐标纸上具有直线关系，即以含水率为横坐标，圆锥下沉深度为纵坐标，在双对数坐标纸上圆锥下沉深度和含水率两者具有直线关系，根据圆锥下沉不同深度（20 mm、17 mm、10 mm、2 mm）对应的含水率确定细粒土的液限、塑限。

液限的测定由于圆锥仪规格不尽相同，各行业采用的标准亦有差异：①国家标准《土工试验方法标准》（GB/T 50123—1999）用于岩土工程勘察和港口、铁路工程地质勘察时均采用76 g锥下沉入土深度10 mm所对应的含水率为液限 $W_{L10}$；②水利行业标准《土工试验规程》（SL 237—1999）采用76 g锥下沉入土深度17 mm所对应的含水率为液限 $W_{L17}$；③公路行业标准《公路土工试验规程》（JTJ 051—93）采用100 g锥下沉入土深度20 mm所对应的含水率为液限 $W_{L20}$。

上段文字所提到的塑限的测定的①、②中均采用76 g锥入土深度2 mm所对应的含水率为塑限；③中100 g锥则在测出液限后，通过液限与塑限时入土深度 $h_P$ 的关系曲线查得 $h_P$，再由双对数坐标纸上圆锥下沉深度和含水率两者直线关系求出入土深度为 $h_P$ 时对应的含水率，即为土样的塑限。

对比试验资料表明：以76 g锥下沉入土深度17 mm和100 g锥下沉入土深度20 mm所对应的含水率作为液限，测得土的强度（平均值）基本一致；以76 g锥下沉入土深度10 mm所测定液限时土的强度偏高；而以3种方法（76 g锥入土深度2 mm所对应的含水率为塑限、100 g锥求算 $h_P$ 时对应的含水率塑限、搓条法测定细粒土塑限）确定的塑限则较为接近。

## 二、问题的提出及分析评价

### （一）17 mm、10 mm液限 $W_{L17}$、$W_{L10}$ 对土类划分、性状描述的影响

以76 g锥下沉入土深度17 mm、10 mm所对应的含水率分别为液限 $W_{L17}$、$W_{L10}$ 分析，两者存在的差异是显而易见的，与之相应计算的塑性指数 $I_{P17}$、$I_{P10}$ 和液性指数 $I_{L17}$、$I_{L10}$ 存在差异也是不容质疑的，但彼此间的差异如何，却值得工程师予以充分的注意，见表5-11。

表中为采用①国家标准《土工试验方法标准》（GB/T 50123—1999）76 g锥下沉入土深度10 mm所对应的含水率为液限 $W_{L10}$、计算塑性指数 $I_{P10}$ 和液性指数 $I_{L10}$、依据国家标准《岩土工程勘察规范》（GB 50021—2001）进行土的分类定名和采用②水利行业标准《土工试验规程》（SL 237—1999）76g锥下沉入土深度17 mm所对应的含水率为液限 $W_{L17}$、计算塑性指数 $I_{P17}$ 和液性指数 $I_{L17}$、依据行业标准《土工试验规程》（SL 237—1999）和《水闸设计规范》（SL 265—2001）进行土的分类定名。

从表5-11可以看出，同层位细粒土相对于10 mm液限 $W_{L10}$、计算塑性指数 $I_{P10}$ 和液性

表 5-11　不同标准测定的液限及计算的塑性指数、液性指数分层统计分析

| 层号 | 液限 $W_{L10}$ % | 塑限 $W_P$ % | 塑性指数 $I_{P10}$ | 液性指数 $I_{L10}$ | 状态 | 土的分类定名 | 液限 $W_{L17}$ % | 塑限 $W_P$ % | 塑性指数 $I_{P17}$ | 液性指数 $I_{L17}$ | 状态 | 土的分类定名 | | 指标比较 | | | 子样数 |
|---|---|---|---|---|---|---|---|---|---|---|---|---|---|---|---|---|---|
| | | | | | | 岩土工程勘察规范（GB 50021—2001） | | | | | | 土工试验规程（SL 237—1999） | 水闸设计规范（SL 265—2001） | $W_{L10}/W_{L17}$ | $I_{P10}/I_{P17}$ | $I_{L10}/I_{L17}$ | |
| 1 | 53.0 | 26.9 | 26.1 | 1.85 | 流塑 | 淤泥 | 75.8 | 26.9 | 48.9 | 0.96 | 软塑 | 高液限黏土 | 黏土 粉质黏土 | 0.70 | 0.53 | 1.93 | 36 |
| 2 | 34.6 | 19.8 | 15.0 | 0.81 | 软塑 | 粉质黏土 | 47.6 | 19.8 | 27.8 | 0.44 | 可塑 | 低液限黏土 | 黏土 粉质黏土 | 0.73 | 0.54 | 1.85 | 7 |
| 3 | 49.4 | 25.7 | 23.6 | 1.52 | 流塑 | 淤泥 | 70.1 | 25.7 | 44.4 | 0.79 | 软塑 | 高液限黏土 | 黏土 粉质黏土 | 0.70 | 0.53 | 1.91 | 50 |
| 4 | 33.8 | 19.6 | 14.2 | 1.59 | 流塑 | 淤泥质粉质黏土 | 46.2 | 19.6 | 26.6 | 0.81 | 软塑 | 低液限黏土 | 黏土 粉质黏土 | 0.73 | 0.53 | 1.97 | 23 |
| 5 | 46.0 | 24.1 | 21.9 | 1.17 | 流塑 | 淤泥质黏土 | 65.2 | 24.1 | 41.1 | 0.62 | 可塑 | 高液限黏土 | 黏土 粉质黏土 | 0.71 | 0.53 | 1.89 | 32 |
| 6 | 45.5 | 24.1 | 21.4 | 0.85 | 软塑 | 黏土 | 64.2 | 24.1 | 40.1 | 0.45 | 可塑 | 高液限黏土 | 黏土 粉质黏土 | 0.71 | 0.53 | 1.87 | 6 |
| 7 | 28.3 | 18.2 | 10.5 | 1.03 | 流塑 | 粉质黏土 | 37.1 | 18.2 | 18.9 | 0.55 | 软塑 | 低液限黏土 | 黏土 重粉质壤土 | 0.76 | 0.55 | 1.86 | 101 |
| 8 | 25.0 | 19.50 | 5.5 | 0.80 | 可塑、密实 | 粉土 | 29.8 | 19.5 | 10.3 | 0.42 | 可塑 | 低液限黏土 | 壤土 轻粉质壤土 | 0.84 | 0.53 | 1.92 | 11 |
| 9 | 45.9 | 24.80 | 21.2 | 0.73 | 可塑 | 黏土 | 64.4 | 24.8 | 39.6 | 0.39 | 可塑 | 高液限黏土 | 黏土 粉质黏土 | 0.71 | 0.54 | 1.88 | 7 |
| 10 | 30.8 | 18.8 | 12.0 | 0.55 | 可塑 | 粉质黏土 | 41.3 | 18.8 | 22.5 | 0.29 | 可塑 | 低液限黏土 | 黏土 重粉质壤土 | 0.75 | 0.53 | 1.90 | 200 |
| 11 | 25.0 | 19.6 | 5.4 | 0.73 | 可塑、密实 | 粉土 | 29.7 | 19.6 | 10.1 | 0.34 | 可塑 | 低液限黏土 | 壤土 重粉质砂壤土 | 0.84 | 0.53 | 2.17 | 15 |
| 12 | 23.2 | 17.5 | 5.7 | 0.75 | 密实 | 粉砂 | 28.2 | 17.5 | 10.7 | 0.15 | 硬塑 | 低液限黏土 | 壤土 重砂壤土 | 0.82 | 0.53 | 5.01 | 6 |
| 13 | 29.7 | 18.4 | 11.3 | 0.28 | 可塑 | 粉质黏土 | 39.6 | 18.4 | 21.2 | 0.16 | 硬塑 | 低液限黏土 | 黏土 重粉质壤土 | 0.75 | 0.53 | 1.74 | 11 |

注：$W_{L10}$、$I_{P10}$、$I_{L10}$和 $W_{L17}$、$I_{P17}$、$I_{L17}$分别为锥重 76 g 圆锥入沉入土中深度 10 mm、17 mm 时测定的液限和计算的塑性指数、液性指数。

指数 $I_{L10}$，17 mm 液限 $W_{L17}$、塑性指数 $I_{P17}$ 增大，而液性指数 $I_{L17}$ 则减小；细粒土状态描述多由流塑、软塑变为软塑、可塑；淤泥、淤泥质土（依据孔隙比 $e$、$I_{L10}$）的分类定名变为黏土（依据孔隙比 $e$、$I_{L17}$）；似乎表征同一层位细粒土性状有所不同，但实质同一层位土体性状是客观确定的，只是由于相同概念下同类指标的表述差异产生的异意所致。

分析比较可以看出：液限 $W_{L10}/W_{L17}$ 的比值多在 0.70～0.76 之间，且随着黏粒含量的减少，粉粒、砂粒含量的增加而增大，粉土的 $W_{L10}/W_{L17}$ 之比达 0.84；塑性指数 $I_{P10}/I_{P17}$ 之比变幅较小，为 0.53～0.55；液性指数 $I_{L10}/I_{L17}$ 之比则多为 1.85～1.93。

正是由于同层位细粒土液限 $W_{L17}$ 相对 $W_{L10}$ 增大，造成其塑性指数 $I_{P17}$ 相对 $I_{P10}$ 偏大，而液性指数 $I_{L17}$ 相对 $IL_{10}$ 偏小，影响土的分类定名及状态描述，产生表征同一层位细粒土性状有所不同，为客观评价细粒土的工程地质特性埋下不利的因素，理应引起工程师对相同概念下同类指标的差异的高度重视。

**（二）液性指数 $I_{L17}$、$I_{L10}$ 对地基参数评价的影响**

岩土工程勘察中对于地基参数的评价多采用原位测试、岩土特性（物性）指标等综合评价。在此，仅依据岩土的物性指标，天然含水率、孔隙比、液性指数，采用相关规范进行地基参数评价，确定地基承载力基本值 $f_0$ 和桩基参数极限侧阻力标准值 $q_{sik}$、极限端阻力标准值 $q_{pk}$。

初步分析比较液性指数 $I_{L17}$、$I_{L10}$ 确定的地基参数（$f_{017}$、$f_{010}$，$q_{sik17}$、$q_{sik10}$，$q_{pk17}$，$q_{pk10}$）间的差异可以看出，地基承载力基本值 $f_{017}$ 与 $f_{010}$ 相比，增幅 $(f_{017}-f_{010})/f_{010}$：黏性土为 8.5%～17.9%，粉土为 4.0%～6.5%；桩基参数极限侧阻力标准值 $q_{sik17}$ 与 $q_{sik10}$ 相比，增幅 $(q_{sik17}-q_{sik10})/q_{sik10}$：淤泥、淤泥质土达 55.2%～75.0%，黏土、粉质黏土多在 17.4%～47.5% 之间，粉土则为 0～－4.2%；极限端阻力标准值 $q_{pk17}$ 与 $q_{pk10}$ 相比，增幅 $(q_{pk17}-q_{pk10})/q_{pk10}$：粉质黏土为 19.7%～40.1%，粉土则为 0.3%～－4.9%。比较而言，黏性土地基参数受液性指数（$I_{L17}$、$I_{L10}$）变化影响较大，特别是对性状较差层位（淤泥、淤泥质土）的桩极限侧阻力标准值 $q_{sik}$，而粉土地基参数受液性指数（$I_{L17}$、$I_{L10}$）变化影响则较小。鉴于单桩荷载传递机理的不同，液性指数（$I_{L17}$、$I_{L10}$）变化对摩擦桩、端承摩擦桩的影响相对较大。对于采用深基础（桩基）的工程项目，运行工况的改变一般对深部软土地层性状的影响是极为有限的，大量测桩检验和原位测试证明，采用液性指数 $I_{L10}$ 给出细粒土的桩参数是可靠的。因此，采用液性指数 $I_{L10}$ 给出的地基参数评价指标是相对偏于安全的，工程师在实际工程地质评价中，运用不同的规程、规范，借鉴已有工程经验时，对相同概念下同类指标的不同测试标准应予以充分的重视，以避免由于同类指标的不同测试标准带来的评价差异，从而给工程建设项目带来不必要的风险和损害。

采用国家标准《土工试验方法标准》（GB/T 50123—1999）用于岩土工程勘察和港口、铁路工程地质勘察的工程项目资料非常丰富，在各地区均建立（地方岩土工程技术标准）了相应的物性指标与地基参数之间的经验关系，且积累了大量的工程检测资料；而基于 17 mm 液限的工程相对较少，主要集中于水利水电工程。显然，基于两种液限试验方法建立起来的一些经验性分析评价系统是不能直接相互引用的。为有效利用工程经验资源，避免不必要的浪费和规避安全风险，应尽快将两种方法统一起来。过渡期在采用液塑限联合测定方法确定细粒土的液限时，应考虑同时提供 10 mm 和 17 mm 两种液限指标，以便合理进行工程评价。

# 参考文献

[1] 候钊,陈环,等. 天津软土地基[M]. 天津:天津科技出版社,1987.
[2] 华北平原地下水资源可持续利用调查评价重要进展(2003-2005年).
[3] 张忠胤. 关于结合水动力学问题[M]. 北京:地质出版社,1980.
[4] 王大纯,等. 水文地质学基础[M]. 北京:地质出版社,1979.
[5] 水利电力部水利水电规划设计院长江流域规划办公室. 水利动能设计手册(治涝手册)[M]. 北京:水利电力出版社,1988.
[6] 岩土工程手册编委会. 岩土工程手册[M]. 北京:中国建筑工业出版社,1994.
[7] 林宗元. 岩土工程勘察设计手册[M]. 沈阳:辽宁科技出版社,1994.
[8] 林宗元. 岩土工程试验监测手册[M]. 沈阳:辽宁科技出版社,1994.
[9] 简明工程地质手册编写委员会. 简明工程地质手册[M]. 北京:中国建筑工业出版社,1998.
[10] 牛志荣,等. 复合地基处理及其工程实例[M]. 北京:中国建筑材料工业出版社,2000.
[11] 左名麒,等. 基础工程设计与地基处理[M]. 北京:中国铁道出版社,2000.
[12] 左名麒,等. 强夯法地基加固[M]. 北京:中国铁道出版社,1990.
[13] 唐业清. 软土地基加固[M]. 北京:北方交通大学出版社,1985.
[14] 地基处理手册编写委员会. 地基处理手册[M]. 北京:中国建筑工业出版社,1988.
[15] 第五届地基处理学术讨论会论文集[C]. 北京:中国建筑工业出版社,1997.
[16] 吴邦颖,等. 软土地基处理[M]. 北京:中国铁道出版社,1995.
[17] 闫明礼. 地基处理技术[M]. 北京:中国环境科学出版社,1996.
[18] 龚晓南. 地基处理新技术[M]. 陕西:陕西科学技术出版社,1997.
[19] 杨林德. 软土工程施工技术与环境保护[M]. 北京:人民交通出版社,2000.
[20] 刘玉卓,等. 公路工程软基处理[M]. 北京:人民交通出版社,2002.
[21] 彭振武. 地基处理工程设计计算与施工[M]. 武汉:中国地质大学出版社,1997.
[22] 叶书麟,等. 地基处理与托换技术[M]. 北京:中国建筑工业出版社,1994.
[23] 杨计申,李彦坡,等. 海河流域平原区堤防工程地质研究[M]. 郑州:黄河水利出版社,2004.
[24] 袁宏利,等. 天津地区的地质灾害[J]. 海河水利,2007(增刊):28.
[25] 袁宏利,等. 浅论堤防工程质量分类及其质量信息数据库[J]. 水利水电工程设计,2007(1):44.
[26] 袁宏利,等. 长距离调水工程中的平原区地下水浸没问题[C]//中国土木工程学会第十届土力学及岩土工程学术会议论文集(中册). 重庆:重庆大学出版社,2007,484.
[27] 袁宏利,等. 水库浸没勘察研究工作的新思路[J]. 水利水电工程设计,2003(4):42.
[28] 程汝恩,等. 软土地区堤防工程勘察工作的几点体会[J]. 海河水利,2003(5):24.
[29] 董民,等. 细粒土液限测试标准不同对工程评价的影响[J]. 水利水电工程设计,2007(4):38.
[30] 朱建业. 水利水电建设中的岩土工程[R]. 北京:水利水电规划设计总院.
[31] 刘嘉炘. 已建大坝渗流安全评价要点[R]. 北京:水利部大坝安全管理中心.
[32] 天津市地质矿产局. 天津市区域地质志[M]. 北京:地质出版社,1992.
[33] 河北省地质矿产局. 河北省、北京市、天津市区域地质志[M]. 北京:地质出版社,1989.
[34] 天津市海岸带地质地貌协调组. 天津市海岸带综合地质普查报告[R]. 1985.6.
[35] 中国科学地理研究所地貌研究室. 黄淮海平原地貌图(1:50万)[M]. 济南:山东省地图出版社,1985.

[36] 胡聿贤．地震工程学[M]．北京:地震出版社,1988.
[37] Crouse C B,Jnnings P C. Soil – Structure interaction during the San Fernado Earthquake[C]//国家地震局工程力学研究所．地震工程译文集．北京:地震出版社,1978:87-104.
[38] 陶夏新．中国地震工程地质学之发展[M]//中国地质学工程地质专业委员会．中国工程地质五十年．北京:地震出版社．2000:78-82.
[39] 刘恢先．论地震力[C]//刘恢先．地震工程学论文选集．北京:地震出版社,1992:3-22.
[40] 刘恢先．工业与民用建筑地震荷载的计算[C]//刘恢先．地震工程学论文选集．北京:地震出版社．1992:23-40.
[41] 刘恢先．关于设计规范中地震荷载计算方法的若干意见[C]//刘恢先．地震工程学论文选集．北京:地震出版社,1992:266-281.
[42] 龚思礼,王广军．中国建筑抗震设计规范发展回顾[M]//魏琏,谢君斐．中国工程抗震研究四十年．北京:地震出版社．1989:121-126.
[43] 王广军,陈达生．场地分类和设计反应谱[M]//魏琏,谢君斐．中国工程抗震研究四十年．北京:地震出版社,1989:127-131.
[44] 尹之潜,王开顺．抗震规范中地震作用计算方法的演变[M]//魏琏,谢君斐．中国工程抗震研究四十年．北京:地震出版社,1989:132-137.
[45] 谢君斐．我国建筑抗震规范中地基基础部分的发展[M]//国家地震局工程力学研究所．中国地震工程研究进展．北京:地震出版社,1992:21-26.
[46] 谢君斐．土壤地震液化综述[M]//魏琏,谢君斐．中国工程抗震研究四十年．北京:地震出版社,1989:32-36.
[47] 马玉宏．基于性态的抗震设防标准研究[D]．哈尔滨中国地震局工程力学研究所,2000.
[48] 陈国兴．中国建筑抗震设计规范的演变与展望[J]．防灾减灾工程学报,2003,23(1):102-113.
[49] 张咸恭．中国工程地质学 50 年.
[50] 谷德振．中国工程地质学的发展[C]//谷德振．谷德振文集．北京:地震出版社,1994.
[51] 张咸恭．我国工程地质学的发展方向[J]．地球科学,1989(2):109-115.
[52] 张咸恭．中国工程地质学[M]．北京:科学出版社,2000.
[53] Zhang Xiangong, A development history of engineering geology in China, Development of geoscience disciplines in China, Wuhan: China University Geosciences Pres. 1996.
[54] 张兰生．建立人地系统动力学加强环境与生态问题的综合研究[J]．中国科学基金,1994(3):158-160.
[55] 陈梦熊．环境地质学的基本理论与研究范畴,环境地质研究．第 3 辑．北京:地震出版社,1996.
[56] 陈梦熊．沿海地区地质环境与地质环境系统[M]//中国水文地质环境地质问题研究．北京:地震出版社,1998.
[57] 缪林昌,刘松玉．环境岩土工程学概论[M]．北京: 中国建材工业出版社,2005.
[58] 王恩福,等．地基基础与建筑场地类别划分[J]．防灾减灾工程学报,2005,25(1):74-80.